DRUCKSTOLLENBAU

VON

DIPL.-ING. DR. TECHN. ALOIS KIESER
BEH. AUT. ZIVILINGENIEUR FÜR BAUWESEN, BREGENZ

MIT 135 TEXTABBILDUNGEN

WIEN

SPRINGER-VERLAG

1960

ISBN-13: 978-3-7091-8063-1   e-ISBN-13: 978-3-7091-8062-4
DOI: 10.1007/978-3-7091-8062-4

Vorwort

Das ständige Anwachsen des Energiebedarfes hat auch die beschleunigte Fortführung des Wasserkraftausbaues erforderlich gemacht. Dabei steht die Ausführung großer Hochdruckspeicherwerke im Rahmen der Verbundwirtschaft wegen ihrer hervorragenden Eignung für die Deckung der Lastspitzen im Vordergrund des Interesses. Solche Werke verlangen aber in der Regel die Anwendung von Druckstollen und Druckschächten, deren Schluckvermögen und Belastbarkeit den mehr und mehr gesteigerten Anforderungen in bezug auf Leistungsbereitstellung entsprechen muß. Um diese Aufgabe wirtschaftlich lösen zu können, war es nötig, neue Wege zu beschreiten und die Auskleidung solcher Bauwerke dem Fortschritt der Technik so anzupassen, daß sie der ihnen zugedachten Bestimmung auch wirklich gerecht werden.

Das vorliegende Buch bezweckt nun eine Orientierung der am Druckstollenbau interessierten Kreise über alle einschlägigen Fragen und über die Entwicklung der Auskleidungstechnik bis zum neuesten Stand der Erkenntnisse, nachdem seit mehr als 30 Jahren auf diesem wichtigen Ingenieurgebiet keine umfassende Veröffentlichung mehr erfolgte.

Durch meine langjährige Tätigkeit auf dem Gebiete des Wasserkraftausbaues war es mir möglich, mich mit dem Druckstollenproblem eingehend zu beschäftigen und an der Entwicklung einer neuen Vorspannbauweise sowie an deren Einführung in die Stollenbaupraxis maßgebend mitzuwirken. Diese Tätigkeit erforderte u. a. auch eine Klärung der theoretischen Zusammenhänge, um zu einer befriedigenden Lösung aller offenen Fragen zu gelangen.

Schließlich hielt ich es für meine Pflicht, die meinen Überlegungen und praktischen Entwicklungsarbeiten entsprungenen Erkenntnisse durch eine Veröffentlichung dem Ingenieurnachwuchs zu vermitteln. Ich hoffe, mit dem vorliegenden Buch dieses Ziel zu erreichen.

Der Besprechung der einzelnen Bauweisen und deren Beurteilung liegen vorwiegend die für Österreich und die umliegenden Länder maßgebenden Voraussetzungen und Verhältnisse zugrunde. Mit Rücksicht auf die große Zahl bereits ausgeführter Druckstollen und -schächte mußte ich mich bei der Erläuterung der Auskleidungsmethoden auf typische Beispiele beschränken. Nur die wichtigeren Bauweisen wurden entsprechend ausführlicher behandelt.

Es ist mir eine angenehme Pflicht, im Rahmen dieses Vorwortes allen Firmen und Gönnern, die mich bei meinen Entwicklungsarbeiten und bei der Verfassung dieses Buches unterstützt haben, herzlichst zu danken. Dieser Dank gilt insbesondere der Vorarlberger Illwerke Aktiengesellschaft, Herrn Dipl.-Ing. G. KIESLING, offener Gesellschafter der Bauunternehmung Ed. AST & Co., Graz, dem bereits verewigten Herrn Dr. Ing. h. c. J. HAUSAMMANN, Männedorf (Schweiz), der Firma Ing. Karl JÄGER, Bauunternehmung, Schruns, für ihre Mitwirkung bei der Erprobung der Kernring-Auskleidung und weiteren Entwicklungsarbeit sowie ihrem Mitarbeiter Herrn Dipl.-Ing. R. RHOMBERG für seine Unterstützung bei der Klärung des Druckstollenproblemes und die Beurteilung des Buchmanuskriptes. Schließlich danke ich dem Verlag für seine Bemühungen um das Zustandekommen des Buches und dessen Drucklegung.

Bregenz, im Mai 1960.

A. Kieser

Inhaltsverzeichnis

Verzeichnis der Abbildungen

Die Beistellung der Unterlagen für die mit * bezeichneten Abbildungen
verdankt der Verfasser der Vorarlberger Illwerke Aktiengesellschaft.

Verzeichnis der Zahlentafeln

Einleitung

Seit der erstmaligen Anwendung des Druckstollens, die — soweit der Verfasser unterrichtet ist — im Jahre 1883 beim Bau eines Wasserkraftwerkes der Vereinigten Drahtwerke A. G. Biel in der Schweiz erfolgte, sind nun über 75 Jahre vergangen. Weitere Anlagen dieser Art wurden zunächst nur vereinzelt ausgeführt. Die eigentliche Entwicklung des Druckstollenbaues setzte dann nach dem ersten Weltkrieg ein, als in verschiedenen Ländern mit dem planmäßigen Ausbau der Wasserkräfte begonnen und damit die Frage der wirtschaftlichsten Gestaltung der Oberwasserführung spruchreif wurde.

Daß der Bau eines Druckstollens eine besonders schwierige und heikle Aufgabe darstellt, wurde den daran interessierten Kreisen bald durch die rückhaltlosen Veröffentlichungen der Schweizerischen Bundesbahnen über das Versagen des im Jahre 1920 fertiggestellten Ritomstollens und über die Ergebnisse der aus diesem Anlasse eingeleiteten Studien und Versuche im Druckstollen des Kraftwerkes Amsteg bewußt.

Die Erkenntnis, daß ein Druckstollenproblem besteht, gab den Anstoß, es auch theoretisch zu ergründen und die Auskleidung technisch richtig zu lösen. In diesem Zusammenhang verdienen u. a. die in den zwanziger Jahren erfolgten Veröffentlichungen von Ing. Dr. techn. L. MÜHLHOFER, Innsbruck, Ing. J. BÜCHI, Zürich, Dr. Ing. O. WALCH, Berlin, Ing. SCHMID, Chur und nicht zuletzt auch der „Bericht der Druckstollenkommission über den Druckstollen des Kraftwerkes Amsteg" besonderer Erwähnung[1]. Durch diese Pionierarbeiten wurden der Fachwelt bereits grundlegende Erkenntnisse über die theoretische und praktische Lösung der Druckstollenfrage vermittelt.

Trotz des damit gewonnenen Einblickes in die Zusammenhänge zwischen Auskleidung und Gebirge blieben die Auffassungen hierüber uneinheitlich. Vor allem mangelte es noch längere Zeit an den richtigen Schlußfolgerungen hinsichtlich der Erfordernisse zur Erzielung einer rißsicheren, wasserdichten Auskleidung. Dessenungeachtet ist es gelungen, für die damals zu beherrschenden, verhältnismäßig niederen Innendrücke entsprechende Bauweisen zu entwickeln, die allerdings in bezug auf Wirtschaftlichkeit und Sicherheit nicht immer befriedigten.

Mit der wachsenden Bedeutung der Winterspeicher für die gesamte Energiewirtschaft ergab sich die Notwendigkeit, größere Stauseen und damit auch höhere Staumauern zu planen. Damit wurde aber das Druckstollenproblem erneut spruchreif und die Frage aufgerollt, auf welche Weise die Auskleidung der Druckstollen für die sich steigernden Beanspruchungen am wirtschaftlichsten zu lösen sei, da man auf Grund der gesammelten Erfahrungen den bis dahin bekannten Bauweisen ohne Blechpanzer höhere Drücke als 50 bis 70 m wegen des damit verbundenen Wagnisses nicht zumuten konnte.

Diese Entwicklung führte schließlich zur Erkenntnis, daß man in der Vorspannung über ein Mittel zur Überwindung der unzulänglichen Eigenschaften der Betonauskleidung verfügt und damit die technischen Voraussetzungen

---

[1] Vgl. Literaturverzeichnis.

gegeben sind, auch letztere für Hochdruckstollen geeignet zu machen. Dadurch wurde dem Druckstollenbau die Möglichkeit eröffnet, mit den billigsten Stollenbaustoffen den größten wirtschaftlichen Effekt zu erzielen und im Rahmen des heute üblichen Druckbereiches alle Auskleidungsaufgaben ingenieurmäßig und sonach auch mit ausreichender Sicherheit zu beherrschen.

Zweck dieses Buches ist nun, den Leser mit dem Druckstollenproblem sowie mit den einschlägigen Aufgaben und ihrer Lösung nach dem heutigen Stande der Technik vertraut zu machen.

1. Der Druckstollen als Bauaufgabe

1,1. Erläuterung des Druckstollenbegriffes

Unter den Begriff „Druckstollen" im weiteren Sinne fallen alle nach einer Achse ausgerichteten, von Gebirge umschlossenen Hohlräume, die sich für die Unterdrucksetzung eignen. Dabei ist es gleichgültig, ob der Träger des Innendruckes eine Flüssigkeit oder ein Gas ist. Zu dieser Art von Bauwerken zählen daher insbesondere:

a) Waagrechte oder schwachgeneigte Wasserdruckstollen.

b) Senkrechte oder schräge Druckschächte.

c) Druckkammern oder Schächte von Wasserschlössern.

d) Preßluft-Speicherstollen.

Unter Druckstollen im engeren Sinne werden hingegen diejenigen der erstgenannten Gattung verstanden. Die hiefür gewonnenen Erkenntnisse sind jedoch im allgemeinen auch für die anderen Arten sinngemäß anwendbar.

In der Regel pendelt der Innendruck in Druckstollen — und zwar oft sehr rasch — innerhalb weiter Grenzen. Ursache hiefür sind die Spiegelschwankungen in den Staubecken sowie die Belastungsänderungen von Turbinen und Speicherpumpen. Dieser Umstand darf bei der Konstruktion der Auskleidung sowie bei der Beurteilung ihrer Sicherheit und Lebensdauer nicht übersehen werden.

1,2. Anwendungsgebiete und Bedeutung für den Wasserkraftausbau

Druckstollen spielen sowohl bei der Errichtung großer Wasserversorgungsanlagen als auch beim Wasserkraftausbau eine wichtige Rolle. Sie ermöglichen die Anlage der Wasserführung durch das Gebirge als Druckleitung in beliebiger Tiefe unterhalb der Energielinie und die Ausnützung aller damit verbundenen betriebstechnischen und wirtschaftlichen Vorteile.

Bei Speicherwerken muß die volle Maschinenleistung jederzeit einsatzbereit sein. Dieser Forderung wird durch die Wahl einer Druckstollenverbindung zwischen Stausee und Wasserschloß mit Anschluß an die Falleitung bestens entsprochen.

Ein Freispiegelstollen kann bei Anlagen dieser Art eine Druckleitung nur dann ersetzen, wenn sich an seinem Ende ein so großer Zwischenspeicher anlegen läßt, daß die Freizügigkeit des Betriebes gewahrt bleibt.

Mit einer solchen Lösung muß man aber — selbst wenn die Möglichkeit ihrer Verwirklichung gegeben erscheint — gewichtige betriebliche und bauliche Erschwernisse in Kauf nehmen. Ein Freispiegelstollen erfordert nämlich entweder die Einschaltung eines Zwischenkraftwerkes am Beginn der Oberwasserführung oder den Verzicht auf die Nutzung der Fallhöhe zwischen Stausee und Stollen. Dadurch wird aber die Wirtschaftlichkeit stark beeinträchtigt. Weiters schließt ein Freispiegelstollen eine Pumpspeicherung sowie eine nachträgliche Erhöhung des Schluckvermögens ohne Profilerweiterung aus.

Auch für Falleitungen ist die Anordnung von Druckschächten anstelle offen verlegter Druckleitungen häufig die wirtschaftlichste Lösung.

Bei neuzeitlichen Pumpspeicherwerken kommen für die direkte Verbindung zwischen den Staubecken und den meist unterirdisch angeordneten Zentralen aus ausführungstechnischen und wirtschaftlichen Gründen ebenfalls nur Druckschächte und -stollen in Betracht[1].

So sind, insbesondere bei Spitzenwerken, Druckstollenanlagen in der Regel im Zuge der Triebwasserführungen schon aus betrieblichen Gründen erforderlich und somit für den Wasserkraftausbau unentbehrlich.

1,3. Allgemeine Stollenbaufragen

Der Vollständigkeit halber werden nachstehend zwei für jeden Stollenbau wichtige Hinweise nur kurz gestreift, nachdem diese nicht zum Gegenstand der vorliegenden Arbeit gehören.

1,31. Geologische Voraussetzungen

Die Planung eines Druckstollens sollte grundsätzlich nur in engster Fühlungnahme mit Geologen erfolgen, weil die Kenntnis des Aufbaues und der Eigenschaften des Gebirges für die richtige Wahl der Stollentrasse und damit einer ausreichenden Überdeckung von entscheidender Bedeutung ist. Die geologische Beurteilung gibt die notwendigen Voraussagen über die zu erwartenden Schwierigkeiten, wie Wasserandrang, Gasgefahren, Gebirgsdruck, betonangreifende Wässer, Gesteinstemperaturen u. dgl. Wenn der Vortrieb trotzdem häufig gewisse Überraschungen zeitigt, so wird dadurch der Wert solcher Gutachten nicht gemindert. Sie sind auf alle Fälle auch eine unerläßliche Voraussetzung für die Vergebung der Bauarbeiten.

1,32. Der Vortrieb und vorläufige Ausbau

Aus den jeweiligen besonderen Verhältnissen wird sich ergeben, ob der Vortrieb zweckmäßigerweise als Richtstollen oder gleich im vollen Profil erfolgt.

Bei der Anlage von Druckstollen sind Vortrieb und vorläufiger Ausbau im übrigen als Teile der Gesamtaufgabe nach den im Stollen-, Tunnel- und Schachtbau üblichen Methoden zu bewerkstelligen[2].

1,4. Ausführungstechnische Grundlagen

1,41. Profilgestaltung

Es dürften heute kaum mehr Zweifel darüber bestehen, daß für Druckstollen die Kreisform zu wählen ist und andere Querschnitte nur bei Vorliegen zwin-

---

[1] Vgl. „Die Triebwasserleitungen bei Hochdruck-Wasserkraftanlagen" von HERMANN BERGER in „Die Wasserwirtschaft", H. 5 und 6, 1958.

[2] Vgl. Literaturverzeichnis und Abschnitt 4,6.

gender Gründe in Betracht kommen. Das Kreisprofil ist sowohl hydraulisch als auch statisch am vorteilhaftesten und daher schon lange im Druckstollenbau vorherrschend. Über die Bedeutung der Kreisform wurde man sich allerdings erst durch das Versagen des Ritomstollens der Schweizerischen Bundesbahnen klar, bei dem noch das aus Abb. 1 ersichtliche Profil zur Anwendung kam.

Obzwar der Mißerfolg mit diesem Stollen nur zum geringen Teil durch die Abweichung von der Kreisform verursacht wurde, setzte sich doch bei ihrer Beurteilung die Erkenntnis durch, daß dadurch die Sicherheit nachteilig beeinflußt wird. Bei den neuzeitlichen Vorspannauskleidungen kommt schon aus wirtschaftlichen Gründen nur die Kreisform in Betracht.

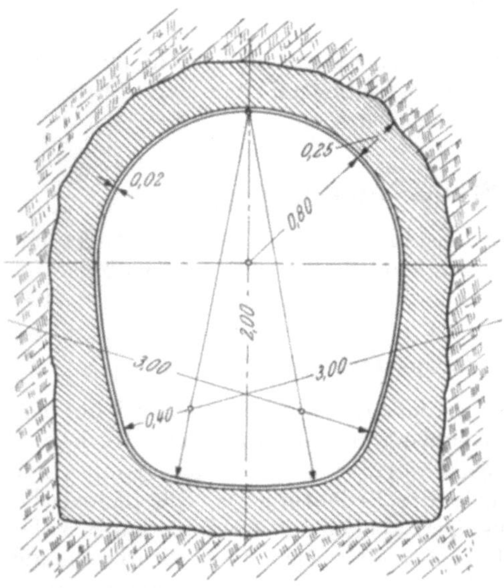

1,42. Bemessung des Querschnittes

Für diese Aufgabe geben die im folgenden erörterten Gesichtspunkte einen Anhalt.

1,421. Mindestarbeitsquerschnitt

Bei kleinen Ausbauwassermengen muß aus bautechnischen Gründen ein Mindestquerschnitt eingehalten werden, weil sonst nicht nur die Güte der Auskleidung beeinträchtigt, sondern auch die Arbeit verteuert würde. Es wäre daher verfehlt, die Wirtschaftlichkeit und Kosten eines Druckstollens nur nach dem Massenerfordernis zu beurteilen.

Für die untere Profilgrenze sind u. a. der verfügbare Gerätepark, die Stollenlänge, der Raumbedarf für die Belüftungs- und Preßluftrohre, das Vortriebsverfahren, die Gesteinsverhältnisse, die Art der Auskleidung und verschiedene andere Umstände bestimmend. Bei Anwendung der Kreisform sollte ein lichter Durchmesser unter 2 m indessen nicht in Betracht gezogen werden, weil dann sowohl für den Verkehr als auch für die Stollenmannschaft die Beengung unerträglich wird. In der Regel dürfte es aber zweckmäßiger sein, das Maß von 2,40 m nicht zu unterschreiten, um auch noch ausreichenden Spielraum für die Schalung und Rüstung zu haben.

Typ   I Wandstärke 14 cm
Typ II Wandstärke 25 cm
Typ III Wandstärke 35 cm

Abb. 1. Druckstollen des Ritomwerkes.
[Nach „Schweiz. Bauztg." B. 83 (1923), S. 269.]

1,422. Hydraulische Erfordernisse

Bei Druckstollen ist die Durchflußmenge von der jeweiligen Beaufschlagung der Turbinen und Pumpen abhängig. Für die Bemessung sind daher neben der Ausbauwassermenge auch die sonstigen betrieblichen Voraussetzungen mitbestimmend. Vom Standpunkt der Wirtschaftlichkeit ist der Durchmesser so zu wählen, daß die Energiekosten ein Minimum werden. Bei neueren Ausführungen ergaben sich dabei Höchstgeschwindigkeiten von $3\frac{1}{2}$ bis über 4 m/s.

Nach STRICKLER[1] ist

$$v = k \cdot R^{2/3} \cdot J^{1/2}. \tag{1}$$

Darin bedeuten:

v die mittlere Geschwindigkeit in m/s im Querschnitt,

k den Rauhigkeitsbeiwert in $m^{1/3}/s$,

$R = \dfrac{F}{U}$ den Profilradius in m,

F die benetzte Fläche in m^2,

U den benetzten Umfang in m,

J das Gefälle der Energielinie in m°.

Wenn der Rauhigkeitsbeiwert bekannt ist, können daraus J und der Reibungsverlust

$$h_{\mathrm{r}} = J \cdot L \text{ in m} \tag{2}$$

für jede Wassergeschwindigkeit errechnet werden, wobei L die Stollenlänge in m bezeichnet.

Es ist schließlich die Querschnittsfläche

$$F = \frac{Q_{\max}}{v_{\max}} \text{ in } m^2 \tag{3}$$

und der Stollendurchmesser

$$D = 2 \cdot \sqrt{\frac{F}{\pi}} \tag{4}$$

Es bedeuten dabei:

$Q_{\max}$ die Ausbauwassermenge in m^3/s,

D den lichten Stollendurchmesser in m.

Eine zutreffende Beurteilung der hydraulischen Zusammenhänge setzt voraus, daß die in die Berechnung einzuführenden Rauhigkeitsbeiwerte k richtig eingeschätzt werden. Im allgemeinen werden in Druckstollen in Anpassung an die wechselnden Gebirgsverhältnisse mehrere Auskleidungsarten mit unterschiedlicher Wandbeschaffenheit verwendet, die bei der Ermittlung der Reibungsverluste abschnittsweise zu berücksichtigen sind.

In der Zahlentafel 1 sind einige aus Messungen abgeleitete Werte für den Rauhigkeitsbeiwert k zusammengestellt, die als Anhalt bei der Festlegung dieses Berechnungsfaktors dienen können. Im übrigen verweist der Verfasser in diesem Belange auf die einschlägige Literatur.

Wie sich aus den Messungen und Beobachtungen beim Vermuntwerk ergibt, kann die Wandrauhigkeit auch Veränderungen erfahren. Nach fünfjährigem Betrieb wurde im Druckstollen dieser Anlage eine glatte Schlickhaut festgestellt, die offenbar die Rauhigkeit verminderte. Im Jahre 1940 erfolgte der Einbau einer 5. Maschinengruppe, ferner in den Jahren 1952 und 1953 der Ersatz der alten Turbinen durch solche mit größerem Schluckvermögen. Dadurch stieg die Höchstgeschwindigkeit von ursprünglich 2,60 m/s auf 3,60 m/s und schließlich auf 4,22 m/s. Diese Erhöhungen der Betriebwassermenge hatten in Verbindung mit der Alterung des Betons wieder eine Vergrößerung der Wandrauhigkeit zur Folge.

---

[1] Vgl. a) Dr. A. STRICKLER: Beiträge zur Frage der Geschwindigkeitsformel und der Rauhigkeitszahlen für Ströme, Kanäle und geschlossene Leitungen, in „Schweizerische Bauzeitung" 1924, Bd. 83, S. 265 und b) die vollständige Arbeit in „Mitteilungen des Amtes für Wasserwirtschaft", H. 16, Bern 1923.

Zahlentafel 1. *Rauhigkeitswerte k in der Strickler-Formel*

Kraftwerk	Durchmesser der Stollen in m	Geschwindigkeit in m/s	Jahr der Messung	k in m$^{1/3}$/s				
				Beton	Gunit, glattgestrichen (angenommen)	Kernringmauerwerk	Stahlpanzer, geschweißt, mit Korrosionsschutz	Mittelwert im ganzen Stollen (gemessen)
1.Wäggitalwerk				[2]				
Obere Stufe	4,00/3,44	2,36/3,17	1928	74,1	91,7	—	—	76,6
Untere Stufe	3,60/3,46	3,22/3,50	1927	73,6	91,7	—	—	76,2
2.Vermuntwerk	2,80 (und 10 Abpreßnischen 3,50)	1,33/2,10	1931	70,2 [1]	91	—	—	72,9
		2,50/2,54	1936	73,0	91	—	—	73,0
		3,48/3,53	1941	67,5	91	—	—	70,1
		3,74/4,12	1952	[3]	[3]	—	—	67,5
		4,31/4,32	1953	[3]	[3]	—	—	67,6
		4,34	1953	[3]	[3]	—	—	69,7
3.Lünerseewerk	3,05/3,10 2,60/2,40	3,82/3.70 5,26/6,16	1957	85,6 [2]	—	74,3	103,0	[3]

[1] Hergestellt in Holzschalung.
[2] Hergestellt in Stahlschalung.
[3] Nicht ermittelt.

Zu 1: Aus „Kraftwerk Wäggital", Bericht der Bauleitung 1930, Seiten 82 und 145.
Zu 2: Nach Messungen der Vorarlberger Illwerke Aktiengesellschaft.
Zu 3: Desgleichen.

Für unverkleideten Fels kommt ein k-Wert von 32, für gunitierten Fels ein solcher von etwa 40 bis 45, jeweils bezogen auf die tatsächliche Profilgröße, in Frage. In Druckstollen, die einen Teil der Triebwasserführung von Spitzenwerken bilden, sind indessen unverkleidete oder gunitierte Felsprofile aus hydraulischen Gründen und wegen der Nachbruchgefahr nicht zu empfehlen.

Die Strickler-Formel ist wissenschaftlich gut begründet und in der Praxis leicht zu handhaben. Sie wird daher schon seit längerer Zeit für die einschlägigen

Berechnungen bevorzugt angewandt. Der Verfasser sieht aus diesem Grunde davon ab, in diesem Zusammenhange auf die zahlreichen anderen mehr oder weniger bekannten Geschwindigkeitsformeln einzugehen, die sich in der Hauptsache auf empirische Ausdeutungen stützen.

1,43. Sohlengefälle

Bei der Planung eines Druckstollens hat man — im Gegensatz zu einem Freispiegelstollen — insoferne vollkommen freie Wahl in bezug auf die Höhenlage der Sohle und ihre Neigung, als lediglich die Bedingung einzuhalten ist, daß die tiefste Lage der Energielinie nirgends den Stollenscheitel unterschreiten soll. Man kann daher die Fallrichtung der Sohle den jeweiligen örtlichen Erfordernissen anpassen und diese auch gegen den Wasserfluß anordnen, soferne sich durch eine solche Lösung bau- oder betriebstechnische Vorteile ergeben. Dies ist z. B. der Fall, wenn am Stollenende Schwierigkeiten bestehen, das während des Baues anfallende Drainagewasser abzuleiten oder wenn es zufolge Zwischenschaltung eines Taldükers zweckmäßig erscheint, den Tiefpunkt für die Entleerung des ganzen Druckstollens in ein Seitental zu verwenden.

Wo man das Bergwasser während des Baues mit natürlicher Vorflut ableiten kann, genügen hiefür meist 2 bis 3°/$_{oo}$ Sohlenneigung. Ein wesentlich größeres Gefälle ist aus transporttechnischen Gründen nicht erwünscht.

1,5. Die Gebirgshülle

1,51. Allgemeine Hinweise

Bei Druckstollen bildet das Gebirge die natürliche Umhüllung der Stollenröhre, die zusammen mit der Auskleidung dem Innendruck standhalten muß. Der Begriff Gebirge im weitesten Sinne umfaßt alle Baustoffe der Erdkruste, also insbesondere alle Gesteine sowie ihre natürlichen Bedeckungen, wie Moränen, Schotter, Sande, Schutt, Erde usw. In besonderen Fällen können aber auch künstliche Anschüttungen oder Wasserauflasten die Belastbarkeit durch Innendruck beeinflussen.

Im allgemeinen wird ein Druckstollen nur in gutem Gebirge geplant. Wenn jedoch infolge ausreichender Überdeckung die Gefahr eines Gebirgsbruches nicht gegeben ist, besteht kein Hindernis, auch Strecken minderer Qualität zu durchfahren, weil die sich dabei ergebenden Schwierigkeiten mit den neuzeitlichen Bauweisen in wirtschaftlicher Weise zu beherrschen sind.

1,52. Gesteine als Baustoffe des Gebirges

Die Eigenschaften der Gesteine dürfen nicht mit jenen des Gebirges verwechselt werden, wie es sich für die Aufnahme der aus einem Druckstollen wirkenden Kräfte darbietet. Denn die ersten beziehen sich auf die in Materialprüfanstalten untersuchten Probekörper, die aus guten, festen Blöcken durch Zersägen herausgearbeitet oder durch Kernbohrungen gewonnen werden. Die im Gebirge vorhandenen natürlichen Klüftungen und Verwerfungen, die Faltungen, der Wechsel der Beschaffenheit von Ort zu Ort, die Zerrüttung durch das Sprengen, die Auswirkung der vielgestaltigen Bergschlagerscheinungen und alle sonstigen Einflüsse auf die Güteeigenschaften der Stollenhülle bleiben bei solchen Gesteinsprüfungen zwangsläufig unberücksichtigt.

Dessenungeachtet ist zunächst die Kenntnis der Eigenschaften der Gesteine, die das Gebirge aufbauen, erforderlich, weil sich daraus wichtige Rückschlüsse auf das Verhalten des letzteren ergeben.

Zahlentafel 2. *Eigenschaften*

Gesteins-Gruppe	Lfd. Nr.	Benennung	Raumgewicht in t/m³	Bruchfestigkeit in kg/cm²				Elastizitäts-modul in kg/cm²		POISSONsche Zahl m
				Zug s_z	Druck s_d	Biegung s_b	Schub t_o	Druck E_d	Zug E_z	
Erstarrungs-Gesteine	1.	Porphyr	2,4 – 2,8	—	1800	—	—	—	—	—
	2.	Granit	2,5 – 3,0	30	1600	140	80	[**] 129 100	[1]	—
	3.	Basalt	2,8 – 3,3	—	2000	200	—	—	—	[**] 4 – 5
Geschichtete Urgesteine	4.	Amphibolit	3,0	—	750	—	—	—	—	—
	5.	Gneis	2,4 – 2,9	—	1700	—	—	—	—	—
	6.	Glimmer-schiefer	2,7	—	800	250	—	—	—	—
Sediment-Gesteine	7.	Kalk	2,6	—	[**] 250 – 1900	—	—	—	—	—
	8.	Dolomit	2,9	10 – 30	400 – 1300	60 – 180	70	—	—	—
	9.	Gips	2,6	—	50 – 70	—	—	—	—	—
	10.	Sandstein	1,9 – 2,7	—	—	—	—	[4] [*] 69 000 – 126 000	[1] —	[*] 13 – 2
	11.	Tonschiefer	[**] 2,7 – 2,76	[5] 170 – 200	600 – 900	[5] 300 – 400	—	—	—	—

* Aus „Statische Probleme des Tunnel- und Druckstollen-
baues" von Dr. sc. techn. HANNS SCHMID: .... S. 44, dortige Abb. 11.
** Aus „Hütte, des Ingenieurs Taschenbuch", 26. Aufl.
1931, I. Band .... S. 494, 588, 699, 716, 844.

der wichtigsten Gesteine

Wasseraufnahme-vermögen i. v. H. des Gewichtes	Wärmeleitzahl λ in kcal/m·h·°	Wärmedehnzahl β in Grad^{-1}	Reibungszahl μ	Mineralogische Zusammensetzung		Bemerkungen
				Komponenten	Härte nach MOHS	
** 0,1 — 0,5	—	—	—	a) Granitische Grundmasse b) Quarz c) Orthoklas (Kalkfeldspat)	6—7 7 6	
** 0,1 — 0,7	** 2,7 — 3,5	$8 \cdot 10^{-6}$	—	a) Feldspat b) Quarz c) Glimmer	6—8	
** 0,1 — 0,7	** 1,1 — 2,4	—	—	a) Feldspat b) Augit c) Olivin	6—8	
—	—	—	—	a) Hornblende b) Feldspat c) Biotit u. a.	5—6	
** 0,2 — 0,8	—	—	—	a) Feldspat b) Quarz c) Glimmer	6—8	
—	—	—	—	a) Quarz b) Glimmer	7 2,7—3	
** 2,0 — 8,0	** 0,6 — 0,8	$8 \cdot 10^{-6}$	0,75[2] 0,70[3]			
** 0,3 — 0,8	—	—	—	Calcium + Magnesiumkarbonat	3,5—4,5	
—	** 0,32 — 0,37	—	—	Schwefelsaurer Kalk	1,5—2	
** 0,5 — 10	** 1,1 — 1,5	—	—			
0,2 — 0,8	—	—	—	a) Feldspat b) Kieselsaure Tonerde c) Glimmer und Quarz	3	

[1] Vergleiche Versuch FÖPPL gemäß Abbildung 2.
[2] Rauher Kalkstein auf desgl. [3] Muschelkalk auf Muschelkalk.
[4] Nach Hütte: $E_d = 230\,300$ kg/cm² für $\sigma = 4-8$ kg/cm². $E_d = 246\,200$ kg/cm² für $\sigma = 4-16,1$ kg/cm².
[5] Unwahrscheinlich große Werte.

Alle übrigen Angaben aus „Taschenbuch des Bauingenieurs", 2. Aufl. 1914 .... S. 126, 485—501.

Die Zahlentafel 2 beinhaltet einige einschlägige Angaben über die im Stollenbau am häufigsten angetroffenen Gesteinsarten.

Alle diese der Literatur entnommenen Zahlenwerte über Bruchfestigkeiten, Elastizitätsmodul und die POISSONsche Zahl müssen aber unter dem Gesichtspunkte beurteilt werden, daß die Ergebnisse an Probekörpern auf die Verhältnisse im Stollen nur sehr bedingt übertragbar sind, weil dort für die Bruchursachen ganz andere Voraussetzungen vorherrschen als an einer Druckpresse oder Zerreißmaschine.

Gesteine zählen zu den spröden Körpern, die durch ein geringes Widerstandsvermögen gegen Zug gekennzeichnet sind. Das Verhältnis zwischen der Zug- und Druckfestigkeit schwankt zwischen 1 : 8 und 1 : 57. Im Mittel kann man hiefür etwa 1 : 25 ansetzen[1].

U. a. ist für die weitere Beurteilung von besonderer Bedeutung, daß sich die Gesteine im wesentlichen elastisch verhalten. FÖPPL hat indessen festgestellt, daß die Deformationen nicht dem HOOKEschen Gesetze folgen, sondern ähnlich wie bei Gußeisen nach einer S-förmigen Kurve verlaufen. Die einschlägigen Meßergebnisse von FÖPPL sind in Abb. 2 wiedergegeben[2].

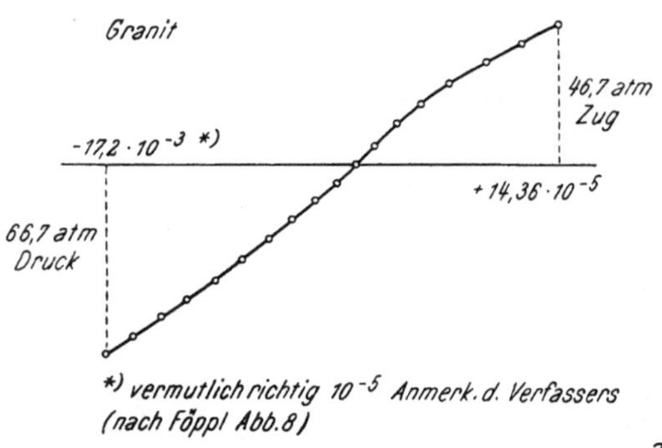

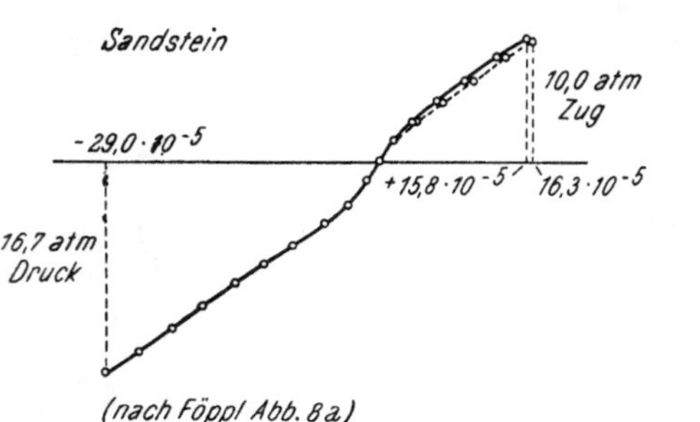

Abb. 2. Spannungs- und Dehnungsdiagramm für Granit und Sandstein. [Nach FÖPPL, S. 45.]

Die an Probekörpern von Gesteinen unter dem Einfluß einer Dauerbelastung festgestellte, als „Kriechen" bekannte elastische Nachwirkung dürfte im wesentlichen eine Folgeerscheinung der Abgabe von Porenwasser an die Umgebung und der damit verbundenen Änderung des inneren Gleichgewichtes sein. Im Gebirge sind jedoch die Voraussetzungen für eine solche physikalische Veränderung im allgemeinen wegen der dauernden Durchfeuchtung nicht gegeben.

Eine wichtige Rolle spielt ferner beim Vortrieb die Gesteinshärte. Schließlich ist bei leicht löslichen Sedimenten, vor allem bei Gips und Anhydrit besondere Vorsorge zu treffen, daß der Wasserfluß in das Gebirge und umgekehrt durch eine wasserdichte Auskleidung unterbunden wird, um die Stollenröhre vor schädlichen Auswirkungen, die sich ohne eine solche Maßnahme einstellen würden, zu bewahren.

1,53. Eigenschaften des Gebirges

Die Stollenhülle hat selten eine gleichmäßige Zusammensetzung. Wo das Gebirge sein Entstehen tektonischen Kräften verdankt, die imstande waren,

---

[1] Vgl. „Taschenbuch für Bauingenieure" S. 500, Berlin: J. Springer 1914.

[2] Vgl. AUGUST FÖPPL: Vorlesungen über technische Mechanik, III. Band, Festigkeitslehre, 13. Aufl., S. 44—66, München und Berlin: R. Oldenburg 1943.

die Erdkruste zu zerbrechen, zu falten und Schollen übereinanderzuschieben, da ist sowohl im Ur- als auch Sedimentgestein, selbst in Zonen gleicher Formation, von Ort zu Ort mit wechselnder Beschaffenheit und Güte zu rechnen. Es ist daher ratsam, die jeweils ungünstigeren Voraussetzungen zu unterstellen und dem Gebirge keine Eigenschaften zuzuordnen, die es in Wirklichkeit gar nicht aufweist.

1,531. Festigkeiten

Im Gebirge ist die Zugfestigkeit eine sehr fragwürdige Größe. In kompaktem Fels entspricht sie der Gesteinsfestigkeit, senkrecht zu den Klüftungen ist sie hingegen Null. Wo daher die Sicherheit davon abhängt, darf ein Zugwiderstandsvermögen des Gebirges nicht vorausgesetzt werden. Andererseits können — wie die heftig knallenden Bergschläge beweisen — oft beträchtliche Verformungsenergien gespeichert werden, bis ein Zugbruch und damit der Abwurf der deformierten Gesteinschalen erfolgt.

Nachdem im geschlossenen Gebirgsinnern ein Deformationsbruch nicht eintreten kann, ist dort auch das Widerstandsvermögen gegen Druck wie bei einem Probekörper, der einem allseitigen Flüssigkeitsdruck ausgesetzt ist, praktisch unbegrenzt groß. Durch den Stollenausbruch werden aber die Deformationsmöglichkeiten und damit die Bruchursachen grundlegend geändert.

Gebirge mit mangelndem inneren Zusammenhalt kann durch die Aushöhlung entweder das Gleichgewicht in größerem Umkreis ganz verlieren und in den Stollen drängen, soferne es nicht entsprechend gestützt wird oder es entledigt sich zufolge eines Deformationsbruches jener Teile der Stollenleibung, die nicht imstande sind, die sich vollziehende Zwangsverformung im Bereiche der bloßgelegten Oberfläche mitzumachen. Zu diesem Vorgang gehört das Nachbrechen der Ulmen (Ulmendruck), der Firste oder der Sohle.

Wenn der innere Zusammenhalt gut ist, dann erscheint das Gebirge standfest. Trotzdem kann es auch hier zu Nachbrüchen kommen, wenn die Überlagerung und damit die natürliche Vorspannung entsprechend groß ist. In diesem Falle erfolgt der Deformationsbruch in Form von Bergschlägen, die aber auf die gleiche Ursache zurückgehen, wie die erwähnten Nachbrüche der Ulmen bei schlechterem Gebirge. Diese Brucherscheinungen, die sich als Überanstrengung des Gebirges auf Druck offenbaren, werden aber in Wirklichkeit durch Zugbrüche ausgelöst.

Man würde sonach zu einer falschen Vorstellung über die Festigkeitseigenschaften des Gebirges und ihre Auswirkungen auf die Standfestigkeit gelangen, wenn man sie nach den aus Probekörpern gewonnenen Erkenntnissen beurteilen wollte. Die Bruchgefahr entsteht vielmehr erst durch den Stollenausbruch, der die Deformationen in den geschaffenen Hohlraum auslöst, die schließlich zum Zerfall führen. Darüber hinaus ist die Güte des Gebirges für die Standfestigkeit von entscheidendem Einfluß.

Auch die Schubfestigkeit des Gebirges ist u. U. für die Bestandsicherheit des Stollens von großer Bedeutung. Beispiele hiefür sind die ,,unheimlichen Ereignisse" — wie man sie nannte — beim Bau des Wocheiner- und des zweiten Simplontunnels, bei denen, begleitet von erdbebenartigen Erschütterungen und kanonenschußartigen Detonationen, im ersten Fall Widerlagermauerwerk, im letzteren die fertige Auskleidung des schon in Betrieb befindlichen Tunnels plötzlich gegen die Mitte der Röhre versetzt waren. Die Auslösung dieser Vorgänge erfolgte durch Schubbruch des Gebirges in Höhe der Tunnelsohle infolge der gegen das Tunnelinnere drängenden und im Fußpunkt gehaltenen Ulmen. Beim Simplontunnel lag die Bruchstelle im liegenden Schenkel einer Faltung von Antigoriogneis, also offensichtlich im Bereiche geringster Scherfestigkeit im Horizont der Tunnelsohle.

Mit solchen und ähnlichen Erscheinungen, die von den Festigkeitseigenschaften des Gebirges abhängig sind, muß auch beim Druckstollenbau — vor allem bei großen Überlagerungshöhen — gerechnet werden[1].

1,532. Elastisches Verhalten

Die ersten Mißerfolge im Druckstollenbau führten zur Erkenntnis, daß die Risse in der Auskleidung nicht nur durch ihre mangelhafte Bettung im Gebirge, sondern zwangsläufig auch durch die radiale Nachgiebigkeit des letzteren verursacht werden. Diese setzt sich in der Regel aus einem bleibenden (plastischen) und einem federnden (elastischen) Anteil zusammen.

Für alle Auskleidungen, bei denen das Gebirge den Innendruck ganz oder teilweise aufzunehmen hat, ist die Kenntnis des elastischen Verhaltens dann von entscheidender Bedeutung, wenn die Sicherheit gegen Rißbildung von der Begrenzung des Eindrückmaßes abhängt. Nachdem man dem Gebirge wegen der Ungleichmäßigkeit der Zusammensetzung und der vor der Erstbelastung meist vorhandenen bleibenden Nachgiebigkeit keinen Elastizitätsmodul E zuordnen kann, wird hiefür eine analoge Größe E_G als Verformungsmodul des Gebirges eingeführt und diese so verstanden, daß eine gedachte, gewichtslose gelochte Scheibe aus isotropem Material mit dem Elastizitätsmodul E_G und der POISSONschen Zahl $m = \infty$ bei gleichem Durchmesser und Innendruck dieselbe radiale Deformation aufweist, wie sie die Stollenhülle bei der betreffenden Belastungsphase erleidet.

Man stößt aber meist auf große Schwierigkeiten, die Gebirgshülle eines Stollens durch einen solchen Verformungsmodul zu kennzeichnen, weil sich dieser nicht nur von Ort zu Ort, sondern in der Regel auch in einem Querschnitt in jeder Richtung ändert. Es ist daher im Interesse der Sicherheit ein Gebot der Vorsicht, den Verformungsmodul nach den jeweils vorliegenden ungünstigsten Verhältnissen einzuschätzen. Viele Mißerfolge im Stollenbau beruhen auf einem Verstoß gegen diesen Grundsatz.

Die bleibenden Eindrückungen sind z. T. in der Auflockerung der oberflächennahen Schichten der Stollenröhre durch die Sprengungen oder durch die im letzten Abschnitt erwähnten Verformungsbrüche (verhaltene Bergschläge), z. T. aber auch im inneren Aufbau des Gebirges begründet. Sie wachsen im allgemeinen mit dem Innendruck und können bei ungünstigen Gebirgsverhältnissen das Maß der elastischen Deformation nicht unbeträchtlich übersteigen. Es ist daher einleuchtend, daß man einen großen Vorteil erzielt, wenn diese im einzelnen nicht erfaßbare Komponente der radialen Verformung durch eine entsprechende Vorbelastung vor oder im Zuge des Einbaues der Auskleidung unschädlich gemacht werden kann, weil dann nur mehr die eher überblickbare elastische Komponente zu beherrschen ist.

Bei festem, kompaktem Gebirge aus Urgestein kann man im allgemeinen mit einem Verformungsmodul rechnen, der über $100\,000\ \text{kg/cm}^2$ liegt und auch die Größenordnung von $300\,000\ \text{kg/cm}^2$ oder mehr erreicht. In Gebirge aus Schichtgesteinen, besonders aus weicheren Sedimenten und senkrecht zur Schichtung, liegen hingegen die Werte hiefür meist zwischen $100\,000$ und $40\,000\ \text{kg/cm}^2$, oft aber auch darunter. Ist aber das Gestein zerdrückt oder

---

[1] Vgl. a) Abschnitt 6,23, und b) „Die Lösung der Druckstollenfrage", Dissertationsarbeit des Verfassers (ist als Manuskript der Bibliothek der Technischen Hochschule in Graz einverleibt).

mylonitisiert, dann fällt der Verformungsmodul leicht auch auf Werte unter 10 000 kg/cm².

Über die in Versuchsstollen festgestellten radialen Deformationen wird an anderer Stelle berichtet[1].

1,533. Wasserdurchlässigkeit

In der Möglichkeit, daß das in der Stollenröhre unter Druck stehende Wasser durch die Auskleidung eine Verbindung mit Fließwegen im Gebirge findet, sind letzten Endes die Schwierigkeiten des Druckstollenproblems begründet. Dabei kann das Gebirge in bezug auf die Verlustgefahr in vier Arten unterschieden werden, nämlich

a) in solches, das von Natur aus wasserdicht ist und diese Eigenschaft auch nach der Unterdrucksetzung nicht verliert,

b) in solches, das trotz Klüftigkeit und Vorhandensein von Bergwasser imstande ist, dieses und das aus dem Stollen zudringende Wasser mindestens bis zur Höhe des Innendruckes zu speichern,

c) in solches, das erst unter dem Einfluß des Innendruckes infolge eintretender Rißbildung wasserdurchlässig wird,

d) in solches, das von Fließwegen durchsetzt ist, die mit der Oberfläche oder mit unterirdischen Wasserläufen in Verbindung stehen.

Die ersten beiden Arten erfordern im Hinblick auf etwaige Wasserverluste keine besondere Vorsorge. Zur Erhöhung der Lebensdauer soll indessen auch hier der ständige Wasserfluß zwischen der Stollenröhre und den Hohlräumen hinter der Auskleidung, den jeder Druckunterschied in der einen oder anderen Richtung verursacht, tunlichst unterbunden werden.

Bei der dritten und vierten Art des Gebirges ist hingegen eine wasserdichte Auskleidung unerläßlich, soferne man nicht eine dauernde Energieeinbuße infolge der sonst unvermeidlichen Wasserverluste bewußt in Kauf nehmen will.

Wasserundurchlässig sind vorwiegend Tonschiefer und dichte Sandsteine. Urgestein ist im allgemeinen klüftig und bergwasserführend, daher meist auch nicht dicht. Als ausgesprochen wasserdurchlässig gelten leicht lösliche Kalke, vor allem jene der Jura- und Kreideformation, in denen oft ausgedehnte Kluft- und Höhlensysteme im Gebirge Drainagen bilden, die dem Druckwasser zahlreiche Abflußwege eröffnen. Auch Raiblerschichten (Trias) können u. U. stark wasserdurchlässig sein.

Insoweit der Geologe den Grad der Wasserdichtheit unter Berücksichtigung des Innendruckes nicht eindeutig zu beurteilen vermag, kann man hierüber nur durch Abpreßversuche in längeren Strecken Gewißheit erlangen. Eine allzu optimistische Einschätzung der Wasserdichtheit des Gebirges ohne solche Nachweise hat aber schon viele Enttäuschungen wegen des Auftretens untragbarer Wasserverluste bei der Inbetriebnahme von Druckstollen zur Folge gehabt.

Verluste bis zur Größenordnung von etwa 1 l/s je 1000 m² Felsleibung werden meist als notwendiges Übel in Kauf genommen. Für den wirtschaftlichen Effekt ist indessen der von den Gesamtverlusten verursachte Energieausfall maßgebend.

Die Undichtheiten der Auskleidung werden sich bei Hochdruck-Spitzenwerken viel nachteiliger auswirken als bei Niederdruck-Laufwerken. Es sollte daher nicht versäumt werden, sich stets vor der Entscheidung über die Art

---

[1] Vgl. Kapitel 5 „Versuche und Erprobungen".

der Auskleidung darüber Rechenschaft zu geben, welchen Mehraufwand hiefür die Sicherheit gegen unliebsame Überraschungen rechtfertigt. Wenn bei Hochdruck-Spitzenwerken die Gesamtverluste einmal 50 bis 100 l/s erreichen oder — was bei nicht wenigen Stollen vorgekommen ist — mehrere hundert l/s betragen, dann bleiben nämlich dem Bauherrn nachträgliche Dichtungsmaßnahmen nicht erspart. Diese werden aber schon deshalb viel kostspieliger als rechtzeitige Vorsorgen im Zuge des Baues, weil sie meist eine längere Stillegung des Werkes bedingen.

1,534. Sonstige Eigenschaften

In Beziehung zum Druckstollenbau sind alle sonstigen Gebirgseigenschaften von Interesse, die sich auf den Vortrieb und Ausbruch auswirken, wie das Raumgewicht, die Härte, eine etwaige Anfälligkeit auf die Bildung giftiger oder explosibler Gase sowie das thermische Verhalten unter dem Einflusse der jahreszeitlichen Temperaturschwankungen des Betriebswassers. Die Wärmedehnzahl der Gesteine liegt bei $8 \cdot 10^{-6}$ in Grad $^{-1}$. Im Gebirge können jedoch Temperaturspannungen nur insoweit entstehen, als sich die Raumänderungen infolge Abkühlung oder Erwärmung, nicht in Klüftungen oder Zugrissen unbehindert ausspielen können.

Von besonderer Bedeutung ist ferner die Löslichkeit des Gebirges, wenn dabei aggressive Wässer entstehen, die den Bestand der Auskleidung gefährden. In Gips oder Anhydrit kann eine wasserdurchlässige Auskleidung darüber hinaus auch ein allmähliches Auflösen sowie Nachgeben der abstützenden Hülle und damit deren Zerfall verursachen.

Manche Gebirgsarten haben die unangenehme Eigenschaft, daß sie zur Wasseraufnahme, und dadurch verursacht, zur Volumsvermehrung neigen. So kann z. B. in Anhydrit unter dem Einflusse von Durchfeuchtung auch starke Treibwirkung entstehen, die sich auf die Auskleidung als äußere Druckbelastung auswirkt und bei der Bemessung entsprechend zu berücksichtigen ist.

1,6. Stollenbaustoffe

1,61. Beton

Im Druckstollenbau ist die Verwendung von Beton für die Herstellung der Auskleidung allgemein üblich. Die Bevorzugung dieses Baustoffes ist vor allem in seiner vielseitigen Anwendungsmöglichkeit, seiner unbestrittenen Wirtschaftlichkeit, seiner stofflichen Verwandtschaft mit der Gebirgshülle, mit der er sich zu einer konstruktiven Einheit verbinden soll und schließlich in dem Umstand begründet, daß er bei sachgemäßer Einbringung und Verdichtung ohne besondere Erhaltung eine lange Lebensdauer aufweist.

Leider hat der Beton aber auch eine große Schwäche. Letztere äußert sich als unzulängliches Widerstandsvermögen gegen Zug, also gerade gegen jene Beanspruchung, der er in erster Linie standhalten sollte, um seinen Zweck zu erfüllen, nämlich die Stollenröhre gegen das Gebirge abzudichten. Dieser schwerwiegende Mangel drängt daher zwangsläufig zur Anwendung vorgespannter Auskleidungen, wo es darauf ankommt, auf verläßliche Weise eine wasserdichte Stollenröhre zu erzielen. Erst auf dem Umwege über die Vorspannung wird es möglich, die hervorragendste Eigenschaft des Betons, nämlich sein hohes Widerstandsvermögen gegen Druck der Lösung unserer Bauaufgabe dienstbar zu machen und damit den Einsatz dieses Baustoffes in vollem Umfang zu rechtfertigen.

Die allgemeinen Regeln für die Bereitung und Anwendung von Beton können als bekannt vorausgesetzt werden. Diese sind bereits in den einschlägigen Normen[1] und Fachbüchern nach dem neuesten Stand der Erkenntnisse eingehend behandelt.

Die für die Auskleidung von Druckstollen empfehlenswerten Betonqualitäten und deren wichtigste Kennwerte können der Zahlentafel 3 entnommen werden. Die vorteilhafteste Zusammensetzung der Zuschlagstoffe und die zur Erreichung des jeweiligen Zweckes erforderliche Mindestzementmenge ist jedoch stets vor diesbezüglicher Festlegung im Sinne der Normen durch entsprechende Eignungsprüfungen nachzuweisen.

Für die Verdichtung des Mischgutes hat sich beim Druckstollenbau wohl schon überall das Rüttelverfahren mittels Tauch- oder Schalungsvibratoren durchgesetzt, weil sich auf diese Weise unter den gegebenen Umständen die beste und gleichmäßigste Betonqualität erzielen läßt. In neuerer Zeit wurde übrigens für Sonderzwecke auch das pneumatische Beton-Spritzverfahren, bei dem der Schleuderdruck gleichzeitig die Verdichtung bewirkt, in vielen Fällen erfolgreich angewandt.

Für die Beurteilung normaler Betonauskleidungen ist neben den hiefür maßgebenden Kennwerten (Zugfestigkeit, Wärmedehnzahl, Elastizitätsmodul und POISSONsche Zahl) auch das Schwind- und Quellmaß rücksichtlich des Einflusses auf die Rißgefahr von Bedeutung.

Bei vorgespannten Auskleidungen ist außerdem für ihre Bemessung die Kenntnis der zulässigen Ring-Druckspannung sowie des in Betracht kommenden Kriechmaßes nach erfolgter Vorspannung erforderlich.

Zwecks Erzielung einer hohen Ring-Druckfestigkeit ist bei der Betonierung Vorsorge zu treffen, daß im Bereich der Sohle und der Firste keine horizontalen Arbeitsfugen entstehen, weil dadurch die Schubbruchgefahr erhöht würde. Bei sachgemäßer Ausführung der Druckringe liegt jedoch deren Bruchfestigkeit erheblich über der Würfelfestigkeit des Betons, weil sich die kreisförmige Stollenleibung unbehindert radial deformieren kann, während die übrigen Flächen unter Pressung stehen, so daß ein Verformungsbruch, der die Zerstörung des Würfels in der Druckpresse auslöst, hier als Bruchursache ausscheidet. Die Ring-Druckfestigkeit unter äußerem Spanndruck ist nun leider noch nicht erforscht, nachdem bisher keine bezüglichen Vergleichsversuche ausgeführt wurden. Nach den bei den hydraulischen Hinterpressungen solcher Ringe vom Verfasser gewonnenen Erfahrungen kann indessen für ihre Bemessung als zulässige Beanspruchung im Zuge der Vorspannung unbedenklich das 0,6-fache der Würfelfestigkeit zugrundegelegt werden.

Zur Abklärung der Größenordnung des Kriechmaßes, dessen schädlicher Einfluß auf die Erhaltung der Vorspannung meist überschätzt wird, sollen die folgenden Erläuterungen beitragen.

Wir verdanken Professor GEHLER eine aufschlußreiche Veröffentlichung über diesen Gegenstand[2], der u. a. die in Abb. 3 dargestellten, von DUTRON gefundenen Schwind- und Kriechmaße entnommen sind.

---

[1] a) ÖNORM B 3302, „Baustoffe und maßgenormte Tragwerksteile, Richtlinien für Beton sowie Zuschlagstoffe von Beton und Zementmörtel", 3. geänderte Ausgabe vom 15. 10. 1958.

b) ÖNORM B 4200, 3. Teil „Betonbauwerke, Berechnung und Ausführung", 4. geänderte Ausgabe vom 23. 7. 1959.

c) ÖNORM B 4200, 4. Teil „Berechnung und Ausführung der Stahlbetonbauwerke", 2. geänderte Ausgabe vom 4. 6. 1957.

[2] Vgl. „Hypothesen und Grundlagen für das Schwinden und Kriechen des Betons" von Dr. Dr. Ing. W. GEHLER, ord. Professor an der Technischen Hochschule Dresden in „Die Bautechnik" 1938, S. 143, 389 und 401.

Zahlentafel 3. *Kennwerte für Druckstollenbeton*

Art der Auskleidung	Betongüte	Mindest-dosierung Z [1] kg/m³	Mindest-würfel-festigkeit W_{28} kg/cm²	Elastizitäts-modul E_b [3] kg/cm²	POISSONsche Zahl m	Wärme-leitzahl λ kcal/m · h°	Wärme-dehnzahl β Grad⁻¹
1. Gewöhnliche Betonauskleidung:							
Allfällige Vorauskleidung	B 200	220	200	270 000			
Auskleidungsbeton	B 240	300	˙240	300 000			
2. Kernring-Auskleidung:							
Gebirgsverkleidung	B 200	220	200	270 000	$m = 12$ bis 5 abnehmend mit wachsender Belastung (vgl. Saliger, Seite 100)	$\lambda = 1$ bis 2 (nach Saliger, Seite 100)	$\beta = 0{,}000010$
Kernringsteine [2]	B 320	350	320	340 000			
Abstandsplatten	B 320	350	320	340 000			
Kernringbeton	B 320	350	320	340 000			

[1] Zementmenge, bezogen auf 1 m³ fertigen Beton.

[2] Bei hochbeanspruchtem Kernring meistens B 350 mit $Z = 400$ kg/m³ und $W_{28} = 350$ kg/cm².

[3] Zu erwartende Durchschnittswerte an Probekörpern; der Elastizitätsmodul im Kernring dürfte jedoch wegen des dreiseitigen Umschlusses größer sein.

Die von DUTRON an Versuchskörpern mit einem Zementgehalt von 300 kg/m³ und einer Würfelfestigkeit $W_{960} = 250$ kg/cm² nach 60-tägiger Kriechschonzeit bei einer ständigen Spannung von 60 kg/cm² festgestellten Endkriechmasse sind aber mit den in einem Druckstollen zu erwartenden Werten wegen der dort herrschenden anders gearteten Verhältnisse und Voraussetzungen nur sehr bedingt vergleichbar. Eine gewisse Ähnlichkeit mit den Bedingungen im Stollen scheinen zwar die Versuchsreihen c und d aufzuweisen, für die man aus der Abbildung 3 Endkriechmasse von 14 und $33 \cdot 10^{-5}$ ablesen kann. Eine genauere Beurteilung der Zusammenhänge führt jedoch zur Erkenntnis, daß bei einem Stollenring die Kriechgefahr viel geringer als bei den zum Vergleich angeführten Laboratoriumsversuchen ist. Dies hauptsächlich aus folgenden Gründen: Beim hydraulischen Spannverfahren erfolgt schon im Zuge der Hinterpressung von außen her eine starke Durchnässung durch das vom Arbeitsdruck durch den Auskleidungsbeton gepreßte Überschußwasser. Weiters bewirkt der Innendruck vom Zeitpunkt der Inbetriebnahme des Stollens ab eine ständige, nachhaltige von innen nach außen gerichtete Durchfeuchtung. Es dürfte einleuchten, daß eine dem Einfluß von Druckwasser ausgesetzte Betonröhre viel stärker zum Quellen angeregt wird und sonach ein entsprechend kleineres Kriechmaß aufweisen muß, als ein im drucklosen Wasserbad liegender

Konstant für alle Versuchskörper

$W_{960} = 250$ kg/cm² $t_A = 60$ Tage (Kriechschonzeit)

Zementgehalt 300 kg/m³ $\sigma_A = 60$ kg/cm²
(ständige Spannung
bei den Versuchen)

Veränderlich

Die Feuchtigkeit der Umgebung φ (relative Feuchtigkeit in %)

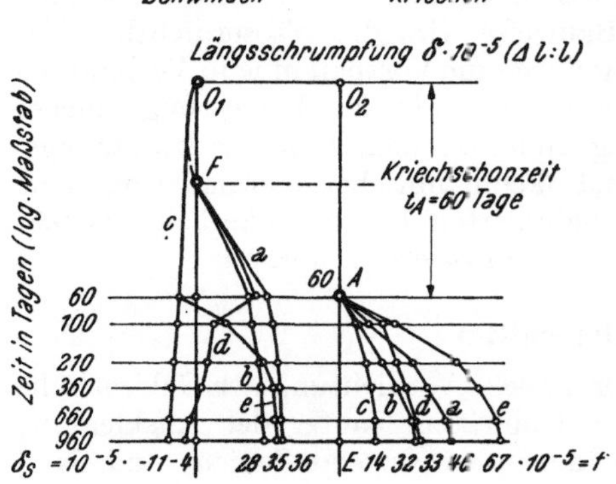

Voraussetzungen für die Haltung der Versuchskörper
a ... trocken ($\varphi = 47,5$ %)
b ... feucht ($\varphi = 67,5$ %)
c ... Lagerung in Wasser
d ... 60 Tage trocken, dann Lagerung in Wasser
e ... 60 Tage Lagerung in Wasser, dann trocken

Abb. 3. Schwind- und Kriechmaße nach DUTRON (Belgien) in Abhängigkeit des Feuchtigkeitsgrades der Umgebung. [Nach dem Bericht von GEHLER in „Bautechnik" 1938, dortige Abb. 27, S. 403 über Versuche von DUTRON.]

Versuchskörper. Weiters ist zu beachten, daß der Innendruck den Vorspanndruck nach Maßgabe der Nachgiebigkeit der Gebirgshülle abbaut und damit als Dauerbelastung des Druckringes nur ein Bruchteil der Vorspannung verbleibt.

Aus diesen Gründen kann bei vorgespannten Druckstollenauskleidungen die Sicherheit durch das Kriechen nicht wesentlich beeinträchtigt werden. Abgesehen davon wird dieser schädliche Einfluß jeweils durch einen entsprechenden Zuschlag bei der Bemessung des Spanndruckes in ausreichendem Maße berücksichtigt.

In diesem Zusammenhang wird erwähnt, daß die bisher durchgeführten Messungen an vorgespannten Auskleidungen keine gegenteiligen Schlußfolgerungen über die Auswirkung des Kriechens rechtfertigen.

1,62. Mauerwerk

Für die Sicherung der Stollenröhre gegen Gebirgsdruck wird oft Zementmörtelmauerwerk aus natürlichen, entsprechend bearbeiteten Steinen, aus Betonformsteinen oder aus gebrannten Klinkern mit Vorteil verwendet. Die letzteren sind, besonders in Verbindung mit Bitumenmörtel, in Gips und Anhydrit wegen ihrer Säurebeständigkeit zu empfehlen. Mauerwerk ist dem Beton dort überlegen, wo es darauf ankommt, daß die Verkleidung imstande ist, gleich nach dem Einbau Druckbelastung zu übernehmen. In Druckstollen bedarf ein solches Mauerwerk allerdings noch einer geeigneten wasserdichten inneren Verkleidung.

Bei der vom Verfasser entwickelten *Kernring-Auskleidung*, die auf dem Effekt hydraulischer Vorspannung beruht, verwendet man für Durchmesser bis zu etwa 4 m zur Ausführung des Kernringes meist ebenfalls Mauerwerk. Dieses wird aus vorfabrizierten Spezialsteinen hergestellt, die ein wirtschaftliches Arbeiten ermöglichen. Bei dieser Bauweise wird die Wasserdichtheit der Mörtelfugen des Mauerwerkes zwangsläufig durch die Vorspannung in Verbindung mit der monolithischen Hinterpreßmasse erzielt. Für die Bemessung solcher Mauerringe, deren Druckfugen radial ausgebildet werden, kann bei bedingungsgemäßer Herstellung der Formsteine und fachmännischer Vermauerung eine höhere zulässige Beanspruchung als bei betonierten Ringen, nämlich das 0.8-fache der Würfelfestigkeit des Steinbetons, vorausgesetzt werden.

1,63. Injektionsmittel

Im Druckstollenbau spielen Injektionen zwecks Verdichtung der Gebirgshülle und vor allem auch zur Beseitigung der Hohlräume hinter der Auskleidung eine wichtige Rolle. Als Injektionsmittel dienen vorwiegend Zement und Sand in einer der jeweiligen Aufgabe entsprechenden Mischung und Verdünnung. Für die Ausfüllung der Absetzhohlräume bedient man sich meist pneumatischer Injektionsgeräte, die mit dem üblichen Arbeitsdruck in den Preßluftleitungen (5 bis 6 atü) arbeiten. Das Einpreßgut besteht für diesen Zweck aus Mörtelbrei im Mischungsverhältnis Zement : Sand von etwa 1 : 1 bis 1 : 3. Zur Verdichtung des Gebirges werden ferner oft Zementinjektionspumpen angesetzt, die ein Auspressen der Bohrlöcher mit Hochdruck ermöglichen, insoweit dadurch die Auskleidung nicht gefährdet wird. Solche Injektionen erfolgen zwecks Schonung der Pumpen und Gewährleistung eines möglichst ausgedehnten Wirkungsbereiches um die Bohrlöcher vorzugsweise mit reiner Zementmilch. Zur Erhöhung des Dichtungseffektes werden ab und zu auch Zusätze verwendet, wie z. B. Steinmehl, Traß oder von Erzeugern unter verschiedenen Bezeichnungen auf den Markt gebrachte Gleit- und Quellmittel.

Auf einer Injektionsmethode ganz anderer Art beruht die *Kernring-Auskleidung*. Bei diesem Verfahren erfolgt zunächst die pneumatische Verfüllung des als Hohlring ausgebildeten Hinterpreßraumes mit Zementmörtel, worauf in die weiche, also noch nicht abgebundene Masse, mittels Zementinjektionspumpen reiner Zementbrei zwecks Erzielung der Vorspannung und Auspressung aller schon vorhandenen oder sich erst im Zuge des Spannvorganges bildenden Hohlräume und Risse nachgepumpt wird. Dabei wird das Überschußwasser allmählich vollkommen ausgetrieben und eine so dichtgepreßte, elastisch gespannte Bettung erzielt, daß diese schon vor dem Abbinden und Erhärten den Spanndruck in ausreichendem Maße zu halten vermag. Für diese Aufgabe hat sich als erstes Füllgut eine Mischung aus rund 40 G. T. Zement, 40 G. T. Sand 0 bis 3 mm und etwa 20 G. T. Wasser, ferner als nachfolgende Pumpmasse reiner Zementbrei aus etwa 1½ bis 2 G. T. Zement und 1 G. T. Wasser sehr bewährt.

Die Abb. 4 zeigt einen aus einem Ausbruchstück einer solchen Hinterpreßmasse von der Lehrkanzel für Mineralogie und technischen Geologie der Technischen Hochschule Graz hergestellten Dünnschliff bei 15-facher Vergrößerung. Wie auch der Untersuchungsbefund bestätigt, ersieht man daraus, daß dieser Mörtel keine erkennbare Poren aufweist und dicht ist.

Abb. 4. Dünnschliff der Verpreßmasse aus dem Versuchsstollen Muleritsch bei 15-facher Vergrößerung.

Besondere Injektionsmittel erfordert schließlich die Herstellung von Prepaktbeton als Bettung von Panzerrohren. Im Druckschacht der Oberstufe des Tauernkraftwerkes wurden für das Auspressen des Kiesgerüstes $\varnothing$ 15 bis 80 mm, dessen Hohlraumanteil 42% betrug, je m³ Kies benötigt:

Portlandzement	263 kg
Alfesil	87 kg
Rund 250 l Feinsand $\varnothing$ 0.1 mm	350 kg
Wasser (maximal)	175 kg
Intrusion-Aid	3 kg
Zusammen	878 kg

Entsprechend 420 l fester Masse[1].

---

[1] Vgl. „Die Verwendung des Prepakt-Verfahrens bei Druckschachtauskleidungen" von Dipl.-Ing. A. BRANDESTINI in „Schweizerische Bauzeitung" 1954, H. 52.

1,64. Spritzmörtel und Spritzbeton

Eine Abart der in Druckstollen verwendeten Zementbaustoffe bilden die durch ein pneumatisches Spritzverfahren hergestellten Mörtel- und Betonüberzüge der Felswandung oder der Innenleibung einer Vorauskleidung. Es sind dies der Torkret oder Gunit (Trockenverfahren mit Wasserzufuhr an der Düse), der Spritzmörtel nach der MOSERschen Methode (Naßverfahren) und der nach einem dieser Verfahren geschleuderte Spritzbeton. Für Mörtelanwürfe kommt ein Mischungsverhältnis von etwa 1 : 3 mit Sand 0 bis 3 mm in Frage. Bei Spritzbeton, der erst in jüngerer Zeit größere Verwendung fand, kann die Zementmenge zwischen 130 und 400 kg/m³ fertiger Masse (meist 300 bis 350 kg/m³) variieren. Für die Zuschlagstoffe eignen sich etwa folgende Korngrößen[1].

	0 — 3 mm	3 — 10 mm	10 — 20 mm
	40 — 60%	30 — 50%	10 — 20%
Im Mittel	50%	35%	15%

Spritzmörtel und -beton weisen, sachgemäßes Verarbeiten vorausgesetzt, im allgemeinen gute Festigkeitseigenschaften und dichtes Gefüge auf. Ihr Widerstandsvermögen gegen Innendruck ist jedoch, nachdem dieses von der Nachgiebigkeit der Stollenwandung abhängt, sehr begrenzt.

1,65. Spezialzemente und Zusatzmittel

Betonangreifende Wässer, insbesondere verursacht durch den Gehalt an freier Schwefelsäure (SO_3) im Bereiche von Gips und Anhydritgebirge, verlangen eine entsprechende Vorsorge gegen die chemische Zerstörung der Auskleidung. Diesem Zwecke dienen neben der Wahl einer geeigneten Bauweise der Ersatz der handelsüblichen Portlandzemente durch kalkarme, silikatreiche Zemente, wie Elektro-Schmelz-Zement, Eisenportlandzement oder Hochofenzement, sowie die Beigabe von Traß.

Bei Vorhandensein aggressiver Wässer sollte die Auswahl der Bindemittel sorgfältig überlegt werden und tunlichst nur nach Anhören erfahrener Fachleute erfolgen.

Bei dem im Jahre 1951 in Betrieb genommenen Wasserschloßschacht des Kraftwerkes Waldshut der Schluchseewerk A. G., der einen Durchmesser von 14,00 m aufweist und auf 124 m Steighöhe eine *Kernring-Auskleidung* erhielt, hat sich in den 35 m mächtigen, sehr nassen Gips- und Anhydritschichten die Verwendung von Tonerde-Schmelzzement (Lafarge) für die Kernringhinterpressung bestens bewährt. Dabei bestand die Gebirgsverkleidung aus Klinkermauerwerk in Bitumenmörtel, der Kernring hingegen aus Rüttelbeton mit Traß-Hochofenzement als Bindemittel.

Als Zusatzmittel für Beton und Mörtel werden neben Traß ab und zu auch chemische Erzeugnisse zur Verbesserung der Beton- oder Mörtelqualität angewandt. Solche Mittel werden vor allem bei der unschädlichen Ableitung von Bergwasser durch Schlauchdrainagen und Trockenlegung nasser Stollenwandungen benötigt. Dazu gehören z. B. die bekannten Sikaerzeugnisse und ähnliche Produkte anderer Firmen.

---

[1] Vgl. „Anwendung von Spritzbeton" von Dipl.-Ing. ERNST ROTTER, „Schriftenreihe des Österreichischen Wasserwirtschaftsverbandes", H. 35, Wien: Springer-Verlag 1958.

1,66. Stahl

Neben Beton und Zementmörtel oder reinem Zement ist Stahl der wichtigste Baustoff für den Druckstollenbau. Seine technische Eignung hiefür ist in seiner hohen Zugfestigkeit und seiner vollkommenen Wasserdichtheit begründet. Der hohe Preis des Stahles bedingt indessen eine äußerste Beschränkung seiner Anwendung.

Beim Bau von Druckstollen und -schächten kommt der Einsatz von Stahl für folgende Verwendungszwecke in Frage:

a) Für die Sicherung der Ausbruchröhre gegen Nachbrüche durch Gebirgsanker oder durch Stahlrüstung (Streckenbögen o. dgl. mit oder ohne Verpfählung).

b) Als Rundstahlbewehrung für den Auskleidungsbeton oder für Gunitmanschetten.

c) Als Panzerung zur Beherrschung des Innendruckes, wo andere Bauweisen nicht befriedigen.

d) Als Spannstahl bei Auskleidungen, die auf mechanischer Vorspannung beruhen.

e) Für Nebenaufgaben (z. B. bei der *Kernring-Auskleidung* als Stahlringe für die Zonenbegrenzungen und als Gewinderohre für die Einpreßöffnungen).

Die erforderliche Güte richtet sich nach dem Verwendungszweck und nach der besonderen Aufgabe, die dem Stahl zugeordnet wird. Außer den genormten Stahlsorten finden in neuerer Zeit für Panzerungen, vor allem in Druckschächten mit hohen Innendrücken, Spezialstähle mit Streckgrenzen bis zu 40 kg/mm² Verwendung.

Die für die Bemessung maßgebenden zulässigen Spannungen ergeben sich einerseits aus den von den Stahlwerken für ihre Erzeugnisse gewährleisteten Güteeigenschaften, andererseits aus den Voraussetzungen in bezug auf die Mitwirkung des Gebirges. Bei dem Ende 1957 in Betrieb genommenen Lünerseewerk wurde bei den Druckschachtpanzerungen die zulässige Ringspannung s_z in dem zum Vergleich frei liegend gedachten Rohr in Abhängigkeit von der Streckgrenze σ_S wie folgt vorgeschrieben:

$$s_z = f \cdot \sigma_S,$$

Dabei waren für den Bettungsfaktor f folgende Werte einzuführen:

$f = 1{,}0$ in sehr gutem Gebirge bei ausreichender Überdeckung.

$f = 0{,}8$ in gutem Gebirge, wenn das Produkt aus Überlagerungshöhe und dem Raumgewicht mindestens das 0,32-fache des Innendruckes erreicht.

$f = 0{,}65$ in schlechterem Gebirge bei genügender Überdeckung.

$f = 0{,}545$ in schlechtem Gebirge oder bei unzureichender Überlagerung. (Dieser Wert hatte auch für freiliegende Druckrohre Geltung.)

Die Bettung der Panzerrohre erfolgte in den Steilstrecken mittels Prepakt- und in den Flachstrecken mittels Rüttelbeton.

Die Verwendung von Stahl als Bewehrung von gewöhnlichen Betonauskleidungen oder Gunitringen beruht auf einer unzutreffenden Voraussetzung über seinen Effekt in bezug auf die Hintanhaltung von Zugrissen und Wasserverlusten. Es handelt sich daher bei diesen Bauweisen, weil damit der beabsichtigte Zweck nicht in dem angestrebten Maße erreicht wird, um einen unwirtschaftlichen Einsatz eines kostspieligen Baustoffes. Stahlbeton läßt sich nur in schlechtem Gebirge als äußere Verkleidung einer *Kernring-Auskleidung* sinnvoll verwenden, um das mangelhafte Stützvermögen der Hülle durch die Elastizität eines bewehrten Rohres zu ersetzen. Für diese Aufgabe kann auch die Verwendung von Spezialstählen mit hoher Streckgrenze wirtschaftlich sein.

Für Vorspannzwecke kommt nur Stahl in der hiefür geeigneten Güte mit Streckgrenzen von mindestens 80 kg/mm² in Frage.

Soweit Stahl für Nebenaufgaben benötigt wird, genügt die übliche Handelsgüte.

1,67. Sonstige Stoffe

Holz kommt in Druckstollen im Zuge der Bauausführung für Zimmerung, Gleisschwellen, Rüstung, Schalung und sonstige Hilfszwecke in Betracht. Für den endgültigen Ausbau war es jedoch bisher noch nicht in Gebrauch. Wo Verpfählung nötig ist, die beim Einbau der Auskleidung nicht entfernt werden kann, sollte hiefür anstelle von Holz Stahl verwendet werden.

Kupferbleche wurden in Italien zur Abdichtung von planmäßig angeordneten Längsfugen eingebaut. Sie werden auch zur Dichtung der Ringfugen beim Übergang von Panzerstollen an die anschließenden Stollenstrecken benützt.

Als Dichtungsmittel finden im Druckstollenbau schließlich Bitumen und Bitumenerzeugnisse Verwendung, sei es zur Abdichtung von Fugen, z. B. beim Stoß von Betonierzonen oder an den Putzöffnungen der Drainage, wo diese nicht verfüllt wird, sei es als Schutzfilm an der Innenleibung von Entwässerungsrohren oder an der Ausbruchwandung in Gips oder Anhydrit oder sei es schließlich als sogenannte ,,elastische Dichtung" bei dem von Walch vorgeschlagenen kombinierten Auskleidungsverfahren. Für die letztere Aufgabe wurden auch Gummi-, Metall- oder Kunststoff-Folien in Erwägung gezogen.

Im Stollenbau machen Feuchtigkeit und Nässe oft ein fachgemäßes Anbringen von Bitumenanstrichen und Klebemitteln unmöglich, so daß ihre Anwendbarkeit sehr beschränkt ist.

Andere Stoffe sind für den endgültigen Ausbau nur von untergeordneter Bedeutung.

2. Die Gebirgsbruchgefahr

2,1. Allgemeine Hinweise

Insoweit Druckstollen und -schächte keine wasserdichte Panzerung erhalten, besteht die Möglichkeit des Eindringens von Druckwasser in das Gebirge und in weiterer Folge einer so weitgehenden Störung des Gleichgewichtes, daß u. U. ein Bruch erfolgt. Diese Gefahr ist naturgemäß bei gewöhnlichen Auskleidungen, die keine Abdichtung der Stollenröhre gewährleisten, am größten.

Eine Reihe von Schadensfällen dieser Art lassen vermuten, daß man sich nicht immer über die Gefahr von Gebirgsbrüchen und über ihre Entstehungsursachen im klaren ist. Nachdem jedoch die Bestandsicherheit eines Druckstollens unter allen Umständen gewährleistet sein muß, ist es unerläßlich, daß man sich jeweils vor Festlegung der Stollentrasse und der Auskleidungsart über die Erfordernisse zur Erhaltung der Gebirgsstabilität Rechenschaft gibt und daraus die nötigen Schlußfolgerungen zieht.

Wo das Gebirge schon in seinem natürlichen Aufbau infolge ungünstiger Lage der Schichtung oder anderer Umstände zum Zerfall neigt, darf nur eine wasserdichte Auskleidung in Betracht gezogen werden. In solchen Fällen könnte jede Infiltration mit Druckwasser die Katastrophe eines Gebirgsbruches auslösen. Aber auch in gutem, standfestem Gebirge ist, insbesondere bei wasserdurchlässigen Verkleidungen, die Bestandsicherheit dort ernstlich gefährdet, wo die Überdeckung unzulänglich und ohne Beachtung der Sprengwirkung des aus der Stollenröhre austretenden Druckwassers bemessen wird.

Diese Gefahrenquellen und ihre Auswirkungen sind nun Gegenstand der weiteren Ausführungen. Aus den im Zusammenhang mit der Beschreibung der verschiedenen Erscheinungsformen von Gebirgsbrüchen aufgezählten Beispiele läßt sich erkennen, daß Schadensereignisse dieser Art, die lange Betriebsunterbrechungen und hohe Instandsetzungskosten verursachen, nicht bagatellisiert werden sollten.

2,2. Gefahreneinflüsse

2,21. Druck auf die Stollenleibung

Bei einem Druckstollen wird die Gebirgshülle zunächst primär durch den Wasserdruck auf die Stollenleibung belastet, insoweit dieser nicht von der Auskleidung zufolge ihres Widerstandsvermögens auf Zug aufgenommen wird. Diese, der Größe nach eingrenzbaren Kräfte lassen sich durch die Wahl einer geeigneten Trasse mit genügender Überdeckung und durch Sicherung der Portale mittels entsprechend tief in den Berg geführter Panzer- oder Vorspannrohre unschwer beherrschen.

Der auf das Gebirge übergehende Anteil des Innendruckes ist vom elastischen Verhalten der Auskleidung und vom Widerstandsvermögen der Hülle gegen radiale Deformation, also von der Güte der Bettung abhängig.

Bezeichnet man mit

p den Innendruck,

p_1 den Anteil, den die Auskleidung übernimmt,

p_2 den Anteil, der sich auf das Gebirge abstützt,

α die Bettungsziffer,

so ist

$$p_2 = \alpha \cdot p \text{ und } p_1 = (1 - \alpha) \cdot p;$$

dabei liegt die Bettungsziffer α zwischen 0 und 1.

Der letzte Wert gilt z. B. für gerissene Betonauskleidungen, aber auch für einen gedachten starren Umschluß, der erste für Panzer- oder Spannbetonrohre, die im Gebirge nicht kraftschlüssig gebettet sind.

Bei der *Kernring-Auskleidung* erhöht sich der hydraulische Druck p_2 auf das Gebirge um den gehaltenen elastischen Vorspanndruck p_3. Dabei liegt die Summe $p_2 + p_3$ in der Regel unter der maximalen Vorbelastung durch den Pumpenenddruck anläßlich der Hinterpressung.

Wie sich aus den späteren Nachweisungen ergibt, verursacht der radiale Druck auf die Innenleibung des Gebirges in dieser eine tangentiale Zugkomponente gleicher Größe, die sich der natürlichen, durch die Gebirgsauflast sowie durch tektonische und thermische Einflüsse bedingten Vorspannung überlagert. Dabei entstehen Zugrisse, wo

$$p_2 \text{ bzw. } p_2 + p_3 > \sigma_d + s_z \tag{5}$$

ist, wenn σ_d die Druckvorspannung und s_z die Zugfestigkeit der betreffenden Fuge bezeichnen.

Bei Unterstellung einer wasserdichten Auskleidung bleiben solche Radialrisse auf den engeren Umkreis der Stollenröhre begrenzt. Die tangentiale Zugkomponente ist nämlich dem Mittelpunktsabstand des betrachteten Punktes verkehrt proportional und sonach mit zunehmender Entfernung vom Stollen rasch so unbedeutend, daß sie keine weitere Aufreißung bewirken kann.

2,22. Infiltration des Gebirges

Wo die Auskleidung nicht dicht hält, sind die Voraussetzungen für das Eindringen von Druckwasser in das Gebirge gegeben, soferne das letztere nicht von Natur aus wasserundurchlässig ist. Dabei sind jedoch Fließwege, die unter dem Stollenniveau ins Freie münden oder unterirdisch weiterführen und imstande sind, das Verlustwasser ohne Staudruck abzuführen, für die Bestandsicherheit gefahrlos, weil sie die Spannungsverhältnisse nicht beeinflussen.

Wo jedoch Spalten und Klüfte im Gebirge erst durch den zusätzlichen Wasserfluß aus der Stollenröhre gefüllt und mehr oder weniger unter Druck gesetzt werden, vollzieht sich zwangsläufig eine Umlagerung des inneren Gleichgewichtes des Gebirgskörpers, die u. U. einen Bruch herbeiführen kann.

Gebirge dieser Art wird allerdings in der Regel schon unter dem Einfluß des natürlichen Wasserhaushaltes zeitweise einem Bergwasserdruck aus Spalten und Klüften ausgesetzt sein, so daß dann die Verbindung mit dem Druckwasser der Stollenröhre wohl die Dauer der Wasserspannung, nicht aber ihr Maximum bestimmt.

Im Druckstollen des Lünerseewerkes wurden in der 2474 m langen, im Kristallin liegenden Teilstrecke zwischen dem Saloniendüker und dem Wasserschloß (Golmerjochstollen), und zwar vorwiegend in Phyllitgneis, beim Vortrieb stark wasserführende Klüfte durchstoßen, aus denen sich monatelang 80 l/s in den Stollen ergossen. Die Wasserführung ging dann in Trockenzeiten rasch zurück. Einige Teilstrecken dieses Stollenabschnittes mit einer Gesamtlänge von 864 m erhielten *Kernring-Auskleidung*. Die nach erfolgter Hinterpressung in größerer Zahl angesetzten Kontrollmanometer zeigten im Bereiche dieser praktisch wasserdichten Verkleidung und z. T. auch in den Zwischenstrecken mit gewöhnlicher Betonauskleidung von Ende Mai bis Juli-August 1957 allmählich zunehmenden Bergwasserdruck an. Im mittleren Teil der Kernringstrecken stieg dieser Druck vor einer dann vorgenommenen Entlastung, die nach Entfernen von Kontrollmanometern durch die hiefür gebohrten Löcher erzielt wurde, bis 14 atü, während der später aufgelastete Betriebsdruck in diesem Stollenabschnitt nur maximal etwa 12 atü beträgt.

Diese Beobachtungen erbrachten den Nachweis, daß im vorliegenden Falle das Gebirge schon in seinem natürlichen Zustand mit Grundwasserdruck aus Spalten und Klüften belastet war und hier weder nennenswerte Wasserverluste noch nachteilige Auswirkungen des Druckstollens auf die Bestandsicherheit zu befürchten seien.

Die Infiltration des Gebirges mit Druckwasser ist aber nicht nur auf offene Spalten und Klüfte beschränkt. Das Druckwasser dringt vielmehr auch in alle Poren und Schichtfugen ein, wo irgendwelche Sickerwege — und seien sie noch so eng — von der Stollenröhre ausgehend, in diese einmünden. Der dabei entstehende Porenwasserdruck ist ungefährlich. Hingegen ist der Spaltwasserdruck in Schichtfugen und Verwerfungen der Größe und Wirkung nach wie der Unterdruck bei Staumauern zu beurteilen.

Solange solche Fugen — gleich welche Lage sie einnehmen — unter dem Einfluß der Gebirgsauflast gepreßt bleiben, ist die Wahrscheinlichkeit aber gering, daß sich in ihnen durch Infiltration gefährliche Druckkräfte entwickeln.

Die hiefür maßgebenden Zusammenhänge lassen sich an Hand der Abb. 5 verfolgen.

Es ist dabei zunächst eine Schichtfuge unterstellt, die zufällig durch die Stollenachse geht und gegen die Oberfläche fällt. Der Ausfluß bei B sei im Falle a z. B. infolge Frosteinwirkung oder anderer Ursachen gesperrt, im Falle b hingegen offen.

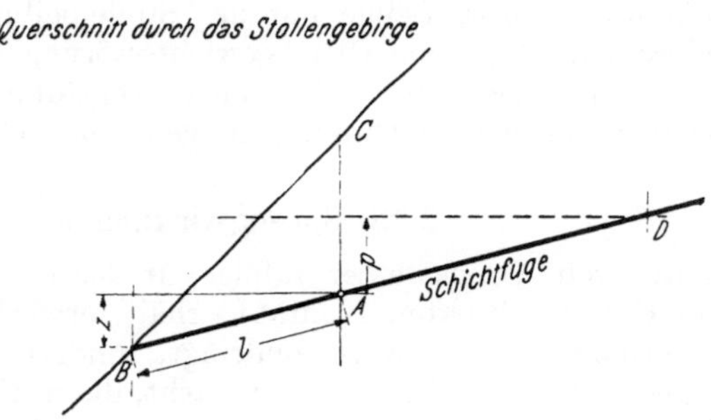

Bezeichnet man mit

p den Wasserdruck im Stollen,

w den örtlichen Spaltwasserdruck,

z den Höhenunterschied des Austrittes der Fuge gegenüber dem Stollen (Fallen positiv, Steigen negativ),

m den Benetzungsfaktor (Verhältnis der benetzten Fläche zur Gesamtfläche),

l die Länge der Fuge $\overline{AB}$ und

W den Spaltwasserdruck senkrecht auf die Fugenwände, bezogen auf 1 m Stollenachse,

so ist

im Falle a

$$W = m \cdot \left(p + \frac{z}{2}\right) \cdot l, \qquad (6)$$

im Falle b

$$W = m \cdot \frac{p}{2} \cdot l. \qquad (7)$$

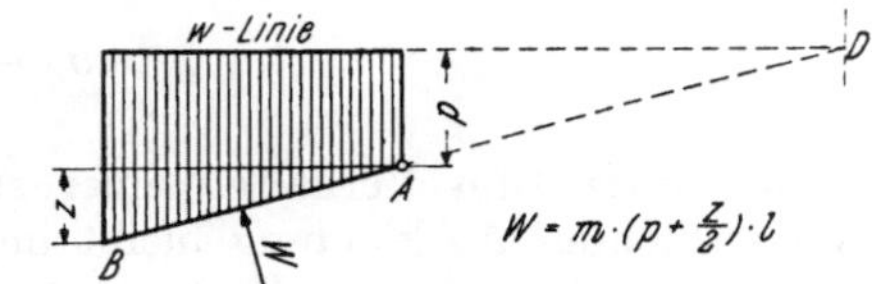

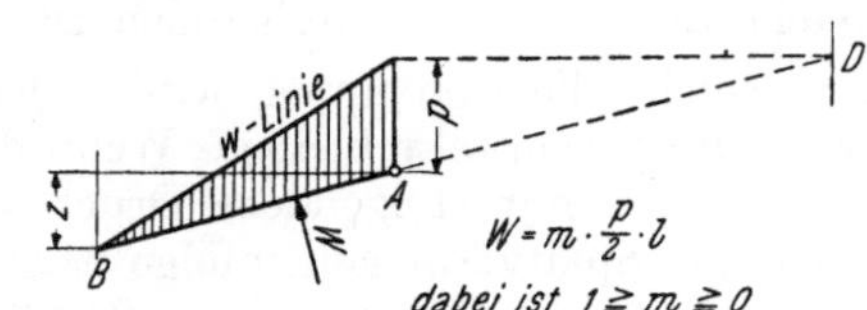

Abb. 5. Spaltwasserdruck in Schichtfugen.

Dabei ist vorausgesetzt, daß im Falle b der Druck vom Stollen gegen die Oberfläche linear abfällt und in beiden Fällen der Anteil der benetzten Fläche, und somit m auf die ganze Fugenlänge l konstant sei. Unter diesen Voraussetzungen entspricht der Fall b den Annahmen, die den Vorschriften über die Bemessung des Unterdruckes bei Staumauern zugrunde liegen.

Für den Benetzungsfaktor m sind die äußersten Grenzwerte 0 und 1. Der erste Wert gilt für dichte, geschlossene Fugen ohne Sickerwege, der zweite für klaffende Spalten. Solange die Fuge von außen gepreßt ist, wird m klein sein. Nach den einschlägigen Deutschen Vorschriften für Staumauern[1] (in Österreich sind noch keine verordnet) sind für m in der Gründungsfuge, den Aufschlüssen entsprechend die Werte 0,2, 0,3 oder 0,4 einzuführen.

---

[1] Vgl. „Anleitung für den Entwurf, Bau und Betrieb von Talsperren" (Neubearbeitung 1933) zur III. Ausführungsanweisung zum Wassergesetze vom 7. April 1913 über das Verleihungs- und Ausgleichungsverfahren.

In unserem Falle wird seine Größe vom äußeren Überdruck und von der
Beschaffenheit der Fugenfüllung, also von ihrer Porösität, vom Grad der Verkittung durch tonige Beimengungen oder Versinterung u. dgl. Umständen
abhängen. Im allgemeinen wird aber eine Durchnässung von Schichtfugen die
Standsicherheit des Gebirges kaum beeinträchtigen, solange sich solche Fugen
nicht auf größere Länge mit der Stollenleibung verschneiden und gleichzeitig
andere Ursachen eine Gleichgewichtsstörung begünstigen.

Dessen ungeachtet sollte nicht versäumt werden, im Zuge der Planung
hierüber eingehende Untersuchungen anzustellen.

2,23. Sprengwirkung des Druckwassers

Insoweit Druckwasser infolge undichter oder gerissener Auskleidung mit
dem Gebirge direkten Kontakt erhält, erwächst die Gefahr, daß es nicht nur
in vorhandene Fließwege eindringt, sondern die Stollenwandung sprengt und
ausgedehnte Aufreißungen verursacht, die u. U. zu untragbaren Wasserverlusten
oder gar zum völligen Bruch der Stollenhülle führen können. Eine Überlastung
des Gebirges, die einen solchen Vorgang einleitet, liegt — wie eine sinngemäße
Anwendung der Gl. (5) erkennen läßt — vor, sobald

$$p > \sigma_d + s_z \tag{8}$$

wird.

Im Gegensatz zum Verhalten einer statisch bedingten Aufreißung hinter
einer wasserdichten Auskleidung bleibt im vorliegenden Belastungsfall ein Riß
meist nicht auf den engeren Umkreis der Stollenröhre beschränkt. Das nachdrängende Druckwasser treibt vielmehr die Spaltung in aktivem Angriff, ähnlich
wie ein Keil, weiter und zwar bis entweder wieder $\sigma_d + s_z > p$ wird oder die
Oberfläche des Gebirges durchstoßen ist.

Eine solche Felssprengung wird zunächst auf die Ebene des geringsten
Widerstandes beschränkt bleiben. Wenn dabei aber keine Entlastung zustandekommt, können mit steigendem Druck weitere Aufreißungen folgen, bis sich
entweder das Spaltvermögen infolge Abnahme des Druckes bzw. Zunahme des
Felswiderstandes wiederum erschöpft oder ein Wasserausbruch größeren Ausmaßes die Einstellung des Betriebes und Entlastung des Stollens erzwingt.

Für die Sprengwirkung des Druckwassers ist die Stollenleibung im allgemeinen in der vertikalen Ebene durch die Stollenachse am anfälligsten, weil
in diesem Bereich die natürliche Vorspannung σ_d am kleinsten ist. Es herrscht
dort nämlich vorwiegend nur der vom Querdehnungsdrang verursachte Andruck,
Dieser ist zudem bei oberflächennahen Hangstollen wegen der in Richtung zum
Taleinschnitt wenig behinderten Ausdehnungsfreiheit an sich gering.

In diesem Belange verhalten sich schräge Druckschächte ähnlich wie Druckstollen. Bei senkrechten Druckschächten beruht hingegen die natürliche Vorspannung in allen Radialebenen — von tektonischen und thermischen Einflüssen abgesehen — ausschließlich auf behinderter Querdehnung, weshalb hier
besondere Vorsicht in bezug auf die Bemessung der horizontalen Vorlagerung
geboten ist.

2,24. Schwächen geologischer Art

Die bisher erörterten Gefahreneinflüsse auf die Bestandsicherheit können
nur in Verbindung mit den geologischen Eigenschaften der Gebirgshülle richtig
beurteilt werden. Bei dieser Wertung ist vor allem das Erkennen jener Schwächen

auf dem geologischen Sektor wichtig, die eine Anfälligkeit des Gebirges gegen Gleichgewichtsstörungen infolge Druckwassereinwirkungen begründen.

In diesem Zusammenhang sind u. a. von Bedeutung: Die Gesteinsart, bei geschichteten Gesteinen die Stärke der Schichten oder allfälliger Verwerfungen sowie deren Stellung in Beziehung zur Stollenachse und freien Oberfläche, der Grad der Wasserdurchlässigkeit und Klüftung, der Gleitwiderstand in Schichtfugen, das Zugwiderstandsvermögen in Richtung der Sprengtendenz und vor allem auch die natürliche Stabilität des Stollengebirges. Ungünstige Voraussetzungen dieser Art sind beispielsweise: eine saigere Felsschichtung gleichlaufend mit der Stollenachse, weil dann die vertikale Sprengwirkung des Druckwassers begünstigt wird; das Vorhandensein einer wasserdurchlässigen Gleitfläche oder Verwerfung, ähnlich wie sie in Abb. 5 dargestellt ist, wenn sich diese Störung mit dem Stollen in der Längsrichtung verschneidet und gleichzeitig gegen die Talsenke zu fällt; horizontal geschichtetes Gestein mit schlechtem vertikalen Zugverband, weil dadurch eine Sprengung in horizontaler Ebene begünstigt wird; geringeres Raumgewicht des Gebirges, wo es darauf ankommt, mit wenig Überdeckung das Auslangen zu finden; Karstgestein, das mit Höhlen, Klüften und unterirdischen Wasserläufen durchsetzt ist, im Hinblick auf die Möglichkeit von Einbrüchen in diese Hohlräume oder die Gefahr großer Wasserverluste infolge an sich unbedeutender Risse.

Eine sorgfältige fachmännische Beurteilung der geologischen Voraussetzungen wird es schließlich ermöglichen, die in Frage kommenden statischen Belastungen des Gebirges durch den Wasserdruck abzugrenzen und jeden bedenklichen Querschnitt auf seine Bestandsicherheit nachzuprüfen sowie die Gefahren der Felssprengung richtig zu beurteilen.

2,3. Gebirgsbrucharten

2,31. Hangrutsche

Wenn Verlustwasser aus einem Druckstollen Fließwege durch klüftiges Gebirge findet, die an einem mit Moräne oder Schutt bedeckten Hang ausmünden, so können diese Massen leicht so stark durchnäßt und ausgewaschen werden, daß sie schließlich in Bewegung geraten und ins Tal abgleiten. Eine derartige Rutschung kann zwar nicht unbedeutenden Schaden verursachen, beeinträchtigt aber an sich die Bestandsicherheit der Stollenhülle insolange nicht, als in dieser kein Felsbruch eintritt.

Ein großer Hangrutsch hat sich am 1. Juli 1920 beim Ritomwerk anläßlich der Füllung und Belastung des Druckstollens als Folge einer gerissenen Auskleidung ereignet. Dieser Schadensfall ist deshalb bemerkenswert, weil er den Anstoß zur Erörterung und Bereinigung des Druckstollenproblems gab, der auch die vorliegende Arbeit gewidmet ist.

Wie aus einem einschlägigen Tatsachenbericht hervorgeht[1], handelt es sich bei diesem Ereignis um eine beträchtliche Abrutschung bewaldeten Gehängeschuttes mit unmittelbar nachfolgendem Austritt von schätzungsweise 150 l/s klaren Wassers an vielen Stellen, die sich auf über 100 m Länge unterhalb eines neu angelegten Fahrweges verteilten. Die Breite des Abrisses soll 30 m, die Kubatur der abgeglittenen Masse 2000 m³ betragen haben. Die Rutschstelle lag 50 m unter dem Horizont des Stollens, die waagrechte Entfernung von diesem betrug 200 m.

---

[1] Vgl. „Vom Ritom-Kraftwerk der S. B. B." in „Schweizerische Bauzeitung" 1920, B. 76, S. 19.

Das Gebirge, das dort aus Glimmerschiefer mit bergeinwärts fallender Schichtung besteht, weist ein rhomboedrisches Klüftungssystem auf, von dem eines parallel zum Hang verläuft. Nach erfolgter Stollenentleerung wurde das Zurückschießen von Druckwasser durch die aufgetretenen Längsrisse in den Stollen festgestellt.

WALCH berichtet über diese Rutschung noch folgende interessante Einzelheiten[1]:

„Im Mai 1920 begann die Probefüllung, und zwar zuerst nur mit einem Überdruck über dem Scheitel von 1,5 m am oberen und 7,5 m am unteren Stollenende.

Der Wasserspiegel sank über Nacht um 30 cm, was im Mittel 6 l Wasserverlust pro Sekunde entspricht. Man konnte schon jetzt nach der Entleerung einige Risse feststellen. Trotzdem aber wurde der Stollen nochmals gefüllt, und zwar mit einem Überdruck von 9,5 bzw. 14,5 m.[2] Die größten Wasserverluste betrugen 52 l/s, ebenso konnte eine Zunahme der Risse festgestellt werden.

Bei einer nochmaligen Füllung mit 21 und 27 m Innendruck trat in der Apparatekammer eine Quelle auf, so daß der Versuch abgebrochen werden mußte.

Es wurde jetzt eine neuerliche Injektion des ganzen Stollens vorgenommen und dann der Stollen von neuem gefüllt. Bei einem Überdruck von 35 bzw. 41 m traten Wasserverluste von 326 l/s auf, ebenso konnte nachträglich eine weitere Zunahme der Risse festgestellt werden.

Nun entschloß man sich zu einer dritten Hinterspritzung. Bei einer Füllung mit etwa dem gleichen Innendruck wie vor, waren die Wasserverluste 262 l/s. Nach 55 Stunden erfolgte auf einmal ein Wasserausbruch im Hang in der Nähe des Wasserschlosses, so daß der Stollen entleert werden mußte.

Es blieb nun nichts weiter übrig, als den Stollen vorläufig als Freigefällsstollen in Betrieb zu nehmen und die Ausbesserungsarbeiten auf einen späteren Zeitpunkt zu verlegen."

Aus dieser Schilderung der Vorgänge beim Ritomstollen ergibt sich eindeutig, daß die gerissene Auskleidung dem Druckwasser Fließwege in das klüftige Gebirge freigab und daß schließlich der Wasserausfluß aus dem Berg ein Abgleiten des bewaldeten Hangschuttes bewirkte.

Ein solcher Hangrutsch ist als Gebirgsbruch sekundärer Art zu werten, weil er nicht von der Stollenleibung ausgeht und nicht den stützenden Teil der Stollenhülle, sondern nur eine äußere Deckschichte zerstört. Er ist aber auf alle Fälle ein Alarmsignal, das in bezug auf die weitere Haltung des Druckes oder seiner Steigerung — nicht nur wegen der Wasserverluste — sondern vor allem wegen der Gefahr einer Sprengung des Felsverbandes zu äußerster Vorsicht mahnt, wo die Sicherheit gegen ein solches Ereignis nicht eindeutig feststeht.

2,32. Firstspaltung

Es wurde bereits bei der Besprechung der Sprengwirkung des Druckwassers auf die Anfälligkeit der Stollenhülle gegen eine vertikale Aufreißung, für die der Verfasser den Ausdruck „Firstspalt" geprägt hat, hingewiesen. Eine solche innere Zerreißung des Gebirges kann, selbst bei gutem Fels, schon von verhältnismäßig bescheidenen Drücken ausgelöst werden. Es wurde ferner im erwähnten Abschnitt auf die fortschreitende Spaltwirkung aufmerksam gemacht, die im Falle unverkleideter Stollen oder gerissener Auskleidungen das nachdrängende Druckwasser ausübt und die Sprengung des Gebirgskörpers bis zur Oberfläche

---

[1] Vgl. Dr. Ing. O. WALCH: Die Auskleidung von Druckstollen und Druckschächten. S. 95. Berlin: J. Springer 1926.

[2] Vermutlich richtig 15.5 m.

erzwingt, soferne der Druck mit zunehmender Höhe nicht schon vorher unter die Grenze des Bruchwiderstandes der Rißebenen abfällt bzw. der letztere wieder ansteigt.

Im ersten Fall, der zur Voraussetzung hat, daß die Felsoberfläche die Drucklinie unterschneidet, ist mit großen Wasserverlusten zu rechnen, weil der Spalt nach oben einen freien Ausfluß öffnet; im zweiten Fall verursacht der Firstspalt nur dann Wasserverluste, wenn er in durchlässigem Gebirge vorhandene Fließwege anschneidet. Außerdem wirkt der Wasserdruck in beiden Fällen, in voller Fläche ansetzend, wie bei einer Staumauer, auf die beidseitigen Spaltwandungen. Diese im Vergleich zur Gebirgsauflast beträchtliche zusätzliche Belastung vermag u. U. die Bestandsicherheit der Stollenhülle zu gefährden.

Solange jedoch das Gebirge seine Stabilität bewahrt, stellt ein Firstspalt einen auf das Berginnere beschränkten Gebirgsbruch dar, der nur dann nachteilige Folgen zeitigt, wenn die erwähnten Voraussetzungen für das Auftreten von Wasserverlusten gegeben sind.

Die folgenden zwei Tatsachenberichte mögen dem Leser noch einige interes-

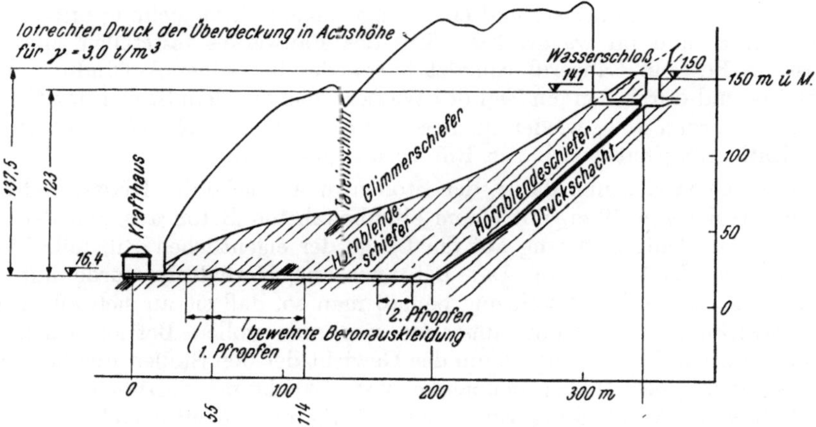

Abb. 6. Druckschacht des Kraftwerkes Herlandsfossen. [Nach der Studie von J. H. L. Vogt „Tryktuneller og Geologie" Kristiana 1922.]

sante Einzelheiten über einschlägige Ereignisse und Beobachtungen vermitteln, die keinen Zweifel darüber lassen, daß die Firstspaltgefahr jeden nicht entsprechend ausgekleideten Hochdruckstollen bedroht.

Den ersten Bericht, der sich mit dem Bruch des Horizontalstollens der Druckschachtanlage des Kraftwerkes Herlandsfossen befaßt, übernimmt der Verfasser als aufschlußreiches Beispiel unter Beifügung der Abb. 6 von Doktor MÜHLHOFER wörtlich wie folgt[1]:

„Das Kraftwerk Herlandsfossen (Norwegen) besitzt einen unausgekleideten Druckschacht, der in seiner ersten Gestalt (1919) aus einem 180 m langen, schrägen, unter etwa 45° geneigten, und einem 140 m langen, nahezu waagrechten Teil bestand. Das talseitige Ende des letzteren war durch einen mächtigen,

---

[1] Vgl. Dr. LUDWIG MÜHLHOFER: Zur Druckstollenfrage in die „Wasserkraft", 1923, S. 94, zufolge dortiger Fußnote [13]) entnommen der Veröffentlichung H. SCHJERVEN: Tryktunnellen ved Herlandsfossen (Technisk Ukeblad 1921, Nr. 32) und der Studie von J. H. L. VOGT: Tryktuneller og Geologi (Kristiania 1922).

50 m weit im Berg liegenden Betonpfropfen abgeschlossen, der als Verankerung für zwei eiserne Rohrleitungen von 1,40 m Durchmesser diente, durch die das Betriebswasser den Turbinen zugeführt werden sollte.

Das Gebirge besteht aus dunkelgrünem Hornblende-Gestein, dessen Druckfestigkeit mit 718 bis 2095 kg/cm² bestimmt wurde. Die Wasseraufnahme an rauh gearbeiteten Probestücken betrug 0,179 bis 0,316 v. H. — ob des Gewichtes oder des Volumens, geht aus der benützten Veröffentlichung nicht hervor —, war also jedenfalls eine geringe und ließ auch für das Gebirge selbst Wasserdichtheit erhoffen.

Die erste Füllung erfolgte so, daß der Druck innerhalb von 15 Stunden allmählich bis 123 m Wassersäule, das ist etwas weniger als die volle projektsmäßige Druckhöhe von 137,5 m gesteigert wurde. Die anfänglichen Wasserverluste waren gering und betrugen etwa 5 l/s; fünf Stunden nach erfolgter Füllung zeigte sich aber eine rasche Zunahme der Wasserverluste. Gleichzeitig wurde in einer kleinen Talsenkung, die den waagrechten Teil des Bauwerkes etwa 80 m bergwärts vom erwähnten Pfropfen — also insgesamt 130 m vom Mundloche entfernt — kreuzt, der Austritt von Quellen festgestellt. Der Druckschacht wurde wieder entleert und einer eingehenden Untersuchung unterzogen; hiebei konnte man im waagrechten Teil des Bauwerkes feststellen, daß sich daselbst im Fels ein Längsriß gebildet hatte, der bei seiner Auffindung 5 mm weit klaffte und durch den ein Teil des Wassers, das aus dem Stollen ins Gebirge ausgepreßt worden war, wieder in diesen zurückströmte. 24 Stunden nach erfolgter Entleerung hatte sich der Riß wieder geschlossen.

Man entschied sich nun dafür, den Stollen im Bereiche des Risses, und zwar auf eine Strecke von 59 m, mit einem eisenbewehrten Beton auszukleiden. Die Stärke der Auskleidung betrug auf die Länge der eigentlichen Rißstelle 75 cm, in den übrigen Teilen 50 cm. Das Betonmischungsverhältnis wurde mit 1 : 3 gewählt. Die Stärke der Bewehrung bemaß man so, daß sie an sich allein, also ohne Auswirkung des Betons, imstande war, den vollen Betriebsdruck von 237,5 m Wassersäule, vermindert um das Gewicht der den Stollen überlagernden Felsmasse, bei einer Inanspruchnahme von 1000 kg/m² aufzunehmen. Nach Fertigstellung der Auskleidung wurde sie sorgfältig mit Zementmörtel hinterpreßt, um ein sattes Anliegen des Betons an das Gebirge zu erzielen; der dabei zur Anwendung gelangte Druck betrug 20 at. Das Mischungsverhältnis des Preßgutes war 1 Sack Zement und 1 Sack Sand auf 50 l Wasser.

Nach Fertigstellung dieser Auskleidung ging man mit der Anlage in Betrieb, wobei die Druckhöhe zwischen 120 und 128 m gehalten wurde. Die Wasserverluste waren mehrere Monate hindurch nur gering und betrugen etwa 5 bis 6 l/s. Als man den Druck auf 132 m Wassersäule erhöhte, stiegen die Verluste plötzlich auf mehr als 300 l/s an; es konnte daher kein Zweifel darüber bestehen, daß irgendwo ein Bruch eingetreten war. Man ging nun mit dem Druck auf 90 m herunter, wodurch die Wasserverluste eine wesentliche Verminderung erfuhren, und blieb so lange noch in Betrieb, bis man sich zu einer neuerlichen Untersuchung des Bauwerkes entschloß. Diese zeigte, daß die eisenbewehrte Betonauskleidung nahezu auf ihre ganze Erstreckung Längsrisse aufwies, die deutlich in das dahinterliegende Gebirge hinein verfolgt werden konnten. Nach diesem Befund entschied man sich dafür, den früher erwähnten Betonpfropfen an das untere Ende des Schrägschachtes zu verlegen, die beiden Druckrohrstränge bis zu dieser Stelle zu verlängern und mithin den Druckschachtbetrieb im waagrechten Teil des Bauwerkes endgültig aufzugeben. Die bezüglichen Umgestaltungsarbeiten sind 1920 beendet worden.“

Dieser Schadensfall wurde offensichtlich durch einen Firstspalt infolge Überwindung des tangentialen Zugwiderstandes der Felsleibung im Bereiche der Stollenfirste ausgelöst, der dann in Verbindung mit den von der Talsenkung gegen den Rißbereich fallenden Schichtfugen des Gesteins den Wasserausbruch verursachte.

Der Verfasser hatte selbst Gelegenheit, im Versuchsstollen Muleritsch anläßlich der ersten Druckversuche im unausgekleideten Zustand einen Firstspalt zu sehen, der einen weiteren Beweis für die Anfälligkeit des Gebirges gegen vertikale Aufreißung lieferte.

Wie der späteren Beschreibung[1] dieses Versuchsstollens vorweggenommen sei, liegt er in einer Gesteinzone von Phyllitgneisen und Glimmerschiefern unweit des Überganges vom Urgestein auf Trias. Er zweigt vom Fensterstollen der Rellsbachbeileitung des Rodundwerkes 200 m hinter dem Portal senkrecht ab, so daß seine Achse ungefähr parallel zum Hang verläuft, der eine Neigung von etwa 1 : 2 aufweist. Die Überlagerung beträgt daher rund 100 m. Von dem 38 m langen Seitenstollen wurden 28 m als Versuchsstollen ausgestaltet.

Im Bereiche des Torblockes und der anschließenden 10 m ist das Gebirge sehr stark gestört, z. T. mylonitisch, graphitisch und weich. Der Ausbruch mußte unter dem Schutze von Zimmerung erfolgen. Die ersten 5 m erforderten eine 20 cm starke Gebirgsverkleidung, bevor die Felsröhre abgedrückt werden konnte.

Mit zunehmender Entfernung vom Torblock wurde das Gestein besser und in den letzten 8 m fest und geschlossen. Die Schichtung streicht schräg zur Achse und fällt in Richtung zum hinteren Stollenende.

Die erstmalige Füllung erfolgte am 18. März 1948. Am 20. und 23. März wurden sodann je zwei Druckversuche z. T. mit stufenweiser, z. T. mit rascher Be- und Entlastung vorgenommen. Dabei wurde der Druck im Stollen bis 13,6 atü gesteigert. Bei dieser Spannung betrug der Wasserverlust 6,2 l/s. Er war im übrigen ungefähr proportional dem Druck.

Bei der nachfolgenden raschen Entleerung und Besichtigung ergab sich folgender Befund. Etwa 10 m hinter dem Tor war aus einer stark aufgeweichten Störungszone etwa 1 m³ Material ausgebrochen. An anderen Stellen hatten sich Steine gelöst. An der bergseitigen Hälfte des Gewölbes zeigte sich im ganzen unverkleideten Bereich ein klaffender, vertikaler Spalt, dessen Öffnung auf mehrere mm geschätzt wurde. Auch an den Bohrlochpfeifen wurden 1 bis 3 mm weite Risse bemerkt. Bei der nächsten Besichtigung am folgenden Tag war der Firstspalt wieder nahezu geschlossen.

Es hat sich sonach auch im Versuchsstollen Muleritsch gezeigt, daß schon ein Druck von rund 13 atü genügt, um festes, geschlossenes Gestein zu sprengen.

Schließlich sei noch erwähnt, daß sich der Firstspalt vermutlich in der Sohle fortsetzt. Diese Vermutung ist aber noch nicht durch Beobachtungen bestätigt. Es ist jedoch trotz Zunahme des Druckes unwahrscheinlich, daß das Gebirge weit nach unten aufreißt, weil in diesem Bereich der Vorspanndruck infolge behinderter Querdehnung größer sein dürfte, als in der unterhöhlten Stollenfirste.

2,33. Felsbruch bei Hangstollen

Diese Benennung soll einen Gebirgsbruch kennzeichnen, bei dem das Gleichgewicht der Felshülle des Stollens so weitgehend gestört wird, daß letztere entweder vom Druckwasser nur örtlich herausgebrochen oder durch einen Bergsturz in größerem Ausmaße vollkommen zertrümmert wird.

---

[1] Vgl. Kapitel 5 „Versuche und Erprobungen".

Die Einflüsse, die eine solche Zerstörung auslösen können, lassen sich am besten an Hand konkreter Beispiele erkennen.

Diesem Zwecke dienen die Darstellungen des Kraftflusses für die Beispiele 1 (Abb. 7) und 2 (Abb. 8).

In der Zahlentafel 4 sind die angenommenen Größen, die daraus gerechneten

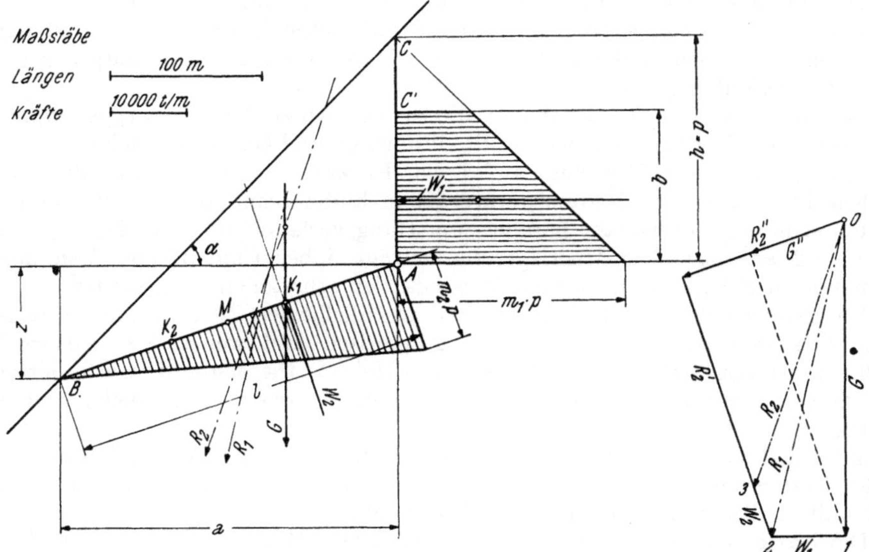

Abb. 7. Einfluß des Spaltwasserdruckes auf die Stabilität des Gebirges; Beispiel 1.

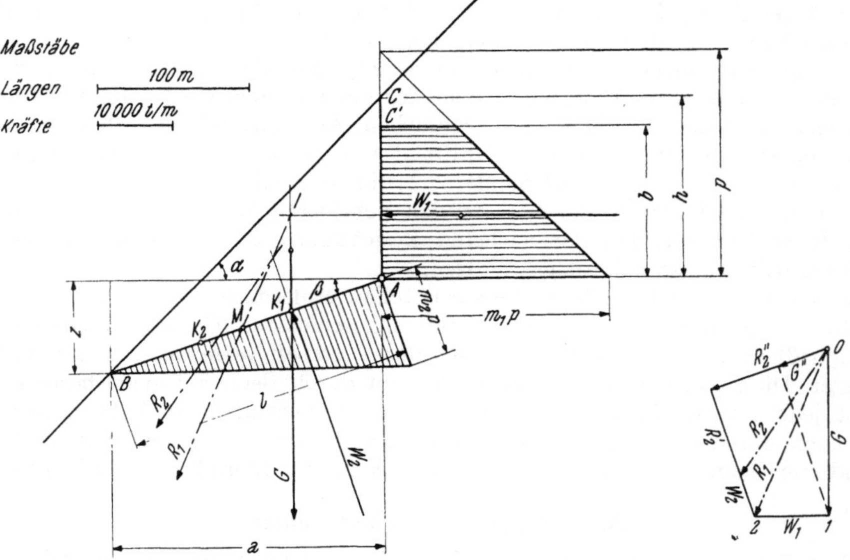

Abb. 8. Einfluß des Spaltwasserdruckes, auf die Stabilität des Gebirges; Beispiel 2.

und die aus dem Kräfteplan abgelesenen Werte sowie die gerechneten Schubspannungen in der bruchgefährdeten Schichtfuge A B für beide Beispiele zum Vergleich nebeneinandergestellt.

Zahlentafel 4. *Vergleichswerte der Beispiele 1 und 2 in Abb. 7 und 8*

Benennung		Dimension	Beispiel	
			1	2
Angenommene Größen	h Überlagerung	m	150	120
	α Oberflächenneigung	Grad	45	45
	$z : a = \operatorname{tg} \beta$	—	1 : 3	1 : 3
	z	m	75	60
	p Wasserdruck im Stollen	t/m²	150	150
	b Höhe der Firstspaltung AC'	m	100	100
	m_1 Benetzungsfaktor in AC'	—	1	1
	m_2 Benetzungsfaktor in AB	—	0,4	0,4
	γ Raumgewicht des Gebirges	t/m³	2,5	2,0
Gerechnete Werte	$a = 3\,z$	m	225	180
	$l = a : \cos\beta$	m	237	190
	$G = \gamma \cdot \dfrac{1}{2} \cdot h \cdot a$	t/m	42 200	21 600
	$W_1 = \dfrac{1}{2}\, m_1 \cdot (p + p - b) \cdot b$	t/m	10 000	10 000
	$W_2 = \dfrac{1}{2}\, m_2 \cdot p \cdot l$	t/m	7 100	5 700
Aus Kräfteplan abgeleitete Werte	R_1 Schlußkraft ohne W_2	t/m	43 500	24 000
	R_2 Schlußkraft mit W_2	t/m	37 500	20 000
	R_2' Normalkomponente von R_2	t/m	29 500	11 900
	R_2'' Schubkomponente von R_2	t/m	22 800	16 500
	G'' Schubkomponente von G	t/m	13 400	7 000
Gerechnete Schub-spannungen	$\tau_0 = G'' : l$ in AB	t/m²	57	37
	$\tau = R''_2 : l$ in AB	t/m²	96	87

Aus den Abb. 7 und 8 ergibt sich folgende Erkenntnis.

Beim Beispiel 1 bleiben die Schlußkräfte R_1 und R_2 noch reichlich bergseits der Fugenmitte; es herrscht daher an der Stollenleibung ein Drucküberschuß, und zwar

$$\sigma_d > R_2' : l = 29\,500 : 237 = 124 \text{ t/m}^2 >$$

$$(1 - m_2) \cdot p = (1 - 0{,}4) \cdot 150 = 90 \text{ t/m}^2.$$

Es besteht hier sonach keine Gefahr einer Aufspaltung der Schichtfuge A B. Die mittlere Schubspannung in letzterer steigert sich von 57 auf 96 t/m², somit auf das 1,7-fache. Dabei ist vorausgesetzt, daß das Gebirge über der Firstspaltung zwischen C' und C kein Zugwiderstandsvermögen aufweist. Wenn die Fuge A B nicht den Charakter einer natürlichen Gleitfläche hat, ist in diesem Falle auch bei undichter oder gerissener Auskleidung ausreichende Sicherheit gegen Gebirgsbruch gegeben.

Beim Beispiel 2 liegen die Schlußkräfte viel ungünstiger. R_1 rückt schon über die Fugenmitte, R_2 nähert sich dem talseitigen Kernpunkt K_2. Der Drucküberschuß an der Stollenleibung wird daher

$$\sigma_d < R_2' : l = 11\,900 : 190 = 63 \text{ t/m}^2 <$$

$$(1 - m_2) \cdot p = (1 - 0{,}4) \cdot 150 = 90 \text{ t/m}^2.$$

In diesem Falle besteht Bruchgefahr, soferne sie nicht durch einen ausreichenden Zugverband des Gesteins in den bedrohten Fugen gebannt wird. Eine an der Stollenleibung beginnende Aufreißung würde zwangsläufig den Spaltwasserdruck W_2 vermehren, die Schlußkraft R_2 weiter talwärts drängen und schließlich ein Ausbrechen des Gebirgskeiles A B C oder dessen Zerfall bewirken.

Die Spaltwasserdrücke W_1 und W_2 verursachen in der Fuge A B eine Erhöhung der mittleren Schubspannung von 37 auf 87 t/m², also auf das 2,4fache. Die Bruchgefahr ist aber in erster Linie in der mangelnden Sicherheit gegen ein Aufreißen der Fuge durch den Wasserdruck zufolge unzulänglicher Überdeckung begründet.

Aus diesen Beispielen ist u. a. ersichtlich, daß man dem schädlichen Einfluß der Spaltwasserdrücke durch die Anordnung einer ausreichenden Überdeckung begegnen kann, die durch ihr überlegenes Gewicht die Sprengwirkung des Druckwassers kompensiert und damit die Stabilität der Stollenumhüllung gewährleistet.

Gebirgsbrüche dieser Art haben sich nach Wissen des Verfassers zwar bisher noch nicht ereignet, doch liegen sie durchaus im Bereiche der Möglichkeit, wenn bei Hochdruckstollen die Trasse nicht genügend tief in den Berg gelegt wird.

2,34. Schollenbruch

Wenn ein Druckstollen unter einem Plateau oder in einem breiten, flach abfallenden Bergrücken angelegt wird, so ist bei Beurteilung der Bestandsicherheit neben der schon erörterten Anfälligkeit gegen eine Firstspaltung vor allem auch die Gefahr eines Schollenbruches zu beachten. Wir wollen darunter einen Gebirgsbruch ähnlicher Art verstehen, wie er im letzten Abschnitt als Felsbruch bei Hangstollen beschrieben wurde, wobei jedoch die Sprengung durch den vollen Wasserdruck p nach einer etwa waagrechten Bruchfläche bewirkt wird.

Beträgt die Überdeckung h Meter, ihr Raumgewicht γ t/m³, so besteht gemäß Gl. (5) Bruchgefahr, wenn

$$p > \sigma_d + s_z = \gamma \cdot h + s_z \tag{9}$$

ist.

Nachdem aber die Höhe der Zugfestigkeit s_z, besonders bei klüftigem Gebirge, stets recht fragwürdig bleibt, darf sie nicht in Rechnung gestellt werden.

Eine ausreichende Sicherheit verlangt daher eine so tiefe Lage des Druckstollens, daß der Wert

$$h = \frac{p}{\gamma} \tag{10}$$

nicht unterschritten wird und die Gebirgsauflast in der horizontalen Ebene in Ulmenhöhe eine Vorspannung bewirkt, die größer als der Wasserdruck ist.

Der Verfasser hatte Gelegenheit, bei der zweiten Stufe der Schluchseegruppe in Deutschland, dem Kraftwerk Witznau, die Auswirkungen eines Schollenbruches großen Ausmaßes zu sehen. Über den davon betroffenen Druckstollen und den Ablauf des Schadensereignisses sowie über die Sanierungsmaßnahmen unterrichtet der folgende Bericht.

Vom Wasserschloß Berau, einem Vertikalschacht von 12 m $\varnothing$ mit aufgesetztem Überlaufbehälter, der über die Geländeoberfläche hinausragt, führt ein 1150 m langer Druckstollen mit 5 m $\varnothing$ durch Granit- und Porphyrgestein geradlinig zu dem ehemaligen Montageschacht, wo der zum Krafthaus abfallende, gepanzerte Druckschacht beginnt. In diesem Bereich ist das Gelände sehr flach.

Die Überdeckung beträgt anfangs nur 50 m und vermindert sich im weiteren Verlauf auf 40 bis 37 m.

Die Stollenauskleidung bestand aus 40 cm starkem Beton; die Kontaktfuge gegenüber dem Fels war mittels Zementinjektionspumpen — wie sich anläßlich der Wiederinstandsetzung feststellen ließ — ausgezeichnet verpreßt. Vor Beginn der Druckschachtpanzerung hatte man ein 33 m langes Stollenstück, den Abzweig eines Fensterstollens etwas übergreifend, durch einen 7 cm dicken Torkretring verstärkt; dessen Bewehrung bestand aus Rundstahl $\varnothing$ 16 mm in Abständen von 6 bis 7 cm.

Bei vollem Staubecken beträgt der Druck im Stollen statisch rund 12 atü, bei Pumpbetrieb steigt er bis etwa 13 atü. Das Kraftwerk Witznau ist seit 1943 in Betrieb.

Am 29. 3. 1952 trat ein plötzlicher Ausfall aller 4 Speicherpumpen ein. Bis zu diesem Zeitpunkt waren die Wasserverluste sehr gering. Im April 1952 wurden dann im Fensterstollen 5 bis 6 l/s und über Tag etwa 1 bis 2 l/s gemessen. Diese Zunahme der Undichtheiten gab bereits Anlaß, Nachinjektionen vorzunehmen. Innerhalb von 14 Tagen vermehrten sich jedoch die Wasseraustritte im Fenster auf 40 bis 50 l/s und über Tag auf 4 bis 5 l/s. Am 21. 6. 1952 zwischen 3 und 4 Uhr trat dann während Pumpbetrieb ein ausgedehnter Schollenbruch ein. Die Wasserverluste stiegen dabei zufolge Schätzung seitens der Beobachter im Fenster auf $\frac{1}{2}$ m³/s und über Tag auf 1 bis $1\frac{1}{2}$ m³/s an, wovon etwa die Hälfte drei- bis vierhundert Meter ostwärts des Stollens im flach fallenden Hang zutage traten. Auf Grund dieses Schadensereignisses erfolgte die sofortige Einstellung des Kraftwerksbetriebes und Entleerung der Oberwasserführung mittels der Turbinen.

Im Zeitpunkt der am 8. 7. 1952 vorgenommenen Besichtigung durch den Verfasser befand sich der erwähnte Torkretring im Abbruch. Dabei konnte wahrgenommen werden, daß sich hinter den Rundeisen nur loser Sand angehäuft hatte, der offenbar beim Torkretieren dort als Rückprallgut hängen blieb und dem Zement den Zutritt verwehrte. Der Zustand des Torkretringes entsprach sonach nicht den üblichen Erwartungen.

Vom Beginn der Panzerung an in Richtung Wasserschloß zeigte die Auskleidung einschließlich Torkretring ungefähr in Ulmenhöhe beiderseits klaffende Längsrisse, durch die die flache Hand eingeführt werden konnte. Diese Risse zogen sich allmählich gegen den Scheitel hoch, um schließlich etwa 62 m hinter dem Panzer in einem elliptischen Verschnitt in der Firste zu enden. Von dieser Stelle ab waren wiederum beiderseits in den Ulmen klaffende Risse vorhanden, die sich in ähnlicher Weise, wie die vorher beschriebenen, gegen die Firste hochzogen und etwa 102 m hinter dem Stollenpanzer endeten. Von dort weg bis zum Wasserschloß zeigten die Ulmen nur mehr die üblichen Deformationsrisse, die zur Zeit der Besichtigung nicht mehr offen waren. 138 m hinter dem Stollenpanzer war bereits der Aufbruch für einen neuen Montageschacht in Arbeit, der einen genauen Einblick in den Zustand der Betonauskleidung ermöglichte.

Die Überdeckung dieses Druckstollens ist im untersten Bereich vor Beginn der Panzerung zur Bändigung der Sprengwirkung des Druckwassers unzureichend. Granit hat im allgemeinen ein Raumgewicht von 2,5 bis 3,0, Porphyr ein solches von 2,4 bis 2,8 t/m³. Einer Überdeckung von 37 m beim ehemaligen Montageschacht entspricht bei diesen Grenzwerten des Raumgewichtes von 2,4 bis 3,0 t/m³ eine Wassersäule von 90 bis 110 m. Offenbar hat sich die Gebirgsscholle in dem rund 100 m langen Bruchbereich von Anfang an in labilem Gleichgewicht befunden und der Sprengung nur mit Unterstützung einer gewissen Zugfestigkeit widerstanden. Der Druckstoß vom 29. 3. hat dann nach Überwindung der letzteren den Bruch ausgelöst. Dabei ist eine große Scholle, die bis zu dem hunderte von Metern entfernten Wasseraustritt am Osthang reicht, durch das Druckwasser wie durch eine hydraulische Riesenpresse angehoben und aus ihrer ursprünglichen Lage so weit verschoben worden, daß sich der Spalt nach der Entlastung nicht mehr schließen konnte. Nach dem Rißverlauf im Stollen ist zu schließen, daß sich dem geringsten Widerstand folgend, zwei in Richtung Wasserschloß leicht ansteigende Bruchflächen ausgebildet haben, die auch einen Wasseraustritt über dem Stollen ermöglichten.

Die Sanierung dieses Stollens erfolgte durch Einbau eines Panzers von 304 m Länge und 4,50 m ⌀ im Anschluß an den bestehenden Druckschacht. Die Wandstärke wurde so bemessen, daß das Stahlrohr in der Lage ist, ohne Mitwirkung des Gebirges den vollen Innendruck zu übernehmen. Nach etwa 5-monatiger Unterbrechung war der Stollen wieder betriebsbereit.

2,35. Portalbruch

Eine weitere Gefahrenquelle für die Bestandsicherheit des Gebirges bilden Übergänge eines Druckstollens in Rohrleitungen und umgekehrt. Letztere können zur Kreuzung der Triebwasserführung mit Tälern als Rohrbrücken oder Düker zwei Druckstollenabschnitte verbinden, vom Stollenende als Falleitungen zu Tal führen oder schließlich auch anderen Zwecken dienen. In allen diesen Fällen muß eine genügend lange Übergangsstrecke wasserdicht ausgekleidet werden, wobei dem Gebirge im Bereiche des Portals bei der Aufnahme des Innendruckes keine Mitwirkung zugemutet werden darf.

Für die Bemessung der Länge und Ausgestaltung einer solchen Übergangsstrecke mögen an Hand der Abb. 9 folgende Überlegungen dienen.

Im Bereiche $A A_1$ mangelt für die Aufnahme des Innendruckes p eine ausreichende Überdeckung, weil sie hier kleiner als $\dfrac{p}{\gamma}$ ist. Dabei wird wieder vorausgesetzt, daß die Zug- und Scheerfestigkeit als fragwürdige Größen außer Betracht zu bleiben haben.

In der Strecke $A A_1$ ist daher unter allen Umständen der Einbau eines zugfesten Rohres erforderlich, das aber sicherheitshalber um ein angemessenes

Maß $\varDelta a_1$ weiter in den Berg hineingeführt werden soll. Für diese Aufgabe kommen Stahlrohre oder allenfalls vorgespannte Stahlbetonrohre mit entsprechender Ringfugendichtung in Frage, die entweder in einem Rohrstollen frei verlegt oder in Beton gebettet werden. Dabei ist jedoch die Mitwirkung der Ummantelung zu vernachlässigen und das Rohr für den vollen Innendruck zu bemessen.

Zwischen A_1 und A_2 unterschneidet der Hang die Drucklinie, so daß in diesem Abschnitt zur Verhinderung von Wasseraustritten zwar ebenfalls eine wasserdichte Auskleidung nötig ist, diese aber im Hinblick auf die hier bereits zureichende Überdeckung auch auf das Gebirge abgestützt werden kann. Es ist zu empfehlen, wiederum der rechnungsmäßigen Länge ein entsprechendes Sicherheitsmaß $\varDelta a_2$ zuzuschlagen, soferne die Beschaffenheit des Gebirges nicht ohnedies auch im weiteren Verlauf des Stollens eine wasserdichte Verkleidung verlangt.

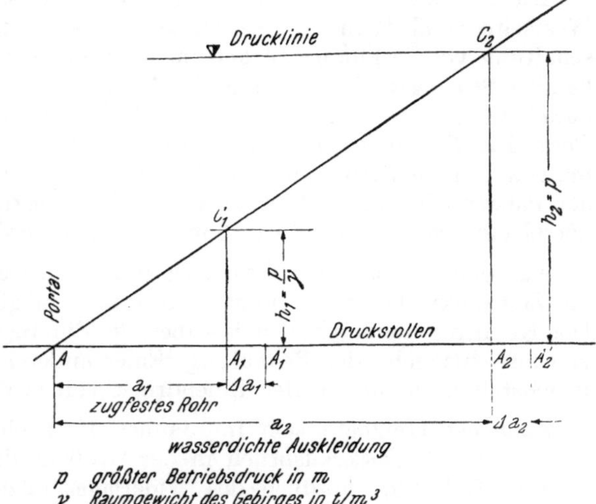

Abb. 9. Übergang eines Druckstollens in eine Rohrleitung.

Wenn ungünstige geologische Verhältnisse vorliegen, ist in bezug auf die Annahme des Raumgewichtes der Überdeckung besondere Vorsicht geboten und zu empfehlen, die Einbindetiefe des zugfesten Rohres reichlich zu bemessen. Beim Druckstollen des Lünerseewerkes wurde z. B. die Panzerung beiderseits des Taldükers Salonien so weit in den Stollen vorgezogen, daß $h_1 > p$ ist; beim Wasserschloß beträgt die Überdeckung am Ende des Panzers $h_1 = 0{,}94\,p$. Außerdem erhielten die anschließenden Stollenstrecken im Abschnitt Salonien— Wasserschloß auf eine Länge von 186 bzw. 222 m eine wasserdichte *Kernring-Auskleidung*, so daß bei dieser Anlage der Gefahr von Gebirgsbrüchen und Wasseraustritten im Bereich der Portale reichlich Rechnung getragen wurde.

Daß bei solchen Übergängen von Stollen in Rohrleitungen die Bestandsicherheit durch das Druckwasser ernstlich bedroht ist, beweisen drei Portalbrüche bei dem im Jahre 1953 in Betrieb genommenen Spitzenkraftwerk Dobra-Krumau der NEWAG, Niederösterreichische Elektrizitätswerke Aktiengesellschaft am Kampfluß. Der Verfasser verdankt dem inzwischen verstorbenen Altmeister der österreichischen Ingenieurgeologie Prof. Dr. STINI die Übermittlung eines ausführlichen Berichtes[1], aus dem sich folgender Ablauf dieser beachtlichen Schadensereignisse ergibt.

Von den ersten beiden Bergsprengungen waren die Übergänge einer den Genitzbach querenden, 68 m langen Rohrbrücke in die anschließenden Druckstollenabschnitte betroffen, während die weiter oben den Kamp übersetzende 187 m lange Rohrbrücke ähnlicher Konstruktion der Beanspruchung standhielt.

---

[1] Vgl. „Wassersprengungen und Sprengwasser" von Dr. J. STINI, Hinterbrühl bei Wien, unter weitgehender Mitarbeit von Dr. H. PETZNY, Wien, in „Geologie und Bauwesen", H. 2, 1956, S. 141 bis 169.

Der Durchmesser der Triebwasserleitung beträgt 3,60 m. Das Gebirge besteht aus Gneisen und Glimmerschiefern. Die Schichtfugen fallen am unteren Portal (Ostseite) gegen den Berg ein; für das obere Portal (Westseite) macht der Bericht hierüber keine Aussage.

Die Stahlrohre waren über die Hangwiderlager hinaus, und zwar an der Westseite rund 12 m, an der Ostseite rund 10 m als Panzer ohne Zwischenschaltung von Dehnungsstücken in das Gebirge hineingeführt; in den anschließenden Stollenstrecken bestand die Auskleidung aus Beton mit einem inneren, bewehrten Torkretring. Letzterer reicht auf beiden Seiten rund 100 m in den Berg. Die Enden der Panzerung waren mit der Torkretarmierung kräftig verbunden. Aus den Abbildungen 11a der zitierten Quelle kann in den Vertikalen der Panzerenden beim Westportal eine Überdeckung von rund 11 m, beim Ostportal eine solche von etwa 13 m abgelesen werden.

Aus dem Aufsatz von STINI ist nun weder die Höhe des Betriebsdruckes im Zeitpunkt der Sprengungen noch sein möglicher Spitzenwert ersichtlich. Die Kenntnis dieser Größen ist aber für die Beurteilung der Zusammenhänge von ausschlaggebender Bedeutung. Einer anderen Quelle zufolge dürfte an den Bruchstellen ein maximaler Innendruck von etwa 4½ atü in Frage kommen.

Zunächst ereignete sich im Jänner 1954 ohne vorheriges Anzeichen am Westhang ein Wasserausbruch in der Größenordnung von 1000 l/s, und zwar etwa in Rohrhöhe nördlich des Widerlagerklotzes. Dadurch entstand an der Oberfläche der Lehne ein kleiner, verhältnismäßig seichter Muschelanriß. Nach der Entleerung fand man das Ende des Panzerrohres gehoben und seitlich verschoben.

Im Zuge der Instandsetzungsarbeiten wurde ein Dehnungsstück am Rohrende eingebaut, der Anschluß an den bewehrten Torkret wieder hergestellt und das Gebirge im Bereich des Wasseraustrittes erneut verpreßt. Außerdem erfolgte eine Entwässerung des Hanges in Form eines bis in die Nähe des Panzerendes vorgetriebenen tiefen Schlitzes. Obwohl man später feststellen konnte, daß die Ringfuge beim Übergang zum Torkret trotz der geschaffenen Dehnungsmöglichkeit wieder gerissen war, blieb der Zustand dieser Hangseite im übrigen unverändert.

Hingegen bemerkten Arbeiter am 8. 12. 1954 gegen 6.30 Uhr am Osthang knapp neben dem Widerlager einen starken Wasseraustritt, der innerhalb weniger Minuten beängstigend zunahm. Dann wurde unter Krachen aus einem sich rasch trichterförmig erweiterndem Loche lehmiges Erdreich, vermengt mit Gesteinstrümmern sowie ein 6 m langer, 3 m breiter Firstteil der Betonauskleidung samt einer daran haften gebliebenen Scheibe der Gebirgshülle ausgeworfen. Durch das entstandene Loch schossen etwa 30 m³/s aus dem Stollen, die im Hang eine Nische von 40 bis 50 m Breite, 40 m Tiefe und 20 m Höhe, bergwärts gemessen, ausspülten. Dieser Portalbruch ereignete sich während einer Betriebsruhe. Es gelang dennoch bald, den Einlauf zu sperren. Man schätzte die durch den Wasserstrom bewegte Masse auf etwa 9000 rm.

Die Abb. 10 vermittelt eine Vorstellung vom Ausmaß und den Auswirkungen der beschriebenen Bergsprengung.

Die Wiederherstellung der unterbrochenen Triebwasserführung erfolgte in der Weise, daß man anschließend an den vorhandenen Panzer in einem begehbaren und drainierten Stollen ein 37 m langes, beiderseits mit Dehnungsstücken versehenes Stahlrohr und in seiner Fortsetzung noch auf 35 m Länge im Druckstollen einen Panzer einbaute.

Diese beiden Schadensereignisse im Bereiche der Genitzbach-Rohrbrücke haben zweifellos ihre primäre Ursache in einer unzulänglichen Einbindetiefe des zugfesten Stahlrohres. Gemäß den an Hand der Abb. 9 besprochenen Erfordernissen für einen bruchsicheren Übergang einer Rohrleitung in einen Stollen verlangt, bei Unterstellung eines Raumgewichtes $\gamma = 2{,}6$ t/m³, ein

Abb. 10. Portalbruch am Osthang der Genitzbach-Kreuzung im Zuge der Oberwasserführung Dobra - Krumau. [Aus „Geol. u. Bauwes." 1956, Abb. 7, S. 148.]

Betriebsdruck $p = 4$ bis $4\tfrac{1}{2}$ atü am Ende der Panzerung eine Mindestüberdeckung von

$$h_1 = \frac{p}{\gamma} = 15 \text{ bis } 17 \text{ m.}$$

Nachdem aber lediglich 11 und 13 m vorhanden waren, konnte Gleichgewicht nur bestehen, solange Zug- und Scheerkräfte einen Bruch der Stollenhülle verhinderten. Dabei muß man sich im klaren sein, daß ein bewehrter Torkretring in nachgiebigem Gebirge die ihm zugedachte Aufgabe nicht erfüllt und das letztere weder vom Innendruck nennenswert entlastet noch den Austritt von Wasser wirksam unterbindet[1]. Die Schwäche des Torkretringes ist durch den Umstand erwiesen, daß der Wasserdruck ein großes Firststück herausbrechen konnte. Vielleicht hat dabei eine nach oben gerichtete Haftkraft der berstenden Felsmasse mitgewirkt.

Alle sonstigen Vorgänge sind im wesentlichen nur sekundärer Art. Vermutlich hat die Abkühlung des Hanges durch kaltes Stollenwasser und Frost eine

---

[1] Vgl. Kapitel 4.

Lockerung des Gesteinsgefüges bewirkt und damit die Katastrophe ausgelöst. nachdem die Auflast allein nicht in der Lage war, im Anschluß an das Panzerende dem Wasserdruck und der vom Sickerwasser verursachten hydraulischen Sprengwirkung zu widerstehen.

Der dritte Bruch bei dieser Anlage ereignete sich im Bereich der am Ende des Umlaufstollens eingebauten Schieberkammer, von der eine Rohrleitung zum Kampbett führte. Die Übergänge zur Kammer waren gepanzert. Der Stollendurchmesser betrug 3,00 m, die Auskleidung bestand aus 20 bis 30 cm starkem. hinterpreßtem Beton. Der Grundablaß wurde nach Inbetriebnahme des Werkes im Frühjahr 1953 anstandslos betätigt. Im Februar-März 1954 bemerkte man anläßlich einer vorübergehenden Belastung mit 4 atü einige Meter über Talsohle Wassersickerungen. Der Bruch am Ostportal der Genitzbach-Rohrbrücke zwang dann zu längerer Wasserabgabe durch den Grundablaß, wobei der Stollen mit fast 4½ atü belastet war. Am 21. 12. betrug der Wasserverlust etwa 5 l/s. In der folgenden Nacht wurde die Felsmasse über dem Panzer gesprengt, das Schieberhaus einschließlich Drosselschieber seitlich verschoben und bergauswärts gekippt. Durch die dabei entstandene Öffnung ergoß sich hierauf ein auf 70 m³/s anwachsender Wasserstrahl, der beträchtliche Gesteinsmassen aus dem Verband sprengte und in das Flußbett warf. Oberhalb des Ausbruchtrichters blieb die Stollenauskleidung unbeschädigt.

Das Gestein besteht auch hier aus Gneis mit Einschaltungen von Glimmerschiefer; die Schichtfugen fallen bergwärts.

Man vermutet, daß der Bruch durch das aus einem Ringriß am Panzerende austretende Druckwasser eingeleitet wurde. Offensichtlich ist aber auch hier die Ursache der Felssprengung eine unzulängliche Überdeckung im Anschluß an das zugfeste Stahlrohr.

Der Schaden wurde dadurch behoben, daß man in den ganzen Umlaufstollen ab Einlauftrompete einen Panzer einzog und zwecks Aufnahme des Regulierschiebers eine neue Kammer unter Tag anlegte.

2,36. Felsbruch bei Druckschächten

Wir unterscheiden schräge und senkrechte Druckschächte. Die ersten sind meistens so angeordnet, daß die durch ihre Achse gelegte Vertikalebene die Berglehne ungefähr in der Fallinie schneidet. Es sind daher bei solchen Schächten in bezug auf eine allfällige Bruchgefahr andere Voraussetzungen gegeben als bei einem Hangstollen. Der senkrechte Schacht ist schließlich nur ein Grenzfall des Schrägschachtes.

Ein Verzicht auf eine zugfeste Auskleidung in Form eines Stahlpanzers oder eines Vorspannrohres ist nur dann vertretbar, wenn die Bestandsicherheit weder durch den Innendruck noch durch den Spaltdrang etwaigen Verlustwassers gefährdet wird.

Bei Druckschächten bestehen zwei Sprengmöglichkeiten. Die eine ist wiederum die schon erörterte Firstspaltung. Eine solche Felszerreißung kann wohl Wasserverluste und in weiterer Folge an der Oberfläche Rutsche und Auswaschungen verursachen, im übrigen aber die Stabilität des Gebirges nicht beeinträchtigen. Diese nachteiligen Auswirkungen lassen sich durch eine wasserdichte Vorspannauskleidung vermeiden.

Die zweite Sprengmöglichkeit bedroht — ähnlich wie beim Schollenbruch — die ganze Schachtüberdeckung durch Aufreißung in einer durch die Achse gehenden, parallel zum Berghang streichenden Ebene. Eine Sprengung dieser Art ergäbe zwangsläufig wieder eine hydraulische Presse, die imstande wäre.

die Treibwirkung des vollen Innendruckes auf einer großen Spaltfläche zur
Geltung zu bringen.

Wir haben nun zwei Fälle zu unterscheiden. Entweder ist es möglich, eine
solche Sprengung durch eine entsprechende Auflast wirksam zu verhindern,
oder es muß die Achse so tief im Berg liegen, daß der Hang — wie eine Staumauer — dem Wasserdruck gewachsen ist. Wenn diese Bedingung erfüllt ist, wird es auch im zweiten Fall zu keiner Sprengung kommen, vorausgesetzt, daß man einen nennenswerten Wasserfluß in das Gebirge durch eine Vorspannauskleidung unterbindet.

Die erste Möglichkeit beschränkt sich auf nicht zu große Schachtneigungen; bei steilen und senkrechten Schächten ist die Sicherheit auf die Erfüllung der zweiten Bedingung abzustellen.

Die Abb. 11 bezieht sich auf Fall 1.

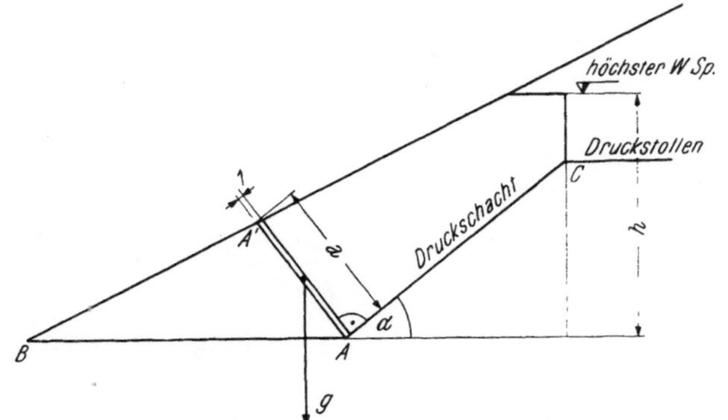

Abb. 11. Stabilität von Druckschächten. Fall 1; $\sigma_d > p$.

Es sei $h = 110$ m und der größte Betriebsdruck im Fußpunkt A des Schachtes
unter Berücksichtigung der dynamischen Drucksteigerung $p = 120$ t/m². Die
natürliche Vorbelastung σ_d der Fuge $A\,C$ bei A soll größer als p sein, somit

$$g \cos \alpha = \gamma \cdot a \cdot \cos \alpha > p, \tag{11}$$

für $\gamma = 2{,}5$ t/m³ und $a = 66$ m (laut Zeichnung) wird

$$g = \gamma \cdot a = 165 \text{ t/m}^2.$$

Aus dem Kräfteplan entnimmt man

$$g' = g \cdot \cos \alpha = 130 \text{ t/m}^2 > p = 120 \text{ t/m}^2.$$

In diesem Falle verhindert sonach der Überschuß der Auflast eine Sprengung
der Fuge $A\,C$.

Der Fall 2 ist in Abb. 12 dargestellt.

Diesem Beispiele liegen folgende Zahlenwerte zugrunde: $\gamma = 2{,}5$ t/m³,
$\alpha = 45°$, $C''\,C''' = 300$ m, $A\,B = 220$ m, $h = 220$ m, $p = 240$ t/m² (dynamische
Druckhöhe im Punkt A).

Bei sinngemäßer Anwendung der Gleichung (11) erhält man zunächst für
die Spannung senkrecht zur Fuge $A\,C$

$$\sigma_x = \gamma \cdot x \cdot \cos \alpha - p_x. \tag{12}$$

Die zahlenmäßige Auswertung führt zur Linie 1—2. Bei D ist $\sigma_x = 0$, darüber
herrscht Drucküberschuß, darunter Zugüberschuß. Von der Sprengung ist sonach
nur der Schachtbereich $A\,D$ bedroht. Falls diese eintritt, sei unterstellt,

daß sie sich nach oben längs der Linie $D\,D''$ fortsetzt. Der Gebirgsblock $A\,D\,D''\,A'\,A$ darf unter der Einwirkung der Spaltwasserdruckkräfte W_1 und W_2 seine Stabilität nicht einbüßen.

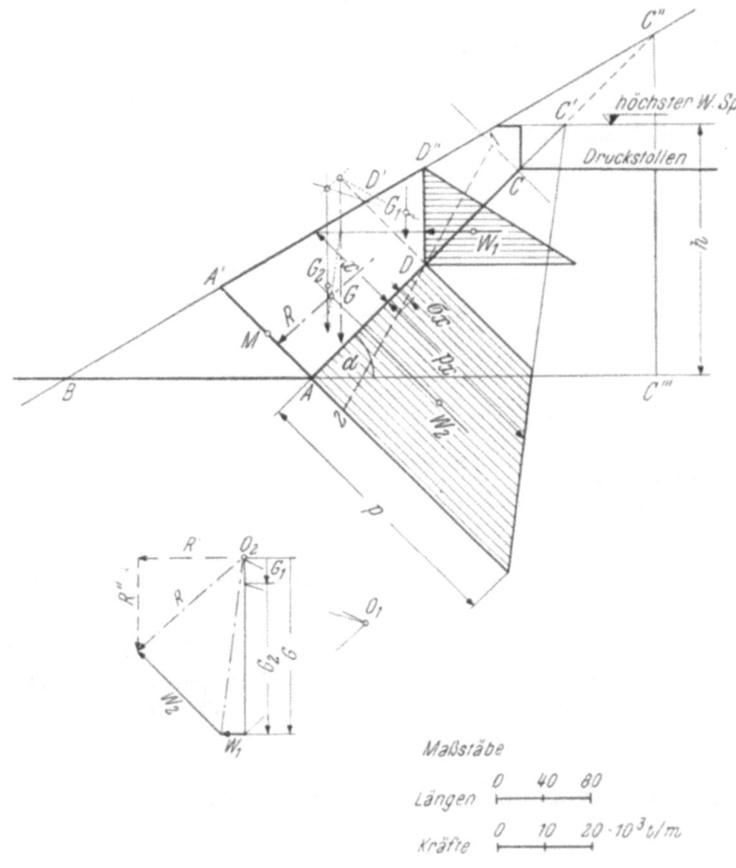

Abb. 12. Stabilität von Druckschächten. Fall 2: $\sigma_d < p$ (Bereich AD).

Aus den Maßen der Zeichnung errechnen sich je m Hangbreite die nachstehend in runden Zahlen angegebenen Werte.

Gewichte:

$$G_1 = 2,5 \cdot \tfrac{1}{2} \cdot 76 \cdot 58 = \qquad\qquad 5500 \text{ t/m} \quad (D\,D''\,D'\,D)$$

$$G_2 = 2,5 \cdot \tfrac{1}{2} (76 + 114) \cdot 140 = 33\,200 \text{ t/m} \quad (A\,D\,D'\,A'\,A)$$

Spaltwasserdruck:

$$W_1 = \tfrac{1}{2} \cdot 132 \cdot 84 = \qquad\qquad 5500 \text{ t/m}$$

$$W_2 = \tfrac{1}{2} \cdot (240 + 132) \cdot 140 = \quad 26\,000 \text{ t/m}$$

Aus dem Kräfteplan ergibt sich die Resultierende

$$R = 12\,400 \text{ t/m}.$$

In der Fuge $A\,A'$ bleibt sie innerhalb der Mitte.

Die Horizontalkomponente ist

$$R'' = 9200 \text{ t/m},$$

somit errechnet sich für die Fuge $A\,B$ eine mittlere Schubspannung von

$$\tau = \frac{9200}{220} = 42 \text{ t/m}^2.$$

Unter normalen Verhältnissen ist ihr diese Beanspruchung ohne weiteres zumutbar.

Für das der Abb. 12 zugrunde liegende Beispiel bleibt sonach auch unter den ungünstigsten Belastungsannahmen die Bestandsicherheit gewahrt.

Für den Horizontalstollen $A\,B$ gelten die bereits im letzten Abschnitt besprochenen Bemessungsregeln.

Schon bei manchen Druckschächten sind anläßlich der Inbetriebnahme mehr oder weniger bedeutsame Schäden aufgetreten. Leider sind aber der Fachwelt nur wenige Einzelheiten hierüber vermittelt worden.

Einen solchen Fall hat bereits WALCH kurz beschrieben[1]. Dieser betrifft den Sand Creekdüker der Wasserversorgung Los Angeles. Die beidseitigen unter $45°$ fallenden Schenkel hatten eine Mindestüberlagerung von 30 m. Ihre Auskleidung erfolgte mit 30 cm starkem Beton, der injiziert wurde. Das horizontale Verbindungsstück unter der Schluchtsohle war indessen gepanzert. Der größte Druck betrug 135 m.

Bei der zunächst langsam vorgenommenen Probefüllung zeigten sich 12 Stunden nach Beginn an der Oberfläche Wasseraustritte; die spätere Steigerung der Wasserzufuhr auf 400 und schließlich auf 1100 l/s genügte nicht, um den Düker voll zu bekommen.

Nachdem die Auskleidung an zahlreichen Stellen gerissen war, wurden dann auch die Schenkel gepanzert.

Eine vertikale Überdeckung $z = 30$ m bewirkt bei einem Raumgewicht von $\gamma = 2,6$ t/m^3 und $\alpha = 45°$ in der parallel zum Hang streichenden Fuge eine Vorbelastung $\sigma_d = \gamma \cdot z \cdot \cos \alpha^2 = 39$ t/m^2 gegenüber einem größten Innendruck von 135 t/m^2. Im unteren Teil der Dükerschenkel war sonach die Überdeckung offensichtlich unzureichend, so daß eine Betonauskleidung die ihr zugedachte Aufgabe nicht erfüllen konnte. Ob nun die großen Wasserverluste durch Firstspaltung oder durch Absprengung der Felsdecke verursacht wurden, läßt sich aus der zitierten Quelle nicht feststellen.

2,4. Schlußfolgerungen

Aus den Darlegungen über den Einfluß des Spaltwasserdruckes ergibt sich, daß die richtige Trassenwahl in Beziehung zur Oberfläche eine wesentliche Voraussetzung für die Bestandsicherheit eines Druckstollens oder -schachtes bildet. Dabei ist den geschilderten Bruchgefahren, von denen die Stollenhülle infolge des Sprengdranges des Druckwassers bedroht ist, entsprechend Rechnung zu tragen.

Wo man nicht ein zugfestes Rohr vorsieht, bildet die Auskleidung gewissermaßen nur eine sekundäre Maßnahme zur Stabilisierung des Gleichgewichtes und zur Verhinderung von Wasserverlusten. Bei der Beurteilung der Sicherheit

---

[1] Vgl. Dr. Ing. O. WALCH: Die Auskleidung von Druckstollen und Druckschächten, S. 120.

darf man sich daher nicht von der Vorstellung leiten lassen, daß eine auf das Gebirge abgestützte Auskleidung wasserdicht bleiben kann, wenn hiefür die äußeren Gleichgewichtsbedingungen nicht erfüllt sind. Im Grenzbereich der Gefahrenzone kann allerdings durch Einbau einer auf hydraulischem Wege vorgespannten Auskleidung verhindert werden, daß sich ein nennenswerter zusätzlicher Spaltwasserdruck überhaupt einstellt und die Sicherheit beeinträchtigt. Andererseits hat eine zu optimistische Wertung der Wasserdichtheit gewöhnlicher Beton-, Stahlbeton- und bewehrter Torkretauskleidungen oder verschiedener Sonderbauweisen ohne Bedachtnahme auf die erörterten Schwächen der Gebirgshülle schon manche Enttäuschung gebracht und nicht zuletzt auch bedeutenden Schaden verursacht.

3. Einschlägige Formeln und Ableitungen

3,1. Abgrenzung des Geltungsbereiches

Die dem dickwandigen Rohr, seinen Kombinationen und Sonderfällen eigenen. aus der Festigkeitslehre bekannten mathematischen Beziehungen bilden eine unentbehrliche Grundlage für das Verständnis der statischen Funktion einer Druckstollenauskleidung. Andererseits muß man sich stets vergegenwärtigen, daß solche Formeln isotropes und vollkommen elastisches Verhalten des Rohrkörpers, die Geltung des HOOKschen Gesetzes sowie gleichmäßig verteilte hydraulische oder thermische Belastungen voraussetzen. Zwecks Bemessung der Auskleidung muß sich ihre Anwendung daher auf jene Fälle beschränken, bei denen diese Bedingungen wenigstens annähernd, wie z. B. beim Kernringverfahren. erfüllt sind. Darüber hinaus ermöglicht ihre Auswertung, trotz der mehr oder weniger vom Soll abweichenden Voraussetzungen, u. a. einen wertvollen Einblick in die verborgenen Vorgänge hinter der Stollenleibung und deren Auswirkungen auf das statische Verhalten der Auskleidung.

Der häufig gemachte Versuch des Nachweises der Rißsicherheit einer gewöhnlichen oder bewehrten Betonauskleidung unter Zuhilfenahme solcher Formeln in Verbindung mit sonstigen fragwürdigen Annahmen ist indessen ein verfehltes Beginnen, weil — abgesehen davon, daß man dem Beton im Stollen kein Zugwiderstandsvermögen zumuten darf — infolge des Überprofils und der Verzahnung mit dem umhüllenden Fels die Deformationen und Spannungen nicht den für das dickwandige Rohr geltenden Gesetzen zu gehorchen vermögen. Hiefür ist vielmehr die radiale Nachgiebigkeit der Gebirgshülle maßgebend. von der schließlich — gute Auspressung der Kontaktfuge vorausgesetzt — die Bildung von Rissen und das Maß ihrer Öffnung in erster Linie abhängt.

3,2. Statische Aufgaben

3,21. Das dickwandige Rohr

Bei der Entwicklung der einschlägigen Formeln für das dickwandige Rohr wird in der Festigkeitslehre[1] der räumliche Spannungszustand durch Vernachlässigung der achsialen Spannung auf einen ebenen zurückgeführt. Diese zur Ermöglichung der Lösbarkeit der Aufgabe nötige Vereinfachung dürfte jedoch die Anwendbarkeit der unter dieser Voraussetzung abgeleiteten Beziehungen

---

[1] Vgl. AUGUST FÖPPL: Vorlesungen über technische Mechanik, III. Band, Festigkeitslehre, S. 331 ff. München und Berlin: R. Oldenburg 1943.

zwischen den maßgebenden Größen auf die hiefür überhaupt in Betracht kommenden Stollenbaufragen kaum beeinträchtigen.

3,211. Belastung durch Innendruck

Für den in Abb. 13 dargestellten Querschnitt gelten folgende Beziehungen:
Radiale Spannung im Punkt P:

$$\sigma_r = p_1 \cdot \frac{a_1^2}{a_2^2 - a_1^2} \cdot \frac{x^2 - a_2^2}{x^2}. \qquad (13)$$

Tangentiale Spannung im Punkt P:

$$\sigma_t = p_1 \cdot \frac{a_1^2}{a_2^2 - a_1^2} \cdot \frac{x^2 + a_2^2}{x^2}. \qquad (14)$$

Radiale Verschiebung des Punktes P nach außen:

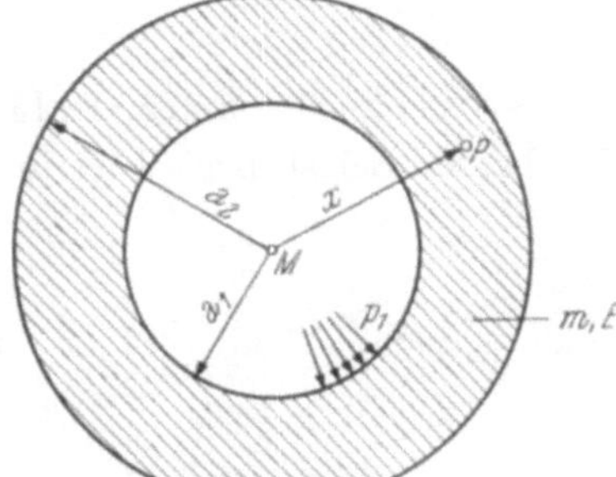
Abb. 13. Das dickwandige Rohr; Belastung durch Innendruck.

$$u = p_1 \cdot \frac{a_1^2}{m \cdot E \,(a_2^2 - a_1^2)} \cdot \left[(m-1) \cdot x + (m+1) \cdot \frac{a_2^2}{x}\right]. \qquad (15)$$

Bei σ_r und σ_t ist das Vorzeichen positiv als Zug, negativ als Druck zu werten; p_1 gilt aber im Sinne der Abb. 13 mit positivem Vorzeichen als Druck; ferner ist wiederum m die POISSONsche Zahl, E der Elastizitätsmodul des Baustoffes.

Aus den vorstehenden Formeln erhält man für die Oberflächen des Rohres:

Innen: $x = a_1$.

$$\sigma_r{}' = - p_1, \qquad (16)$$

$$\sigma_t{}' = p_1 \cdot \frac{a_1^2 + a_2^2}{a_2^2 - a_1^2}, \qquad (17)$$

$$u_1 = p_1 \cdot \frac{a_1}{m \cdot E \cdot (a_2^2 - a_1^2)} \cdot \left[(m-1) \cdot a_1^2 + (m+1) \cdot a_2^2\right]. \qquad (18)$$

Außen: $x = a_2$.

$$\sigma_r{}'' = 0, \qquad (19)$$

$$\sigma_t{}'' = p_1 \cdot \frac{2\,a_1^2}{a_2^2 - a_1^2}, \qquad (20)$$

$$u_2 = p_1 \cdot \frac{2\,a_1^2 \cdot a_2}{E \cdot (a_2^2 - a_1^2)}. \qquad (21)$$

Daraus ergeben sich für das unendlich dicke Rohr mit $a_2 = \infty$ nach Gl. (17)

$$\sigma_t{}' = p_1. \qquad (22)$$

nach Gl. (18)

$$u_1 = p_1 \cdot \frac{a_1}{E} \cdot \frac{m+1}{m} \, , \tag{23}$$

nach Gl. (20)

$$\sigma_t{}'' = 0, \tag{24}$$

nach Gl. (21)

$$u_2 = 0. \tag{25}$$

3,212. Belastung durch Außendruck

Dieser Belastungsfall ist in Abb. 14 dargestellt. Man erhält ihn aus Abb. 13 durch Vertauschung der Halbmesser und Ersatz von p_1 durch p_2. Die entsprechenden Gleichungen lauten:

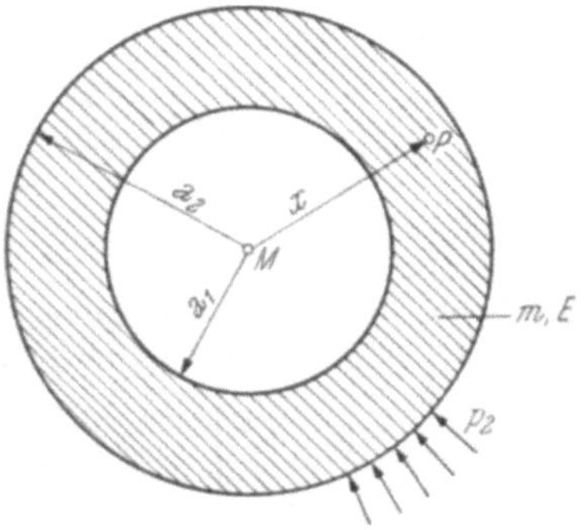

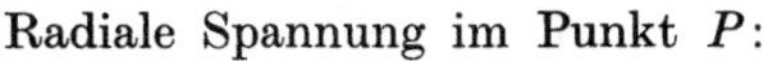

Radiale Spannung im Punkt P:

$$\sigma_r = - p_2 \cdot \frac{a_2{}^2}{a_2{}^2 - a_1{}^2} \cdot \frac{x^2 - a_1{}^2}{x^2} \, . \tag{26}$$

Tangentiale Spannungen im Punkt P:

$$\sigma_t = - p_2 \cdot \frac{a_2{}^2}{a_2{}^2 - a_1{}^2} \cdot \frac{x^2 + a_1{}^2}{x^2} \, . \tag{27}$$

Abb. 14. Das dickwandige Rohr; Belastung durch Außendruck.

Radiale Verschiebung des Punktes P:

$$u = - p_2 \cdot \frac{a_2{}^2}{m \cdot E \cdot (a_2{}^2 - a_1{}^2)} \cdot \left[(m - 1) \cdot x + (m + 1) \cdot \frac{a_1{}^2}{x} \right] . \tag{28}$$

Für die Oberflächen des Rohres ergeben sich daraus folgende Werte:

Innen: $x = a_1$.

$$\sigma_r{}' = 0, \tag{29}$$

$$\sigma_t{}' = - p_2 \cdot \frac{2\, a_2{}^2}{a_2{}^2 - a_1{}^2} \, , \tag{30}$$

$$u_1 = - p_2 \cdot \frac{2\, a_2{}^2 \cdot a_1}{E \cdot (a_2{}^2 - a_1{}^2)} \, . \tag{31}$$

Außen: $x = a_2$.

$$\sigma_r{}'' = - p_2, \tag{32}$$

$$\sigma_t{}'' = - p_2 \cdot \frac{a_2{}^2 + a_1{}^2}{a_2{}^2 - a_1{}^2} \, , \tag{33}$$

$$u_2 = - p_2 \cdot \frac{a_2}{m \cdot E \cdot (a_2{}^2 - a_1{}^2)} \cdot \left[(m - 1) \cdot a_2{}^2 + (m + 1) \cdot a_1{}^2 \right] . \tag{34}$$

3,213. Beidseitige Belastung

Für diesen allgemeinen Belastungsfall erhält man die entsprechenden Gleichungen durch Addition der betreffenden Werte, die für Innendruck allein und Außendruck allein gelten. Auf diese Weise gelangt man zu folgenden Formeln:

Radiale Spannung im Punkt P; Gleichungen (13) + (26):

$$\sigma_r = p_1 \cdot \frac{a_1^2}{a_2^2 - a_1^2} \cdot \frac{x^2 - a_2^2}{x^2} - p_2 \cdot \frac{a_2^2}{a_2^2 - a_1^2} \cdot \frac{x^2 - a_1^2}{x^2} . \tag{35}$$

Tangentiale Spannungen im Punkt P; Gleichungen (14) + (27):

$$\sigma_t = p_1 \cdot \frac{a_1^2}{a_2^2 - a_1^2} \cdot \frac{x^2 + a_2^2}{x^2} - p_2 \cdot \frac{a_2^2}{a_2^2 - a_1^2} \cdot \frac{x^2 + a_1^2}{x^2} . \tag{36}$$

Radiale Verschiebung des Punktes P; Gleichungen (15) + (28):

$$u = \frac{1}{m \cdot E \cdot (a_2^2 - a_1^2)} \cdot \left\{ p_1 \cdot a_1^2 \cdot \left[(m-1) \cdot x + (m+1) \cdot \frac{a_2^2}{x} \right] - \right.$$
$$\left. - p_2 \cdot a_2^2 \cdot \left[(m-1) \cdot x + (m+1) \cdot \frac{a_1^2}{x} \right] \right\} . \tag{37}$$

Als Grenzwerte für die Oberflächen erhält man daraus:

Innen: $x = a_1$.

$$\sigma_r' = - p_1, \tag{38}$$

$$\sigma_t' = \frac{1}{a_2^2 - a_1^2} \cdot \left[p_1 \cdot (a_1^2 + a_2^2) - 2 \cdot p_2 \cdot a_2^2 \right], \tag{39}$$

$$u_1 = \frac{a_1}{m \cdot E \cdot (a_2^2 - a_1^2)} \cdot \left\{ p_1 \cdot \left[(m-1) \cdot a_1^2 + (m+1) \cdot a_2^2 \right] \right.$$
$$\left. - 2 p_2 \cdot m \cdot a_2^2 \right\} . \tag{40}$$

Außen: $x = a_2$.

$$\sigma_r'' = - p_2, \tag{41}$$

$$\sigma_t'' = \frac{1}{a_2^2 - a_1^2} \cdot \left[2 \, p_1 \cdot a_1^2 - p_2 \cdot (a_2^2 + a_1^2) \right], \tag{42}$$

$$u_2 = \frac{a_2}{m \cdot E \cdot (a_2^2 - a_1^2)} \cdot \left\{ 2 \cdot p_1 \cdot m \cdot a_1^2 \right.$$
$$\left. - p_2 \cdot \left[(m-1) \cdot a_2^2 + (m+1) \cdot a_1^2 \right] \right\} . \tag{43}$$

Mit Hilfe dieser Formeln lassen sich alle einschlägigen Aufgaben für das dickwandige Rohr lösen.

3,22. Das Doppelrohr

Zwei gemäß Abb. 15 konzentrisch angeordnete Rohre, von denen das äußere (Mantelrohr) das innere (Kernrohr) kraftschlüssig umhüllt, bilden ein Doppelrohr. Die hiefür geltenden Beziehungen ergeben sich aus den Gleichungen für das dickwandige Rohr.

Zunächst kann man die Pressung p_2 in der Kontaktfuge aus der Bedingung ermitteln, daß dort die radialen Verschiebungen beider Rohre gleich sind. Mit den aus Abb. 15 ersichtlichen Bezeichnungen ist also gemäß den Gleichungen (40) und (43) nach Einsetzen der entsprechenden Indexzahlen

$$\frac{a_2}{m_1 \cdot E_1 \cdot (a_2{}^2 - a_1{}^2)} \cdot \left\{ 2\, p_1 \cdot m_1 \cdot a_1{}^2 - p_2 \cdot \left[(m_1 - 1) \cdot a_2{}^2 \right. \right.$$

$$\left. \left. + (m + 1) \cdot a_1{}^2 \right] \right\} = \frac{a_2}{m_2 \cdot E_2 \cdot (a_3{}^2 - a_2{}^2)} \cdot \left\{ p_2 \cdot \left[(m_2 - 1) \cdot a_2{}^2 \right. \right.$$

$$\left. \left. + (m_2 + 1) \cdot a_3{}^2 \right] - 2\, p_3 \cdot m_2 \cdot a_3{}^2 \right\} ;$$

daraus findet man

$$p_2 = 2 \cdot \frac{p_1 \cdot \dfrac{a_1{}^2}{E_1 \cdot (a_2{}^2 - a_1{}^2)} + p_3 \cdot \dfrac{a_3{}^2}{E_2 \cdot (a_3{}^2 - a_1{}^2)}}{\dfrac{(m_1 - 1) \cdot a_2{}^2 + (m_1 + 1) \cdot a_1{}^2}{m_1 \cdot E_1 \cdot (a_2{}^2 - a_1{}^2)} + \dfrac{(m_2 - 1) \cdot a_2{}^2 + (m_2 + 1) \cdot a_3{}^2}{m_2 \cdot E_2 \cdot (a_3{}^2 - a_2{}^2)}} \cdot (44)$$

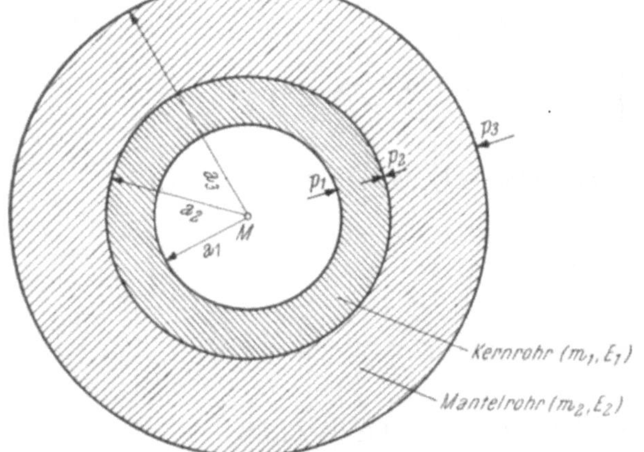

Abb. 15. Das Doppelrohr; Belastung beidseitig.

Einen Sonderfall des Doppelrohres bildet das Futterrohr eines unendlich dicken Mantelrohres. (Ein solcher ideeller Verbundkörper wird üblicherweise, trotz der Fragwürdigkeit der praktischen Verwertbarkeit der erzielbaren Ergebnisse, als Grundlage für die Spannungsnachweisung von Druckstollenauskleidungen verwendet.)

Aus Gl. (44) findet man mit $a_3 = \infty$ und $p_3 = 0$

$$p_2 = 2 \cdot p_1 \cdot \frac{\dfrac{1}{k^2 - 1}}{\dfrac{(m_1 - 1) \cdot k^2 + (m_2 + 1)}{m_1 \cdot (k^2 - 1)} + \dfrac{m_2 + 1}{m_2} \cdot \lambda} , \qquad (45)$$

wobei $k = \dfrac{a_2}{a_1}$ und $\lambda = \dfrac{E_1}{E_2}$ ist.

Die weiteren Zusammenhänge werden im folgenden an Hand eines Zahlenbeispieles erläutert.

Annahmen:

$a_1 = 120$ cm; $\qquad a_2 = 140$ cm; $\qquad a_3 = \infty$;

$m_1 = m_2 = 5$; $\qquad p_1 = 10$ kg/cm²; $\qquad p_3 = 0$ kg/cm².

Es ist dann

$$k^2 = \left[\frac{a_2}{a_1}\right]^2 = \left[\frac{140}{120}\right]^2 = 1{,}36$$

und

$$p_2 = 2\,p_1 \cdot \cfrac{\cfrac{1}{1{,}36 - 1}}{\cfrac{4 \cdot 1{,}36 + 6}{5 \cdot (1{,}36 - 1)} + \cfrac{6}{5} \cdot \lambda} = p_1 \cdot \frac{5{,}56}{6{,}36 + 1{,}20 \cdot \lambda} \tag{46}$$

In Abb. 16 ist der Verlauf der für die Beurteilung der Zusammenhänge maßgebenden Größen, nämlich der radialen Pressung p_2 und der radialen Verschiebung u_2 in der Kontaktfuge, nach den Gleichungen (46), (23) oder (43) sowie der tangentialen Spannung σ_t' an der Innenleibung nach Gl. (39) für einen Elastizitätsmodul des Kernrohres $E_1 = 200\,000\ \text{kg/cm}^2$ auf Grund einer tabellarischen Auswertung zeichnerisch dargestellt.

Aus diesem Beispiel ist der entscheidende Einfluß des elastischen Widerstandes des Mantelrohres auf die Zugbeanspruchung und Deformation des Kernrohres durch den Innendruck p_1 deutlich erkennbar. Ein starres Mantelrohr, entsprechend $E_2 = \infty$ und $\lambda = 0$, verhindert eine Ausdehnung des Kernrohres und damit auch das Entstehen von Zugspannungen. Gleichzeitig erreicht die Fugenpressung p_2 ihren Größtwert 8,73 kg/cm². Mit zunehmendem λ, also abnehmendem E_2, fällt p_2 anfangs rasch ab, während die tangentiale Spannung σ_t' an der Innenleibung des Kernrohres und die radiale Verschie-

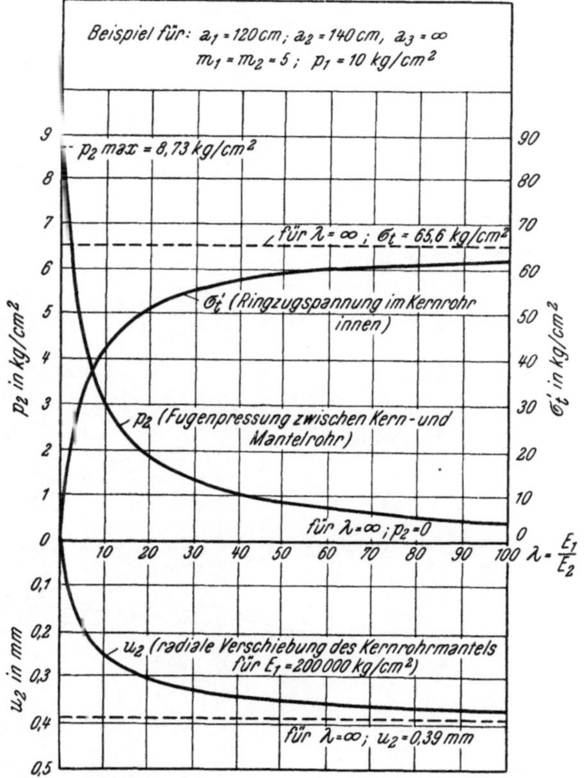

Abb. 16. Beispiel für das Doppelrohr; Verlauf der Größen p_2, u_2 und σ_t' in Abhängigkeit von λ.

bung u_2 in der Kontaktfuge entsprechend anwachsen, um sich dann allmählich den einem $E_2 = 0$ bzw. $\lambda = \infty$ zugeordneten Größtwerten $\sigma_t' = 65{,}6\ \text{kg/cm}^2$ und $u_2 = 0{,}39$ mm zu nähern.

Bei nicht kraftschlüssiger Umhüllung des Kernrohres durch das Mantelrohr kann dessen Mitwirkung erst dann zustandekommen, wenn durch die Deformation des ersteren die Fugenlücke überbrückt ist. Beträgt diese im betrachteten Fall 0,39 mm, dann wird bei Innendrücken bis zu $p_1 = 10$ kg/cm² das Kernrohr so belastet, als wäre das Mantelrohr überhaupt nicht vorhanden. Diese Betrachtungen gelten natürlich nur für Rohre, die den dabei auftretenden Zugkräften gewachsen sind.

In Abb. 17 ist ferner für das der Abb. 16 zugrunde liegende Beispiel der Verlauf der radialen und tangentialen Spannungen σ_r und σ_t im Kernrohr und im benachbarten Teil des Mantelrohres für einige E_2-Werte dargestellt.

Bei starrem Umschluß ($E_2 = \infty$) ergeben sich für σ_t im Kernrohr infolge des überwiegenden Einflusses der Querdehnung geringe Druckspannungen. Dieser Fall hat aber keine praktische Bedeutung.

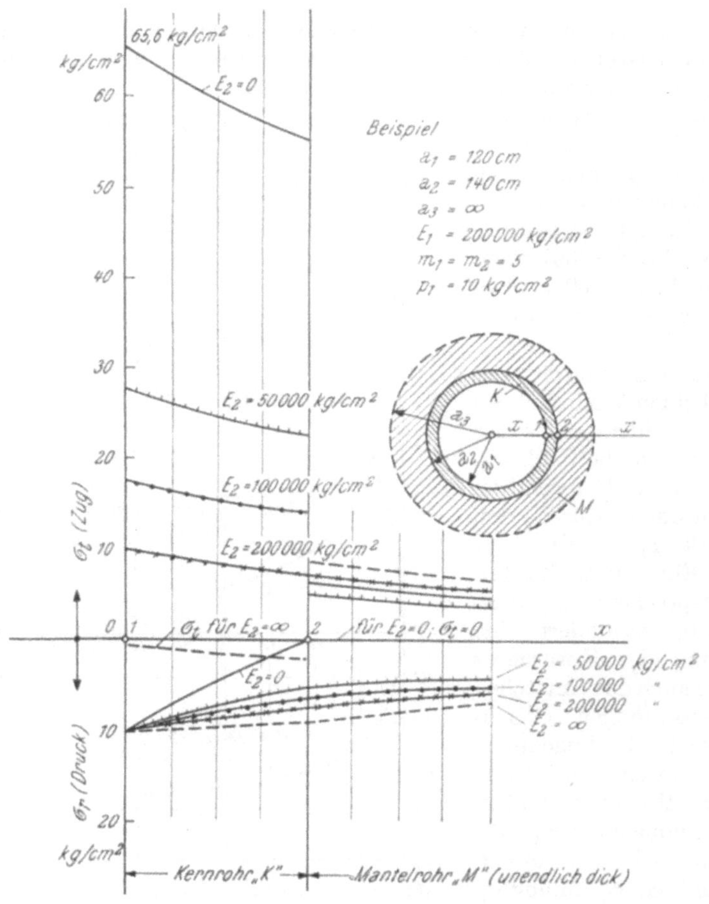

Abb. 17. Beispiel für das Doppelrohr; Verlauf der Spannungen σ_r und σ_t in Abhängigkeit von E_2.

Auch die Abb. 17 veranschaulicht die starke Abhängigkeit der Beanspruchung des Kernrohres vom Elastizitätsmodul E_2. Eine klaffende Fuge entspricht wiederum dem Grenzfall $E_2 = 0$; dann erreicht die Tangentialspannung an der Innenleibung ihren Größtwert $\sigma_t' = 65{,}6$ kg/cm².

3,3. Thermische Aufgaben

3,31. Einführung

Für die Beanspruchung der Stollenröhre sind nicht nur statische Belastungen, sondern auch thermische Einflüsse bestimmend. Im Rahmen der theoretischen Ableitungen haben wir uns daher u. a. mit den hiefür geltenden Beziehungen zu beschäftigen. Als verwandte Vorgänge mit gleichartigen Wirkungen können weiters das Schwinden und Schwellen in die einschlägigen Betrachtungen einbezogen werden.

Während bei statischen Belastungen die dadurch verursachten Spannungen Formänderungen bewirken, bildet bei thermischen Vorgängen die Temperaturdehnung (-zusammenziehung) bzw. das Schwellen oder Schwinden die Ursache von Spannungen, insoweit hiefür die Voraussetzungen durch Behinderung der Deformation überhaupt gegeben sind.

Die rechnerische Erfassung der thermischen Einflüsse ist aber ziemlich schwierig, weil dabei auch die Zeit eine maßgebende Rolle spielt. Gerät ein Körper in den Wirkungsbereich eines Temperaturgefälles, dann setzt ein zeitlich unbegrenzt fortdauernder Wärmefluß ein, der allmählich einem Beharrungszustand zustrebt. Wenn aber dabei das Temperaturgefälle veränderlich ist, so wird die Aufgabe noch wesentlich verwickelter. Für ihre mathematische Behandlung ist zudem erschwerend, daß sich die Temperaturdehnung nach allen drei Dimensionen auswirkt.

Die Lösung wird ferner durch die Unsicherheit über die Größe der in die Rechnung einzuführenden Beiwerte für die physikalischen Stoffeigenschaften erschwert. Es sind dies: die Wärmeübergangszahl, die Wärmeleitzahl sowie die Werte für die spezifische Wärme, die Temperaturdehnung, die Elastizität, die Querdehnung und das Raumgewicht.

Es ist ein Verdienst des schweizerischen Ingenieurs Schmid, schon vor mehr als drei Jahrzehnten die Auswirkungen der Temperatureinflüsse und ihrer verwandten Erscheinungen auf die Statik des Tunnel- und Stollenbaues richtig beurteilt zu haben[1], nachdem kurz zuvor auf diesem Gebiet durch eine abwegige Behandlung des gegenständlichen Problems in einer anderen einschlägigen Veröffentlichung[2] eine gewisse Verwirrung gestiftet wurde[3].

3,32. Einfluß von Schwinden und Schwellen im Kernrohr eines Doppelrohres

Schwinden und Schwellen (ε_s) haben die gleiche Wirkung wie eine gedachte, durchgehende Abkühlung oder Erwärmung des ganzen Kernrohres um $\varDelta t$ Grad. Es gilt daher für eine Vergleichsgröße die Beziehung

$$\varepsilon_s = \beta \cdot \varDelta t. \tag{47}$$

Dabei ist β die Temperaturdehnung in Grad $^{-1}$.

---

[1] Vgl. Dr. SC. techn. HANNS SCHMID: Statische Probleme des Tunnel- und Druckstollenbaues. S. 109 ff. Berlin: J. Springer 1926.

[2] Vgl. „Über den Einfluß der Temperaturänderungen auf den Durchmesser eines Druckstollens" von Dipl.-Ing. W. SATTLER in „Schweizerische Bauzeitung" 1923, Bd. 82, S. 293 ff.

[3] Vgl. „Kontroverse SCHMID-SATTLER" in „Schweizerische Bauzeitung", Bd. 83, S. 162.

Ohne Mantelrohr wäre bei freiem Spiel der achsialen Deformation die radiale Verschiebung des Kernrohres an der Außenseite

$$\overline{u_2} = \beta \cdot \Delta t \cdot a_2, \tag{48}$$

wobei das positive Vorzeichen für Ausdehnung (Schwellung), das negative für Schrumpfung (Schwinden) gelten möge. Die Mitwirkung des Mantelrohres weckt in der Kontaktfuge die radiale Pressung p_2. Diese bewirkt eine Rückführung der Kernrohrausdehnung um das Maß $u_2{'}$ und gleichzeitig eine nach außen gerichtete radiale Verschiebung der inneren Mantelrohrleibung um $u_2{''}$. Die Bedingung für das Ineinanderpassen beider Rohre lautet

$$|u_2{'}| + |u_2{''}| = |\overline{u_2}|. \tag{49}$$

Es ist:

im Kernrohr außen nach Gl. (34)

$$u_2{'} = - p_2 \cdot \frac{a_2}{m \cdot E \cdot (a_2{}^2 - a_1{}^2)} \cdot \left[(m_1 - 1) \cdot a_2{}^2 + (m_1 + 1) \cdot a_1{}^2 \right]; \tag{50}$$

im Mantelrohr innen nach Gl. (18)

$$u_2{''} = p_2 \cdot \frac{a_2}{m_1 \cdot E_2 \cdot (a_3{}^2 - a_2{}^2)} \cdot \left[(m_2 - 1) \cdot a_2{}^2 + (m_2 + 1) \cdot a_3{}^2 \right]. \tag{51}$$

Daraus ergibt sich

$$p_2 = \frac{\beta \cdot \Delta t}{\dfrac{(m_1 - 1) \cdot a_2{}^2 + (m_1 + 1) \cdot a_1{}^2}{m_1 \cdot E_1 \cdot (a_2{}^2 - a_1{}^2)} + \dfrac{(m_2 - 1) \cdot a_2{}^2 + (m_2 + 1) \cdot a_3{}^2}{m_2 \cdot E_2 \cdot (a_3{}^2 - a_2{}^2)}} \cdot \tag{52}$$

Mit $a_3 = \infty$ wird

$$p_2 = \frac{\beta \cdot \Delta t}{\dfrac{(m_1 - 1) \cdot a_2{}^2 + (m_1 + 1) \cdot a_1{}^2}{m_1 \cdot E_1 \cdot (a_2{}^2 - a_1{}^2)} + \dfrac{m_2 + 1}{m_2 \cdot E_2}} \cdot \tag{53}$$

Für den Sonderfall $m_1 = m_2 = m$ und

$$E_1 = E_2 = E$$

erhält man aus Gl. (53)

$$p_2 = \beta \cdot E \cdot \Delta t \cdot \frac{a_2{}^2 - a_1{}^2}{2 \cdot a_2{}^2} \cdot \tag{54}$$

Die radiale Verschiebung an der Innenleibung des Kernrohres infolge der Fugenpressung p_2 ist nach Gl. (31)

$$u_1{'} = - p_2 \cdot \frac{2\, a_2{}^2 \cdot a_1}{E_1 \cdot (a_2{}^2 - a_1{}^2)} \cdot \tag{55}$$

Für den Sonderfall eines unendlich dicken Mantelrohres sowie $E_1 = E_2$ ergibt sich aus den Gleichungen (54) und (55)

$$u_1' = -\beta \cdot \Delta t \cdot a_1, \qquad (56)$$

während die radiale Verschiebung infolge des Schwellens ohne Mitwirkung des Mantelrohres

$$\overline{u_1} = \beta \cdot \Delta t \cdot a_1 \qquad (57)$$

betragen würde.

Es verbleibt sonach als resultierende radiale Verschiebung

$$u_1 = \overline{u_1} + u_1' = 0; \qquad (58)$$

ferner erhält man aus den Gleichungen (30 und (54) für die tangentiale Spannung an der Innenleibung

$$\sigma_t' = -p_2 \cdot \frac{2 \cdot a_2^2}{a_2^2 - a_1^2} = -\beta \cdot E \cdot \Delta t . \qquad (59)$$

Diese Spannung ist also von den Ausmaßen des Kernrohres unabhängig.

Wenn sich die achsiale Deformation infolge Behinderung ihrer Entfaltung ebenfalls in Spannung umsetzt und wir diese an der Innenleibung mit σ_z' bezeichnen, so ist

$$\sigma_z' = \sigma_t' \qquad (60)$$

und

$$\frac{\sigma_t'}{E} \cdot \left(1 - \frac{1}{m} \right) = -\beta \cdot \Delta t; \qquad (61)$$

daraus ergibt sich

$$\sigma_t' = \sigma_z' = -\frac{m}{m-1} \cdot \beta \cdot E \cdot \Delta t . \qquad (62)$$

Und nun ein Zahlenbeispiel mit folgenden Annahmen:

$a_1 = 120$ cm; $\qquad a_2 = 140$ cm; $\qquad a_3 = \infty$;

$m_1 = m_2 = 5$; $\qquad E_1 = E_2 = E = 200\,000$ kg/cm^2;

$\beta = 0{,}000010$ Grad^{-1}; $\qquad \Delta t = -15°$ (Schwinden).

Man erhält

nach Gl. (47)

$$\varepsilon_s = \beta \cdot \Delta t = -0{,}00015;$$

nach Gl. (48)

$$\overline{u_2} = \beta \cdot \Delta t \cdot a_2 = -0{,}00015 \cdot 140 = -0{,}021 \text{ cm};$$

nach Gl. (59)

$$\sigma_t' = -\beta \cdot E \cdot \Delta t = -0{,}000010 \cdot 200\,000 \cdot (-15) = 30 \text{ kg/cm}^2 \text{ (Zug)}[1];$$

nach Gl. (54)

$$p_2 = \beta \cdot E \cdot \Delta t \cdot \frac{a_2^2 - a_1^2}{a_2^2} = -30 \, \frac{19\,600 - 14\,400}{2 \cdot 19\,600} = -3{,}98 \text{ kg/cm}^2 \text{ (Zug)}[1];$$

---

[1] Vgl. die Festlegung der Vorzeichen in Abschnitt 3.211.

nach Gl. (62), für den Fall achsialer Deformationsbehinderung

$$\sigma_t{}' = \sigma_z{}' = -\frac{m}{m-1} \cdot \beta \cdot E \cdot \varDelta t = \frac{5}{5-1} \cdot 30 = 37,5 \text{ kg/cm}^2 .$$

Wenn wir unterstellen, daß die nachfolgende Füllung mit Wasser ein Schwellen im Ausmaß von 0,1 mm/m oder 0,0001 entsprechend $\varDelta t = 10°$ bewirkt, dann tritt zwangsläufig an der Innenleibung des Rohres wieder eine Rückbildung der Zugbeanspruchung in Richtung Druck ein. Das Maß dieser Änderung infolge des Schwellens beträgt nach Gl. (59) $\sigma_t{}' = 20$ kg/cm² und nach Gl. (62) $\sigma_t{}' = 25$ kg/cm².

Soferne die Kontaktfuge keine Haftfestigkeit aufweist, verursacht das Schwinden eine Ablösung und ein spannungsloses Schrumpfen des Kernrohres. Die spätere Belastung durch Innendruck hat letzteres dann so lange allein zu übernehmen, bis sich die äußere Wandung wieder infolge der radialen Deformation im Mantelrohr kraftschlüssig gebettet hat.

In unserem Beispiel war die radiale Absetzung $\overline{u_2} = -0,021$ cm. Eine gleichgroße Spanndehnung erzeugt ein Innendruck p_1, der sich mit Hilfe der Gl. (21) wie folgt errechnet:

$$p_1 = \frac{-\overline{u_2} \cdot E \cdot (a_2{}^2 - a_1{}^2)}{2\,a_1{}^2 \cdot a_2} = \frac{0,021 \cdot 200\,000 \cdot (19\,600 - 14\,400)}{2 \cdot 14\,400 \cdot 140} =$$

$$= 5,4 \text{ kg/cm}^2 .$$

Die dadurch verursachte Tangentialspannung an der Innenleibung des Kernrohres ist nach Gl. (17)

$$\sigma_t{}' = p_1 \cdot \frac{a_1{}^2 + a_2{}^2}{a_2{}^2 - a_1{}^2} = 5,4 \cdot \frac{34\,000}{5200} = 35,4 \text{ kg/cm}^2 .$$

Ein Schwinden des Kernrohres um 0,15 mm/m, entsprechend 15° Abkühlung, vollzieht sich im Falle der Ablösung in der Kontaktfuge spannungslos, dafür muß das Rohr nachher dem Innendruck bis zu einer Zugbeanspruchung von $\sigma_t{}' = 35,4$ kg/cm² ohne Mitwirkung des Mantelrohres widerstehen. Im zweiten Falle, bei dem in der Kontaktfuge das nötige Haftvermögen vorhanden ist, bewirkt der Schwinddrang im Kernrohr eine Zugspannung von $\sigma_t{}' = 30$ kg/cm². (In beiden Fällen bei freiem Bewegungsspiel in Achsrichtung und ohne Berücksichtigung eines nachfolgenden Schwellens.)

Aus diesen Zahlenwerten erkennt man den bedeutenden Einfluß des Schwindens und Schwellens auf die Spannungsverhältnisse in einem Futterrohr. Dabei haben wir uns aber noch zu vergegenwärtigen, daß das Fortschreiten einer Austrocknung oder Durchfeuchtung nur allmählich erfolgt. Die Folge davon ist eine ungleiche Verteilung des dadurch verursachten Verformungsdranges über den Querschnitt und ein wesentlich komplizierteres Kräftespiel, als es durch die vorstehenden Formeln ausgedrückt werden konnte. Diese gelten daher nur für den erst allmählich eintretenden Beharrungszustand. Bevor jedoch ein solcher erreicht ist, kann sogar ein frei bewegliches Rohr, das einer schnellen Austrocknung ausgesetzt wird, an den Oberflächen schon gerissen sein, weil der Schwinddrang anfangs nur deren Bereich beherrscht und erst nach und nach die ganze Rohrwand durchdringt.

3,33. Wärmefluß und Temperaturverlauf im dickwandigen Rohr

3,331. Stationärer Zustand

Der Abb. 18 liegt die Annahme zugrunde, daß der Wärmefluß durch das Rohr stationär sei. Dieser Fall ist bei Unterstellung eines Beharrungszustandes gegeben, wenn innen und außen verschiedene, jedoch konstant bleibende Temperaturen T_i und T_o herrschen.

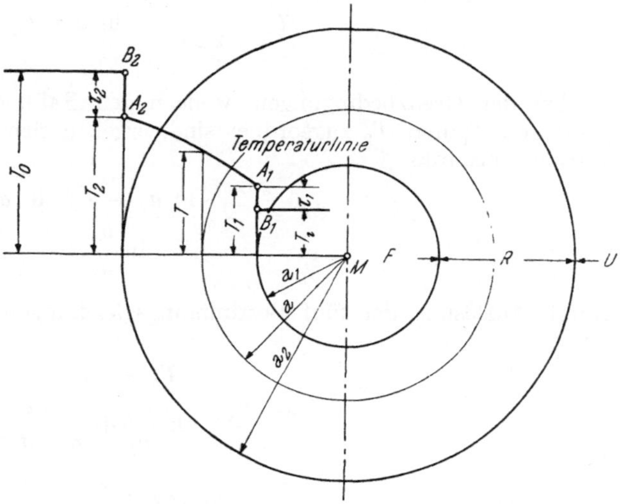

Der beidseitige Temperatursprung $B_2 A_2$ und $A_1 B_1$ ist eine Folge des Übergangswiderstandes, den der Wärmefluß beim Eintritt in das Rohr und beim Austritt aus diesem zu überwinden hat.

Für die durch einen Meter Rohr strömende Wärmemenge Q, ausgedrückt in kcal/m · h, gelten folgende Gleichungen:

$$Q = 2\,a_2 \cdot \pi \cdot \alpha_2 \cdot \tau_2, \qquad (63)$$

$$Q = 2\,\pi \cdot \lambda \cdot \frac{T_2 - T_1}{\ln \dfrac{a_2}{a_1}}, \qquad (64)$$

$$Q = 2\,a_1 \cdot \pi \cdot \alpha_1 \cdot \tau_1. \qquad (65)$$

F . . . strömendes Füllmittel von der unveränderlichen Temperatur Ti

R . . . Rohrkörper als Träger des Wärmeflusses

U . . . strömendes Mittel der Umgebung von der unveränderlichen Temperatur To

Abb. 18. Temperaturverlauf im dickwandigen Rohr bei stationärem Wärmefluß.

Dabei bedeuten α_2 und α_1 die Wärmeübergangszahlen in kcal/m² · h · Grad an der äußeren und inneren Oberfläche des Rohres, λ dessen Wärmeleitzahl in kcal/m · h · Grad.

Es ist ferner

$$T_1 = T_i + \tau_1 \qquad (66)$$

und

$$T_2 = T_o - \tau_2. \qquad (67)$$

Im Abstand a vom Mittelpunkt beträgt der radiale Wärmefluß q durch die Flächeneinheit, ausgedrückt in kcal/m² · h

$$q = \lambda \cdot \frac{\partial T}{\partial a}, \quad [1] \qquad (68)$$

wobei dem Wärmefluß nach dem Rohrinnern positives Vorzeichen zugeordnet ist.

Aus der Stetigkeit des Wärmeflusses, die den stationären Zustand kennzeichnet, folgt ferner

$$q = \frac{Q}{2\,a \cdot \pi}. \qquad (69)$$

---

[1] Vgl. Hütte, I. Bd., 1931, S. 492.

Es ist also

$$\eth\, T = \frac{Q}{2\pi \cdot \lambda} \cdot \frac{\eth\, a}{a}\,. \tag{70}$$

Durch Integration erhält man daraus

$$T = \frac{Q}{2\pi \cdot \lambda} \cdot \ln a + C\,. \tag{71}$$

Aus den Grenzbedingungen, wonach den Halbmessern a_1 und a_2 die Temperaturen T_1 und T_2 zugeordnet sind, ergeben sich die Gl. (64) und die Integrationskonstante

$$C = \frac{T_1 \cdot \ln a_2 - T_2 \cdot \ln a_1}{\ln \dfrac{a_2}{a_1}}\,. \tag{72}$$

Durch Auflösung der fünf Bestimmungsgleichungen (63) bis (67) erhält man:

$$\tau_1 = \frac{T_o - T_i}{\dfrac{\alpha_1 \cdot a_1}{\lambda} \cdot \ln \dfrac{a_2}{a_1} + \dfrac{\alpha_1 \cdot a_1}{\alpha_2 \cdot a_2} + 1}\,; \tag{73}$$

$$\tau_2 = \frac{T_o - T_i}{\dfrac{\alpha_2 \cdot a_2}{\lambda} \cdot \ln \dfrac{a_2}{a_1} + \dfrac{\alpha_2 \cdot a_2}{\alpha_1 \cdot a_1} + 1}\,; \tag{74}$$

$$Q = 2\pi \cdot \frac{T_o - T_i}{\dfrac{1}{\lambda} \cdot \ln \dfrac{a_2}{a_1} + \dfrac{1}{\alpha_1 \cdot a_1} + \dfrac{1}{\alpha_2 \cdot a_2}}\,. \tag{75}$$

T_1 und T_2 errechnen sich schließlich aus den Gl. (66) und (67).

Die Anwendung dieser Formeln ergibt sich aus nachstehendem Beispiel.

Annahmen:

Ein Betonrohr sei außen von bewegter Luft mit der Temperatur $T_o = 15°$ umgeben und innen von Wasser mit der Temperatur $T_i = 5°$ durchströmt; es sei ferner $a_1 = 1{,}20$ m; $a_2 = 1{,}40$ m; $\lambda = 2{,}0$ kcal/m $\cdot$ h $\cdot$ Grad; $\alpha_1 = 1800$ kcal/m² $\cdot$ h $\cdot$ Grad; $\alpha_2 = 10$ kcal/m² $\cdot$ h $\cdot$ Grad.

Mit diesen Größen erhält man

aus Gl. (73)

$$\tau_1 = \frac{10}{\dfrac{1800 \cdot 1{,}20}{2{,}0} \cdot \ln \dfrac{1{,}40}{1{,}20} + \dfrac{1800 \cdot 1{,}20}{10 \cdot 1{,}40} + 1} = 0{,}0312°,$$

aus Gl. (74)

$$\tau_2 = \frac{10}{\dfrac{10 \cdot 1{,}40}{2{,}0} \cdot \ln \dfrac{1{,}40}{1{,}20} + \dfrac{10 \cdot 1{,}40}{1800 \cdot 1{,}20} + 1} = 4{,}80°,$$

aus Gl. (66)

$$T_1 = 5 + 0{,}03 = 5{,}03°,$$

aus Gl. (67)

$$T_2 = 15 - 4{,}80 = 10{,}20°,$$

aus den Gleichungen (63), (64) und (65)

$$Q = 2 \cdot 140 \cdot \pi \cdot 10 \cdot 4{,}80 = 422 \text{ kcal/m} \cdot \text{h},$$

$$Q = 2 \cdot \pi \cdot 2{,}0 \cdot \frac{5{,}17}{\ln \frac{1{,}40}{1{,}20}} = 422 \text{ kcal/m} \cdot \text{h},$$

$$Q = 2 \cdot 1{,}20 \cdot \pi \cdot 1800 \cdot 0{,}0312 = 422 \text{ kcal/m} \cdot \text{h},$$

(Die Gleichheit der drei Q-Werte bestätigt die Richtigkeit der Lösung.)
aus Gl. (72)

$$C = \frac{5{,}03 \cdot \ln 1{,}40 - 10{,}2 \cdot \ln 1{,}20}{\ln \frac{1{,}40}{1{,}20}} = -1{,}08$$

und schließlich aus Gl. (71)

$$T = \frac{Q}{2\,\pi \cdot \lambda} \cdot \ln a - 1{,}08. \tag{76}$$

Mit Hilfe der Gl. (76) läßt sich der Temperaturverlauf im Rohrkörper leicht ermitteln.

Zu den im durchgerechneten Beispiel getroffenen Annahmen für die Wärmeübergangszahlen α_1 und α_2 sowie für die Wärmeleitzahl ist noch zu erwähnen, daß diese Beiwerte innerhalb weiter Grenzen streuen, weshalb auch die Ergebnisse aller von ihnen abhängigen Berechnungen nur näherungsweise gelten können. In der Literatur finden sich hierüber beispielsweise folgende einschlägige Angaben: Für die Wärmeübergangszahl in geschlossenen Räumen bei natürlicher Luftbewegung $\alpha = 5$ bis 7, im Freien bei einer Luftgeschwindigkeit von etwa 5 m/s, $\alpha = 20$ kcal/m² $\cdot$ h $\cdot$ Grad[1]; bei Wasser $\alpha = 500$ bis 3000 kcal/m² $\cdot$ h $\cdot$ $\cdot$ Grad, steigend mit der Wassertemperatur[2]; für die Wärmeleitzahl von Gesteinen $\lambda = 0{,}15$ bis 11,0, im Mittel 2,6 kcal/m $\cdot$ h $\cdot$ Grad und für jene von Beton $\lambda = 0{,}5$ bis 0,8[3] bzw. nach einer anderen Quelle $\lambda = 0{,}7$ bis 1,5 kcal/m $\cdot$ h $\cdot$ Grad[4]. (Gut verdichteter Beton dürfte jedoch ein besseres Leitvermögen aufweisen; vergl. auch Zahlentafel 3.)

---

[1] Vgl. Hütte, III. Bd. 1934, S. 352.
[2] Vgl. Hütte, I. Bd. 1931, S. 502.
[3] Vgl. Schmid, S. 110 und 111.
[4] Vgl. Hütte, I. Bd. 1931, S. 494.

3,332. Fortschreitende Temperaturänderung im Rohr

Ein anderer Fall liegt vor, wenn das Rohr selbst infolge einer Temperaturänderung in der Umgebung einer fortschreitenden Abkühlung oder Erwärmung
ausgesetzt wird. Dabei ist sowohl der Wärmefluß als auch der Temperaturverlauf
im Rohr mit der Zeit veränderlich. Mit Rücksicht auf die Kompliziertheit dieses
Falles wird jedoch auf eine mathematische Behandlung nicht eingetreten, sondern
dessen Beurteilung auf einige, für das Verständnis der Zusammenhänge ausreichende allgemeine Betrachtungen an Hand der Abb. 19 beschränkt.

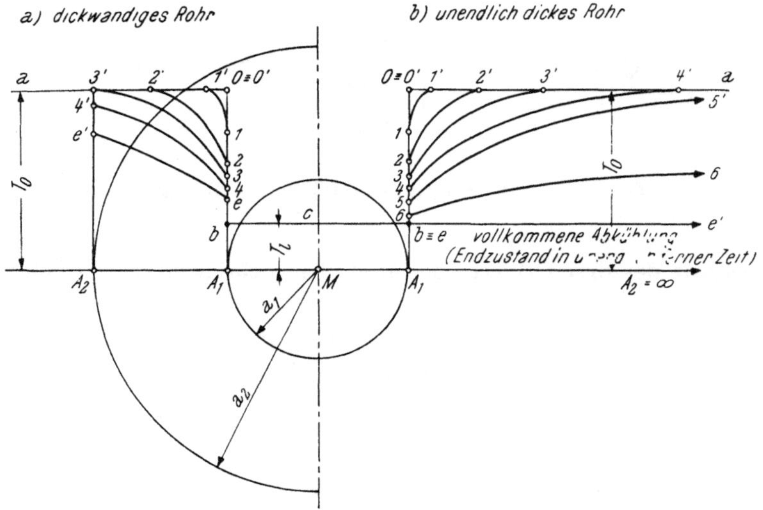

Abb. 19. Temperaturverlauf im dickwandigen Rohr bei fortschreitender Abkühlung des Rohrkörpers.

Der Ausgangszustand sei durch die ausgeglichene Temperatur T_0 im Rohr
und in der beidseitigen Umgebung gekennzeichnet. Hierauf werde die Temperatur im Rohrinneren durch ein strömendes Mittel auf T_i gesenkt und im weiteren auf dieser Höhe gehalten.

Das auf diese Weise an der Innenleibung zustandegekommene Temperaturgefälle $T_0 - T_i$ löst einen radialen Wärmefluß in das Kühlmittel aus, der eine
allmählich in das Rohr vordringende Abkühlung zur Folge hat. Der den Wärmegehalt kennzeichnende Temperaturverlauf ist in Bild a der Abb. 19 für ein
dickwandiges Rohr und in Bild b für ein unendlich dickes Rohr schematisch
dargestellt. Die Linien $1'-1$, $2'-2$ usw. sind den aufeinanderfolgenden Phasen
des Abkühlvorganges zugeordnet. Der Temperatursprung $1-b$, $2-b$ usw.
entspricht dem Übergangswiderstand des Wärmeflusses im Zeitpunkt der betreffenden Phase. Je größer die Wärmeübergangszahl α_1 ist, desto rascher vollzieht sich das Vordringen der Abkühlung. Der Wärmefluß, der anfangs am größten
ist, vermindert sich nach und nach mit fortschreitender Abkühlung, um sich
allmählich einem Beharrungszustand zu nähern.

Beim dickwandigen Rohr beginnt nach Durchlauf der Linie $3'-3$ ein von
der äußeren Umgebung genährter zusätzlicher Wärmefluß, durch den die Abkühlung dem stationären Zustand gemäß Abb. 18 zustrebt. Dabei ist unterstellt,
daß außerhalb des Rohres die Temperatur durch ein strömendes Mittel auf

T_o gehalten wird. Beim unendlich dicken Rohr schreitet hingegen die Abkühlung, so lange sich T_i nicht ändert, unaufhörlich fort, weil hier wegen der zunehmenden Wirktiefe der Wärmefluß zwar immer schwächer wird, aber nie versiegt.

Der zeitliche Verlauf des Abkühlungsvorganges ist vom Temperaturgefälle $T_o - T_i$ (Grad), von der Wärmeübergangszahl α_1 zwischen Rohrwand und Kühlmittel (kcal/m² · h · Grad), von der Wärmeleitzahl λ (kcal/m · h · Grad), der spezifischen Wärme c (kcal/kg · Grad) und vom Raumgewicht des Rohrkörpers γ (kg/m³) abhängig. Nach der FOURIERschen Differentialgleichung ist das Tempo der Abkühlung dem Wert $a = \dfrac{\lambda}{c \cdot \gamma}$ proportional[1].

Über Messungen des Abkühlungsverlaufes in der Gebirgshülle unter dem Einfluß kalten Stollenwassers wird noch an anderer Stelle berichtet[2].

SCHMID hat bei seinen Ableitungen unterstellt, „daß schließlich beim radialen Vordringen der Kälte eine Stelle erreicht wird, an welcher diese Störung bei konstant gehaltener Innentemperatur zum Ausgleich kommt, indem gerade die nach dem Stolleninnern abfließende Wärmemenge aus der weiteren Umgebung der Stollenröhre stets neu zugeführt wird". Diese Vorstellung über das Zustandekommen eines stationären Zustandes entspricht jedoch nicht dem gesetzmäßigen Ablauf eines in das Berginnere fortschreitenden, durch ein Kühlmittel in der Stollenröhre ausgelösten und in Fluß gehaltenen Abkühlungsvorganges.

Mit der Frage des Wärmeflusses aus dem Gebirge in die Stollenröhre haben sich übrigens schon anläßlich des Baues des ersten Simplontunnels SACCARDO (1899) und später Dr. HEERWAGEN (1902) befaßt[3]. Letzterer unterstellt bei seinen Berechnungen einen ziemlich willkürlichen Temperaturverlauf im Gestein und berücksichtigt nicht die Veränderlichkeit des Temperatursprunges an der Stollenwandung mit der Zeit. Es handelt sich dabei sonach um Ableitungen auf Grund von Annahmen, die in Wirklichkeit nicht zutreffen. Erwähnenswert ist, daß HEERWAGEN für das Gestein eine Wärmeleitzahl $\lambda = 3$ kcal/m · h · Grad einführt und für den Wärmeübergang in den Vortriebstollen ein $\alpha = 13$ kcal/m² · h · Grad, im Tunnel hingegen mit geringerer Luftbewegung ein $\alpha = 8$ kcal/m² · h · Grad gefunden hat.

3,34. Thermische Spannungen und radiale Verschiebungen

Man denke sich den Rohrkörper in dünne, konzentrische Ringzylinder aufgegliedert. Unter dem Einfluß eines nach innen gerichteten Temperaturgefälles, wie es die Abb. 18 und 19 veranschaulichen, würden die einzelnen Rohrglieder bei gleichzeitiger Öffnung der Kontaktfugen voneinander unabhängig schrumpfen. Eine solche freie Beweglichkeit wird aber durch das Haftvermögen in letzteren verhindert. Dadurch entstehen im Rohrkörper in allen drei Dimensionen Zwangsspannungen.

Für die weiteren Ableitungen werden jedoch die Auswirkungen der achsialen Deformationsbehinderungen auf die Vorgänge, die sich in der zum Rohr senkrechten Ebene abspielen, wiederum als untergeordnete Einflüsse vernachlässigt. Sie sind übrigens vom Abstand des betreffenden Punktes von den Rohrenden und vom Einspannungsgrad der letzteren abhängig. Falls diese unverschieb-

---

[1] Vgl. Hütte, I. Bd. 1931, S. 492.

[2] Vgl. Kapitel 5.

[3] Vgl. L. VON WILLMANN: Handbuch der Ingenieurwissenschaften „Tunnelbau", S. 587ff. Leipzig: Wilhelm Engelmann 1920.

lich sind (feste Einspannung), findet man die Spannungen an der Innenleibung gemäß Gl. (62) aus der Beziehung

$$\sigma_t{}' = \sigma_z{}' = -\frac{m}{m-1} \cdot \beta \cdot E \cdot \Delta t.$$

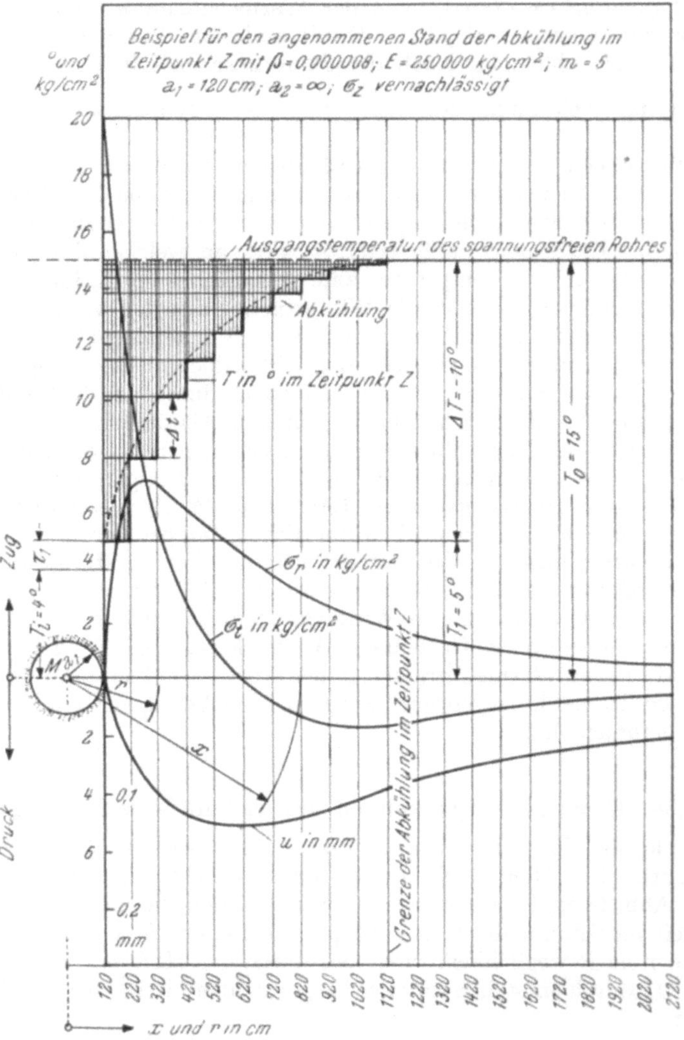

Abb. 20. Verlauf der thermischen Spannungen und Verschiebungen im unendlich dicken Rohr bei Abkühlung der Innenleibung.

Für ein freies Rohrende ist hingegen

$$\sigma_z{}' = 0 \quad \text{und} \quad \sigma_t{}' = -\beta \cdot E \cdot \Delta t.$$

Die Abweichung von letzterem Wert an irgend einer Stelle der inneren Leibung ist umso geringer, je kleiner das Verhältnis der Rohrlänge zum Durchmesser und je größer der Wert m ist.

In Abb. 20 sind die thermischen Spannungen σ_r und σ_t in der zur Stollenachse senkrechten Ebene sowie die zugehörigen radialen Verschiebungen u im unendlich dicken Rohr für eine angenommene Abkühlungsphase im Zeitpunkt Z als Ergebnis einer zahlenmäßigen Auswertung dargestellt.

Dabei wurde ein Näherungsverfahren angewandt und anstelle der angenommenen, dem Zeitpunkt Z entsprechenden Temperaturkurve (punktierte Linie) ein abgetreppter Linienzug eingeführt, bei dem die Temperatur jeweils auf 1 m Zuwachs des Abstandes vom Mittelpunkt konstant sein soll. Dadurch ist es möglich, zwecks Ableitung des typischen Verlaufes der erwähnten Größen mit den schon besprochenen Gleichungen das Auslangen zu finden, so daß sich ein Eingehen auf eine allgemeine mathematische Lösung dieses schwierigen thermischen Problems erübrigt. Der Zweck solcher Ermittlungen ist aber auch nicht die Aufklärung aller Teilprobleme vermittels exakter Nachweisungen, sondern die Gewinnung der für die praktische Anwendung im Druckstollenbau nötigen Erkenntnisse auf möglichst einfache und überzeugende Art.

Die weiteren, der Abb. 20 zugrundeliegenden Annahmen sind am Kopf der Zeichnung vermerkt. Die Durchrechnung des Beispieles erfolgte nun in der Weise, daß für jede Kontaktfuge im Abstand $r = 1120, 1020, 920$ usw. bis $r = 220$ cm, die dem zugeordneten, aus der Zeichnung abgegriffenen Temperatursprung Δt entsprechenden Werte von σ_r, σ_t und u für alle Tiefenlagen $x = 120$, $220, 230$ usw. bis $x = 2120$ cm tabellarisch ermittelt wurden. Die Summen dieser für jeden x-Halbmesser gefundenen Teilwerte sind dann schließlich in Abb. 20 als Ergebnis der Rechnung aufgetragen und zu den Linienzügen verbunden, die den Verlauf der Größen σ_r, σ_t und u im Zeitpunkt Z des Abkühlungsvorganges darstellen.

Zur Auswertung dienten folgende Formeln:

$$p = \frac{\beta \cdot E}{2} \cdot \Delta t \cdot \left[1 - \left(\frac{a_1}{r}\right)^2\right]; \tag{77}$$

für den Bereich innerhalb des Halbmessers r

$$\sigma_r = -\frac{\beta \cdot E}{2} \cdot \Delta t \cdot \left[1 - \left(\frac{a_1}{x}\right)^2\right], \tag{78}$$

$$\sigma_t = -\frac{\beta \cdot E}{2} \cdot \Delta t \cdot \left[1 + \left(\frac{a_1}{x}\right)^2\right] \tag{79}$$

und

$$u = -\beta \cdot \frac{m+1}{2\,m} \cdot \left[1 - \left(\frac{a_1}{x}\right)^2\right] \cdot x \cdot \Delta t; \tag{80}$$

für den Bereich außerhalb des Halbmessers r

$$\sigma_r = -p \cdot \left(\frac{r}{x}\right)^2, \tag{81}$$

$$\sigma_t = +p \cdot \left(\frac{r}{x}\right)^2 = -\sigma_r \tag{82}$$

und

$$u = \beta \cdot \frac{m+1}{2\,m} \cdot \left[1 + \left(\frac{a_1}{r}\right)^2\right] \cdot r \cdot \left(\frac{r}{x}\right) \cdot \Delta t. \tag{83}$$

Diese Formeln findet man durch Anwendung von Gleichungen aus den vorhergehenden Abschnitten. Dabei sind die dort verwendeten Bezeichnungen des Halbmessers jeweils sinngemäß mit a_1, r und a_2 zu vertauschen. Für letzteren ist sodann der Wert ∞ einzuführen. Auf diese Weise erhält man die Gleichungen

(77) aus der Gl. (52),

(78) aus den Gl. (26) und (77),

(79) aus den Gl. (27) und (77),

(80) aus den Gl. (28), (77) und (47),

(81) aus der Gl. (13),

(82) aus der Gl. (14) und

(83) aus den Gl. (15) und (77).

Nach den für das durchgerechnete Beispiel getroffenen Annahmen ist $\beta \cdot E = 2$.

Die in Abb. 20 als Ergebnis der gegenständlichen Ermittlung eingezeichneten Kurven veranschaulichen deutlich die sich im Rohrkörper in Auswirkung einer von innen nach außen fortschreitenden Abkühlung abspielenden Vorgänge. Es ergeben sich daraus bei Beachtung der bereits gewonnenen Erkenntnisse folgende Schlußfolgerungen.

Wenn das Kühlmittel Wasser und damit α_1 groß ist, fällt die Temperatur der Innenleibung des Rohres vom Ausgangswert T_o rasch ab, um sich dann nach und nach dem Endwert T_i zu nähern. Bei Luftkühlung mit kleinem α_1 dauert diese Erscheinung viel länger.

In radialer Richtung stellt sich dabei im ganzen Rohrkörper radialer Zug σ_r ein. Dieser beginnt an der Leibung mit Null, strebt zuerst in steilem Anstieg einem nahe der letzteren gelegenen Größtwert zu, um im weiteren Verlauf wiederum asymptotisch auf den Endwert Null abzufallen.

Als Tangentialspannung σ_t ergibt sich im inneren Bereich Zug, im äußeren hingegen Druck. Die Zugspannung hat an der Innenleibung ihren Größtwert $\sigma_t' = -\beta \cdot E \cdot \Delta t$; sie fällt zunächst steil ab, um schließlich stetig in Druckspannung überzugehen. Diese durchläuft ein Maximum und weist am Ort der jeweiligen Grenze der Abkühlung einen Wendepunkt auf. Sie nähert sich wie σ_r schließlich asymptotisch dem Endwert Null.

Die radiale Verschiebung u wächst von Null an der Innenleibung nach außen bis zu einem Maximum, hat dann an der gleichen Stelle wie σ_t einen Wendepunkt und fällt anschließend ebenfalls asymptotisch auf Null ab.

Die Abkühlung verursacht im Rohr Rißbildung, sobald die radialen und tangentialen Spannungen σ_r und σ_t bis zur Grenze des Zugwiderstandsvermögens in den zugeordneten Richtungen angewachsen sind. Die Ersten lösen einen zur Innenleibung konzentrischen Ringriß in jener Fuge aus, in der σ_r sein Maximum aufweist. Die Zweiten führen zu Längsrissen, die an der Innenleibung beginnen und sich mit fortschreitender Abkühlung so weit radial nach außen fortsetzen. bis σ_t wieder kleiner als die Zugfestigkeit wird. Die Risse bewirken in ihrem Bereiche Entspannung und eine Umlagerung des inneren Gleichgewichtes im restlichen, intakt gebliebenen Rohrkörper.

Für die Sicherheit gegen Rißbildung sind schließlich die resultierenden Spannungen maßgebend, die sich aus statischen, thermischen und sonstigen Einflüssen (Schwinden, Schwellen und Kriechen[1]) bei Zugrundelegung der jeweils ungünstigsten Belastungszustände ergeben.

---

[1] Vgl. Abschnitt 1,61.

4. Auskleidungsmethoden und deren Beurteilung

Im allgemeinen wird die Auskleidung der jeweiligen Gebirgsbeschaffenheit angepaßt. Die Folge davon ist, daß Druckstollen meistens nicht auf ihre ganze Länge einheitlich ausgebaut werden, sondern daß in aufeinanderfolgenden Teilstrecken verschiedene Systeme Anwendung finden. Die zur Wahl stehenden Möglichkeiten sind Gegenstand der weiteren Ausführungen.

4,1. Gemeinsame Grundlagen und Vorkehrungen

4,11. Nackte Felsröhre

Der Ausbruch des Stollenhohlraumes ist bei allen Auskleidungsmethoden eine Voraussetzung für die Bewerkstelligung des definitiven Ausbaues. Von der Wahl des Systems ist lediglich die Profilgröße abhängig.

Eine besondere Art der Ausgestaltung des Druckstollens stellt jedoch die Belassung der Röhre im unausgekleideten Zustand dar. Über diesen einfachsten Fall der Ausführung, bei dem alle weiteren Maßnahmen entfallen, gibt die folgende Beurteilung näheren Aufschluß.

Ein nackter Felsstollen ohne Verkleidung kommt wohl nur in standfestem und hinreichend wasserdichtem Gebirge in Frage, wenn die Rauhigkeit nicht ins Gewicht fällt und sonach keine Veranlassung vorliegt, die hydraulischen Eigenschaften der Stollenwandung zu verbessern. Dies wird am ehesten der Fall sein, wenn das Minimalprofil die Ausbauwassermenge ohne nennenswerte Gefälls- bzw. Energieeinbuße zu schlucken vermag.

Bei einem solchen Felsstollen kann die Querschnittsform beliebig gewählt

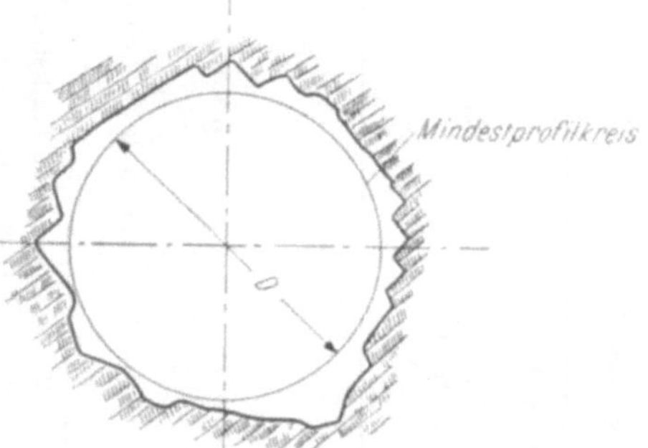

Abb. 21. Roher Felsstollen mit kreisförmigem Mindestquerschnitt.

werden. Nachdem jedoch keine Zimmerung nötig ist, wird es zweckmäßig sein, das Herausschießen von Ecken zu unterlassen und den Vortrieb einem Kreisprofil anzupassen, wie es in Abb. 21 schematisch dargestellt ist, weil dieses die besten statischen und hydraulischen Eigenschaften aufweist.

Fester, geschlossener Fels verbürgt jedoch keineswegs Sicherheit gegen Nachbrüche. Bei größerer Überlagerung können sich nämlich auch in sehr gutem Gebirge als Folge einer Abkühlung durch kaltes Stollenwasser mit zeitlicher Verzögerung Bergschläge einstellen, die u. U. lange nicht zur Ruhe kommen und den Betrieb ständig gefährden, es sei denn, daß schon bei der Ausführung solche Ereignisse entsprechend berücksichtigt wurden.

Über die Wasserdichtheit können nur Abpreßversuche Klarheit bringen. Wo solche nicht vorgenommen werden, muß man das Risiko allfälliger großer Wasserverluste in Kauf nehmen.

Aus diesem Grunde sind nackte Felsstollen im Zuge der Triebwasserführungen von Spitzenkraftwerken im allgemeinen für die Lösung der Aufgabe wenig geeignet. Dessen ungeachtet wurden — hauptsächlich bei älteren Anlagen — verschiedene Druckstollen und -schächte ganz oder teilweise unausgekleidet belassen. Einige beachtenswerte Beispiele hiefür können der Zahlentafel 5 entnommen werden.

Zahlentafel 5. *Beispiele unausgekleideter Druckstollen und -schächte*

| Land | Anlage | Jahr der In- betrieb- nahme | Größter Innen- druck atü | Abmessungen | | Gestein | Bemerkungen |
				Länge m	Quer- schnitt m²		
Schweiz	1. Vercasca[1]	1907	0,68	3912	5	Granit	91,8% unausgekleidet, Risse mit Zement ausgegossen.
	2. Martigny[1]		5,5	2607		Kristalliner Schiefer	Fast ganz unausgekleidet, Fels mit Mörtel ausgeglichen.
	3. Arnensee[1]	1921	4,5	4500	5	Schiefer, Kalkstein u. a.	Ganz unausgekleidet (Zufluß aus Gebirge).
	4. Davos-Klosters[2]	1923	3,8/5,3	4922	ca. 5	Ortogneis, Paragneis	1070 m unverkleidet ($v = 1,77$ m/s).
	5. Barberine[1] ...	1925	7,2	2200	4,2	Gneis und Granit	Ganz unausgekleidet.
Norwegen	6. Herlandsfossen (Druckschacht)[1]	1921	13	300	4,57	Hornblende	Ursprünglich keine Auskleidung (Horizon- talstollen gerissen).
U.S.A.	7. Big Creek[1] ...	1913	2,44	ca. 6500		Granit	Mit Ausnahme von 300 m unausgekleidet.
	8. Kerckhoff[1] ...	1920	1,95	5164		Granit	Ganz unausgekleidet.

[1] Aus Dr. Ing. O. WALCH: „Die Auskleidung von Druckstollen und Druckschächten", S. 60 ff. sowie Zusammenstellung ausgeführter Druckstollen und -schächte.

[2] Aus Schweizerische Bauzeitung B. 93, (1929), S. 79.

Um einen solchen Stollen für Revisionszwecke besser begehbar zu machen, empfiehlt sich die Einbringung einer Betonsohle und die Anordnung eines Vorflutgrabens.

4,12. Stollendrainage

Allen Auskleidungsmethoden sind ferner die Vorkehrungen für die schadlose Abfuhr des vom Gebirge zuströmenden Wassers während der Bauausführung im wesentlichen gemeinsam. Es wird daher die Besprechung der hiefür in Betracht kommenden Maßnahmen vorweggenommen. Insoweit die Drainage im einzelnen Fall besonderen Anforderungen genügen muß, werden diese später im Zusammenhang mit der betreffenden Bauweise erörtert.

Eine Stollenentwässerungsanlage ist nur in jenen Strecken erforderlich, die entweder Bergwasserzufluß aufweisen oder zur Durchleitung für solches dienen.

Das sachgemäße Einbringen von Betonauskleidungen jeder Art setzt voraus, daß das in den Stollen drängende Wasser zuvor ordnungsgemäß gefaßt und unschädlich abgeleitet wird[1]. Eine sorgfältige Erledigung dieser Aufgabe ist daher die erste Maßnahme des Auskleidungsvorganges.

Diesem Zwecke dient zunächst im Zuge der Vollendung des Vollausbruches die Anlage eines Sohlgrabens und die Verlegung einer Drainageleitung, die nach dem größten, während des Einbaues der Auskleidung zu erwartenden Durchfluß zu bemessen ist. Hiefür werden im allgemeinen Zementrohre verwendet, die üblicherweise zur Erhöhung der Lebensdauer innen einen Bitumenanstrich erhalten. Bei säurehaltigem Wasser kommt nach Maßgabe der Gefahrenumstände auch der Einbau von Steinzeugrohren in Frage.

Die Drainage kann entweder in Stollenmitte oder seitlich angeordnet werden. Die erste Lage ist statisch günstiger und erfordert weniger Ausbruch; die zweite wird aber gewöhnlich wegen der geringeren Beeinflussung des Fördergleises bevorzugt. In Abständen von etwa 20 bis 30 m sind Putzschächte vorzusehen, um im Falle einer Verstopfung die Möglichkeit einer Reinigung zu haben.

Nach erfolgter Verlegung der Sohlendrainage ist die Felswandung durch Fassung und Beileitung der Wasseraustritte trocken zu legen. Zu diesem Zwecke werden stärkere Quellen mit Rohren gefaßt und abgeleitet. Für die übrigen Wasseraustritte ist die zweckmäßigste Art der Trockenlegung das Schlauchverfahren; dieses besteht darin, daß man

Abb. 22. Druckstollen Grüneck des Lünerseewerkes; nach dem Schlauchverfahren trocken gelegte Felsleibung vor der Einrüstung. (Aufgenommen am 29. 1. 1957.)

---

[1] Vgl. „Erfahrungen aus dem Druckstollenbau" von Ing. H. F. KOCHER — PREISWERK in „Schweizerische Bauzeitung" 1936, Bd. 108, S. 81 ff.

entlang der Felsoberfläche, ausgehend von den wasserführenden Klüften, Entwässerungsschläuche mit schnellbindendem Mörtel ummantelt. Diese Schläuche können infolge der raschen Verfestigung der Mörtelhülle gleich nachgezogen werden und hinterlassen, ähnlich wie ein Regenwurm seinen Kriechgang, die gewünschten, in die Sohlendrainage einzuführenden Abflußkanäle. Nach Bedarf können auch nasse Wände mit schnellbindendem Mörtel überzogen werden. Bei diesen Arbeiten wird die Dichtungsmasse von Hand aufgetragen und modelliert. Die Mannschaft trägt dabei Gummihandschuhe.

Die Abb. 22 zeigt eine auf diese Weise trocken gelegte Felsleibung vor der Einrüstung.

Es ist noch die Frage umstritten, ob die Drainage nach Fertigstellung der Auskleidung zwecks Wiederinbetriebnahme gelegentlich von Stollenrevisionen belassen oder verpreßt werden soll. Nachdem jedoch dieses Entwässerungssystem alle wasserführenden Klüfte miteinander verbindet und gleichzeitig durch jeden Riß in der Auskleidung genährt wird, kann die Aufrechterhaltung der Kommunikationsmöglichkeit die Verlustgefahr nur vergrößern. Der Verfasser ist daher der Auffassung, daß die Drainage in Druckstollen nach Erfüllung ihrer Aufgabe von Schacht zu Schacht auf pneumatischem Wege sorgfältig verfüllt werden sollte, wie dies z. B. verfahrensgemäß bei der *Kernring-Auskleidung* geschieht.

4,2. Bauweisen ohne Vorspannung

4,21. Felssicherung durch Torkret und Spritzbeton

Während die Torkretierung der Felsleibung als einfachste Maßnahme zur Auskleidung von Druckstollen schon vor etwa vier Jahrzehnten angewandt wurde, hat Spritzbeton erst in letzter Zeit nach guter Bewährung bei den damit angestellten Versuchen in der Baupraxis Eingang gefunden[1].

Ein definitiver Ausbau mittels Torkret- oder Spritzbetonbewurf der Ausbruchröhre bezweckt vor allem, mit einem Minimum an Kosten die Sicherung des Hohlraumes gegen Nachbrüche, gleichzeitig aber auch eine Abdichtung gegen Wasserverluste und eine Verminderung der Stollenrauhigkeit zu erzielen. Diesen Anforderungen ist die besagte Bauweise indessen nur in sehr beschränktem Maße gewachsen.

Der abstützende Effekt des Bewurfes kann zwar durch entsprechende Verstärkung des letzteren gesteigert werden. Bei Torkret wird man aber schon wegen der Aufwendigkeit des Mischgutes (hiefür wird viel Zement und geeigneter Sand benötigt) bestrebt bleiben, mit dem Auftrag tunlichst zu sparen. Obzwar dieser Umstand bei Spritzbeton keine so gewichtige Rolle spielt, kommen aber auch im Falle seiner Anwendung für den vorliegenden Zweck Auftragsstärken von durchschnittlich nicht viel mehr als 4 bis 6 cm in Frage, weil sonst eine normale Betonauskleidung wegen des zuverlässigeren Tragvermögens und der glatteren Wandung wirtschaftlich überlegen wird. Eine ausreichende Sicherung gegen Nachbrüche kann somit auf diese Weise nur in verhältnismäßig gutem und standfestem Gestein erzielt werden.

Die Dichtungsaufgabe erfüllen Torkret und Spritzbeton wohl so lange, als der Fels dem Innendruck rissefrei standhält; sobald dies aber nicht mehr der Fall ist, reißt zwangsläufig auch der Bewurf. Damit verliert die Verkleidung gleichzeitig ihr bis dahin bewahrtes Dichtungsvermögen. Das letztere wird sich

---

[1] Vgl. Abschnitt 1,64.

sonach schon bei verhältnismäßig niederen Drücken erschöpfen, es sei denn, daß das Gebirge durchwegs einen sehr hohen Verformungsmodul aufweist.

Was die Verminderung der Wandrauhigkeit anlangt, so kann man mit einer Erhöhung des Beiwertes k (nach STRICKLER) von etwa 32 auf 40 bis 45 rechnen.

Die Abb. 23 veranschaulicht einen Stollenquerschnitt der besprochenen Art.

Bezüglich der für die Ausführung von Torkretierungen benötigten Spezialgeräte wird auf die einschlägige Literatur verwiesen[1]. Bei den in Österreich in den letzten Jahren ausgeführten Spritzbetonarbeiten haben sich Maschinen der Firmen Torkret Ges. m. b. H. Essen, Beton-Spritzmaschinen Ges. m. b. H. Frankfurt

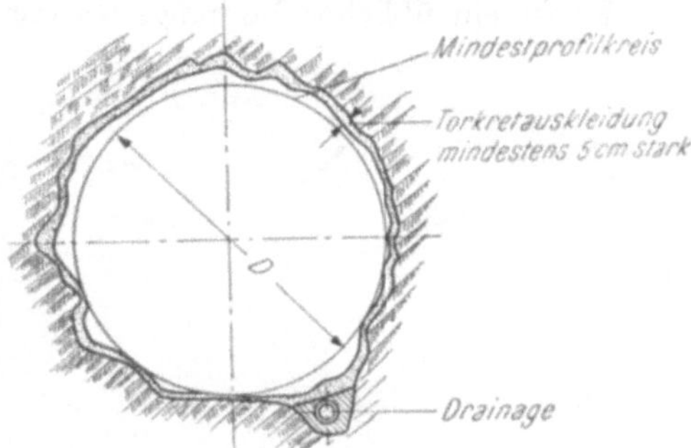

Abb. 23. Druckstollenprofil mit Felssicherung durch Torkret oder Spritzbeton.

a. M. und ALIVA A. G. Baden/Schweiz bewährt.

Als Beispiele für erfolgreiche Erstausführungen von Torkretauskleidungen seien angeführt: 4,3 km im 9,2 km langen Druckstollen Klosters-Küblis (Schweiz) in Bündnerschiefer; Ausbruch-$\varnothing$ etwa 2,8 m, Innendruck 7,5 bis 39,1 m; Inbetriebnahme 1922. Ferner die in Buntsandstein liegenden Druckstollen des Heimbachkraftwerkes (Württemberg); der obere 6 km lange Abschnitt wurde fast zur Gänze, der untere 2,8 km lange Abschnitt in einzelnen Teilstücken von zusammen 500 m Länge torkretiert; Profil parabelförmig von 1,6 bis 1,8 m Breite und 2 m Höhe; Innendruck im oberen Abschnitt maximal 6 m, im unteren im Mittel 2 atü; diese Stollen sind ebenfalls seit 1922 in Betrieb.

Dem Spritzbetonverfahren war aber neben seiner Eignung für den endgültigen Ausbau im Rahmen der erörterten Voraussetzungen ein neues Anwendungsgebiet vorbehalten; es ist dies die Sicherung der Ausbruchröhre im Zuge des Vortriebes oder Vollausbruches, allenfalls in Verbindung mit Felsanker oder Stahlausrüstung. (Über die letztere Kombination folgen später noch nähere Angaben[2].)

Für diesen Zweck erfolgt das Aufspritzen des Betons, soweit nötig, unmittelbar nach dem jeweiligen Abschlag. Dadurch wird in vielen Fällen — bei nicht ungünstigen Voraussetzungen auch in gebrächem Gebirge — Zimmerung oder Rüstung überflüssig, so daß das ganze Profil für den weiteren Ausbau frei bleibt. Der Urheber dieser Methode, die übrigens patentiert ist, nennt sie „BRUNNER-Bergsicherungsverfahren".

4,22. Mauerwerk und Beton

4,221. Gewöhnliche Auskleidung

Die seit den Anfängen des Druckstollenbaues und heute noch am häufigsten angewandte Bauweise ist die gewöhnliche Auskleidung mit unbewehrtem Beton, wie sie in Abb. 24 schematisch dargestellt ist.

---

[1] Vgl. a) WALCH, S. 69 ff.; b) Dr. jur. Dr. Ing. E. RANDZIO: Stollenbau, S. 180 ff., Berlin: W. Ernst & Sohn 1927.

[2] Vgl. Abschnitt 4,6.

Praktisch erzielt man den gleichen Effekt mit einem sachgemäß ausgeführten, in Zementmörtel versetzten Mauerwerk aus bearbeiteten natürlichen Steinen, Betonformsteinen oder Klinkern.

Es ist ein üblicher Vorgang, bei der Planung einige Profiltypen mit wachsenden Wandstärken, z. B. 20, 30, 40 cm usw., vorzusehen, um dann nach erfolgtem Aufschluß des Gebirges meist gefühlsmäßig die Entscheidung über ihre Aufteilung zu treffen.

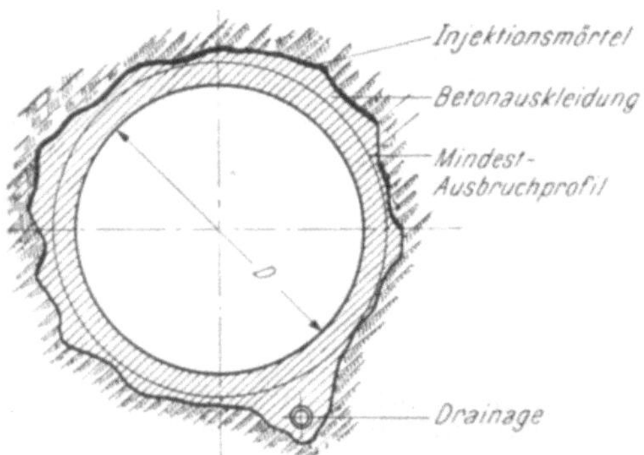

Abb. 24. Unbewehrte Betonauskleidung.

Eine solche gewöhnliche Auskleidung verbürgt wohl im allgemeinen bei entsprechender Bemessung einen ausreichenden Schutz der Stollenröhre gegen Nachbrüche sowie befriedigende Rauhigkeitsverhältnisse. Ihre abdichtende Wirkung wird indessen häufig weit überschätzt.

Zunächst ist zu beachten, daß sich bei horizontalen und schwachgeneigten Stollen im Zuge der Betonierung im Bereiche des Gewölbes infolge der Schwere unvermeidliche Absetzungen einstellen, die einen mehr oder weniger ausgeprägten sichelförmigen Hohlraum hinterlassen. Das nachfolgende Schwinden des Betons bewirkt einen zusätzlichen Absetzungsdrang vom Gebirge und eine weitere Lockerung des Verbandes in der Kontaktfuge.

Der Beseitigung der nachteiligen Auswirkungen dieser schädlichen Hohlraumbildung hinter der Auskleidung und der Herstellung einer satten Bettung der letzteren im Gebirge dienen die üblichen Mörtel- und Zementinjektionen[1].

Der Erfolg derartiger Dichtungsmaßnahmen hängt aber sehr von dem dabei angewandten Verfahren ab. Häufig begnügt man sich mit der pneumatischen Mörtelinjektion von Bohrlöchern, die in Abständen von meistens 2 bis 3 m in der Firste angelegt werden. Die Wirkung solcher Einpressungen läßt sich an Hand der Abb. 25 wie folgt beurteilen.

Der von der Preßluft im Injektionskessel angetriebene Mörtelstrom ergießt sich zunächst in stetigem Fluß in den Hohlraum und breitet sich dort im Umkreis des Bohrloches aus. Mit zunehmender Entfernung von diesem vermindert sich aber infolge der Reibung der Treibdruck, so daß sich schließlich das Injektionsgut an Engstellen allmählich

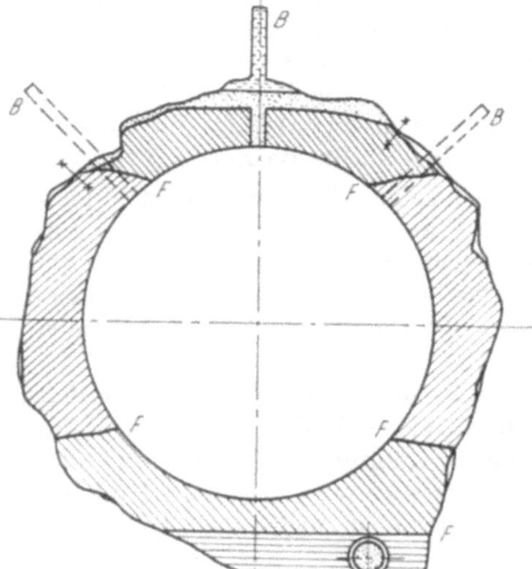

Abb. 25. Schematische Darstellung der Wirkung von pneumatischer Mörtelinjektion.

---

[1] Vgl. Abschnitt 1,63.

anstauen kann und die weiteren Fließwege verlegt. Das im Mörtel enthaltene und von diesem abgesonderte Überschußwasser vermag der pneumatische Andruck nur in geringem Maße auszutreiben, abgesehen davon, daß in diesem Stadium meistens auch das Bohrloch verstopft ist und sich der Luftdruck gar nicht mehr fortpflanzen kann. Es verbleiben daher unvermeidliche Resthohlräume, die auch durch sorgfältige Nachinjektionen mit Zementmilch kaum beseitigt werden können.

Einen wesentlich besseren Effekt erzielt man durch Einpressung von Zementbrei mittels Zementinjektionspumpen, weil die Stoßwirkung der einzelnen Pumpentakte bei gleichzeitiger Drucksteigerung die Verstopfung der Fließwege erschwert und die Austreibung von Überschußwasser viel nachhaltiger erfolgt, als dies bei Auflastung von Preßluftdruck der Fall sein kann. Zur Einsparung von Zement empfiehlt der Verfasser jedoch die pneumatische Verfüllung der Hohlräume mit Mörtel und die Fortsetzung der Verpressung vor dem Abbinden des Füllgutes mittels Zementinjektionspumpen entsprechend dem beim Kernringverfahren bewährten Vorgang[1].

Die abdichtende Wirkung einer solchen gewöhnlichen Auskleidung bleibt aber trotz sorgfältigster Hinterpressung fragwürdig und im allgemeinen auf niedere Drücke beschränkt. Abgesehen davon, daß der Beton, vor allem im Firstbereich, wegen der Schwierigkeiten eines sachgemäßen Einbaues selten die angestrebte Güte aufweist und meistens an sich schon an vielen Stellen Wasser durchläßt, mangelt ihm auch jegliche Sicherheit gegen Rißbildung.

Wenn man sich die Gebirgshülle wegdenkt, so besteht kein Zweifel, daß ein ganz geringer Innendruck genügen würde, um den Zerfall des Rohres herbeizuführen, weil dieses schon wegen der Arbeitsfugen keinen nennenswerten Ringzug aufnehmen kann.

Eine solche Auskleidung stellt daher im wesentlichen nur eine Ausfütterung der Gebirgsleibung dar, der man in bezug auf den Innendruck keine statische Funktion zuordnen darf. Das Maß der radialen Verformung bestimmt dann aber nicht die Auskleidung, sondern die Nachgiebigkeit des Gebirges an der betreffenden Stelle. Dabei ist das Deformationsspiel im ersten Belastungsstadium wohl noch z. T. durch die Zugfestigkeit der mit dem Fels verzahnten Auskleidungsschalen zwischen den Arbeitsfugen gehemmt; erfahrungsgemäß genügen aber meistens schon Drücke von wenigen Atmosphären, um deren Widerstand zu brechen und durchgehende Längsrisse zu verursachen. Dabei können auch thermische Zugspannungen infolge Abkühlung durch kaltes Betriebswasser den Eintritt des Bruches beschleunigen.

Die Schwäche einer gewöhnlichen Auskleidung ergibt sich u. a. auch aus folgenden Überlegungen.

Ordnet man dem Beton z. B. einen Elastizitätsmodul von $E_1 = 200\,000$ kg/cm² und eine Zugfestigkeit von $s_z = 30$ kg/cm² zu, so ist sein Dehnvermögen bei

$$\varepsilon_z = \frac{s_z}{E_1} = 15 \cdot 10^{-5}$$

erschöpft.

Wenn man sich ferner das Gebirge durch ein unendlich dickes Rohr mit isotroper Beschaffenheit und einem Elastizitätsmodul E_2 ersetzt denkt, so ist nach Gl. (23) in Abschnitt 3 die radiale Dehnung

$$\varepsilon = \frac{u_1}{a_1} = \frac{p_1}{E_2} \cdot \frac{m+1}{m}$$

---

[1] Vgl. Abschnitt 4,342.

oder bei großem m angenähert

$$\varepsilon = \frac{p_1}{E_2}.$$

Das Dehnmaß ε wäre dann bei folgenden Kombinationen gleich dem Dehnvermögen ε_z des Auskleidungsbetons:

$$E_2 = 25\,000 \text{ kg/cm}^2 \ldots\ldots p_1 = 3,75 \text{ kg/cm}^2,$$
$$E_2 = 50\,000 \text{ kg/cm}^2 \ldots\ldots p_1 = 7,5 \text{ kg/cm}^2,$$
$$E_2 = 100\,000 \text{ kg/cm}^2 \ldots\ldots p_1 = 15,0 \text{ kg/cm}^2.$$

Diese Zahlen könnten nun zur Annahme ermutigen, daß eine Auskleidung dieser Art in halbwegs gutem Fels auch bei mittleren Drücken ausreichend rißsicher sei. In Wirklichkeit ist dies aber — wie aus den weiteren Darlegungen hervorgeht — nicht der Fall.

Der entscheidende Grund hiefür ist der Umstand, daß eine gewöhnliche Auskleidung trotz sorgfältiger Injektionen mit dem Gebirge nicht in solchen Kontakt kommt, daß letzteres schon von Beginn der Auflastung des Innendruckes an, seinen elastischen Eigenschaften entsprechend, mitwirkt. Nachdem aber der Beton als spröder Baustoff nur ein sehr kleines Dehnvermögen besitzt, wird dieses meist schon erschöpft sein, bevor sich die Abstützung gegen die Hülle in dem erwarteten Maße statisch auswirkt.

Einem Dehnvermögen von $\varepsilon_z = 15 \cdot 10^{-5}$ entspricht an der Leibung eine radiale Deformation von $u_1 = \varepsilon_z \cdot a_1$; somit ergibt sich z. B. für $a_1 = 1,00$ m ein $u_1 = 15/100$ mm oder für $a_1 = 2,00$ m ein $u_1 = 30/100$ mm. Daraus folgt, daß schon ganz geringe radiale Bewegungen eine Sprengung des Betons zur Folge haben müssen.

Wenn man sich nun vergegenwärtigt, daß die Injektionen eben nicht 100%ig wirksam sein können, daß ferner auch der Injektionsmörtel schwindet und der Gesteinsverband meistens im Bereiche der Kontaktfuge durch Sprengungen und Bergschlagerscheinungen gelockert ist, dann erkennt man folgendes: Bevor die radiale Bewegung der Auskleidung nennenswerten Widerstand findet, muß sie erst richtig gegen die Felsleibung gepreßt werden und den toten Gang überwinden. Erst dann kann der Kraftschluß hergestellt sein, der die Mitwirkung des Gebirges an der Aufnahme des Innendruckes erzwingt. Dabei wird aber das Dehnvermögen ε_z des Betons bereits ganz oder zumindestens schon so weit aufgezehrt, daß für die abdichtende Wirkung der Auskleidung kaum mehr viel Spiel übrig bleibt.

Diese kann übrigens u. a. sehr nachteilig beeinflußt werden, wenn der Spannungszustand im Gebirge durch Druckwasserinfiltrationen im weiten Umkreis des Stollens so verändert wird, daß sich dadurch auch an der Innenleibung elastische Verformungen einstellen[1].

Aus all diesen Gründen ist es ein aussichtsloses Beginnen, die Rißsicherheit einer gewöhnlichen Auskleidung, gestützt auf gewisse Gebirgsqualitäten, mit den in Abschnitt 3 besprochenen Formeln nachweisen zu wollen. Ein solches Bemühen, das leicht zu verfehlten Schlußfolgerungen verleitet, endet dann auch meistens mit einem Mißerfolg, es sei denn, daß sich das Gebirge gerade zufällig als ausreichend wasserdicht erweist.

---

[1] Vgl. Abschnitt 2.

Sowohl für die Schalung und Rüstung als auch für die Einbringung sowie Verdichtung von Beton sind eine Reihe von Arbeitsmethoden in Gebrauch.

Früher war es üblich, die Schalungen in Holz auszuführen. Dabei mußten die einzelnen Bohlen, die man in der Schweiz „Murali" nennt, nach der Krümmung der Leibung sowie radial profiliert werden. Ihr Einbau erfolgte mit fortschreitender Betonierung. Allmählich wurde aber das Holz für diesen Zweck fast restlos durch Metall verdrängt, weil sich damit nicht nur bessere Rauhigkeitsverhältnisse, sondern gleichzeitig auch andere wirtschaftliche Vorteile ergaben.

Für Rüstungen sind hingegen neben hölzernen Bogen schon längst auch zusammensetzbare Profileisenringe in Verwendung.

In längeren Druckstollen mit genügend großem Durchmesser werden ein-

Abb. 26. Fahrbare Stahlschalung. [Nach einer Aufnahme der Firma „Stahlbau Rheinhausen" vom 22. 5. 1951.]

klappbare, fahrbare Stahlschalungen, die in verschiedenen Abarten bekannt sind, bevorzugt[1]. Eine Aufnahme von einer solchen Einrichtung ist in Abb. 26 wiedergegeben.

Bei einer Reihe von neueren Stollenbauten hat sich ferner das in Abb. 27 dargestellte, kombinierte Holz-Stahlsystem wegen seiner praktischen Verwendbarkeit gut bewährt.

Die Schalung besteht hier aus einzelnen, mit je zwei Handgriffen versehenen, nach dem Stollenradius gebogenen Blechplatten von 5 mm Stärke, rund 1 m Länge und 50 cm Breite. Diese werden zonenweise im Zuge der von unten nach oben fortschreitenden Betonierung versetzt und vermittels der in die Handgriffe eingelegten Bügel gegen die Rüstbogen verkeilt. Die letzteren sind aus 4 cm starken, außen nach der Stollenleibung gerundeten Bohlenstücken zusammengesetzt. In der Firste werden die beiden Bogenhälften durch ein keilförmiges

---

[1] Vgl. „Zusammenfaltbare Stahlschalung für den Möllstollen des Tauernkraftwerkes Glockner Kaprun" von Dr. techn. FRIEDRICH MESCHAN in „Der Bauingenieur" H. 2, 1954.

Paßstück zu einer tragenden Einheit verbunden. Der Firstschluß erfolgt durch
die hiefür vorgesehene Lücke von Kopf aus jeweils nach Einbau eines rund
1 m langen Paßbleches.

In der Schweiz haben für die Schalung und Rüstung auch schon Spezialkonstruktionen aus Leichtmetall Eingang gefunden[1].

Die Sohle wird üblicherweise bei Inkaufnahme der dabei unvermeidlichen
Arbeitsfugen der Rüstung vorauseilend betoniert, um für letztere eine entsprechende Auflage zum Setzen und Ausrichten zu schaffen und den Gleisanschluß wiederherstellen zu können.

Das Einbringen des Betons erfolgt, wo die Raumverhältnisse beengt sind.
nach wie vor meistens von Hand. Bei Anwendung einer geschlossenen Stahlschalung ist indessen eine maschinelle Förderung mittels einer Betonpump

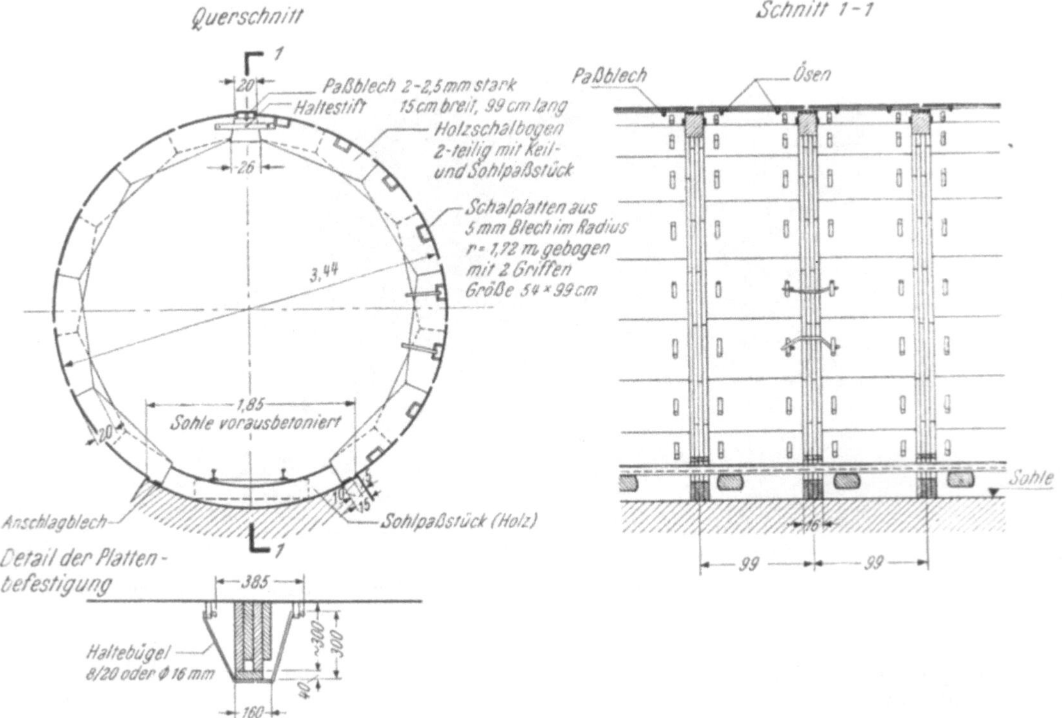

Abb. 27. Kombinierte Holz-Stahlschalung.

anlage zu empfehlen. Eine solche fahrbare Einrichtung, wie sie in jüngster Zeit
beim Bau eines Stollens mit 3 m ⌀ eingesetzt war, ist auf dem in Abb. 28 abgedruckten Lichtbild zu sehen.

Für das Verdichten des Betons kommen jetzt wohl nur mehr Tauch- oder
Schalungsrüttler in Frage. Den besten Effekt erzielt man mit den ersteren.
Ausnahmsweise können aber auch Preßluftstampfer an Übergangsstellen, denen
mit Tauchrüttlern nicht beizukommen ist, von Nutzen sein.

Wo das Einbringen nicht mittels Betonpumpen erfolgt, erfordert der Firstschluß besondere Sorgfalt. Wenn dieser, was meistens geschieht, von Kopf

---

[1] Vgl. „Leichtmetall-Schalungen für Stollen- und Tunnelbauten" von R. ZIMMERMANN
in „Schweizerische Bauzeitung" 1953, Nr. 1, S. 10ff.

aus bewerkstelligt wird, muß streng darauf geachtet werden, daß sich der Beton mit den früher gerüttelten beidseitigen Unterlagen gut verbindet und hier keine

Abb. 28. Fahrbare Betonpumpenanlage. (Aufgenommen am 31. 1. 1957.)

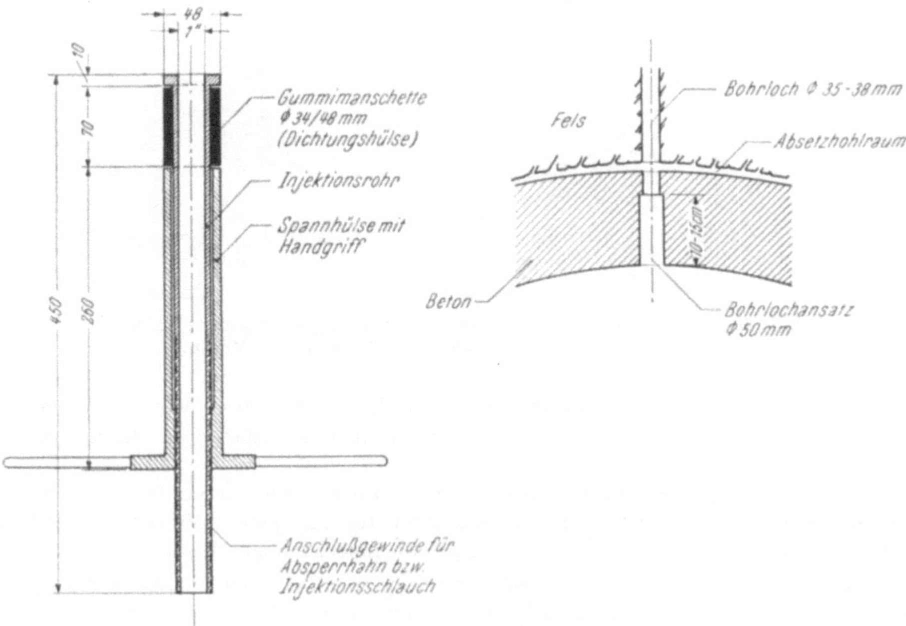

Abb. 29. Injektionsdüse.

horizontalen Arbeitsfugen entstehen. Dadurch könnte nämlich wegen Verminderung der Tragkraft des Gewölbes die Möglichkeit einer sachgemäßen Injektion in Frage gestellt werden.

Nach einer anderen Methode erfolgt der Firstschluß auf die ganze Zonenlänge mittels pneumatisch gefördertem Preßbeton. Auf diese Weise wurde z. B. schon vor 30 Jahren im Druckstollen des Vermuntwerkes ($\varnothing$ 2,80 m) das Gewölbe mittels der HOLZMANNschen Betonpreßmaschine ausgeführt.

Die Vornahme von Einpressungen machte seinerzeit das Einzementieren von Rohren in den Bohrlöchern zwecks Schaffung einer Anschlußmöglichkeit für Absperrhähne und Injektionsschläuche notwendig. Heute verwendet man

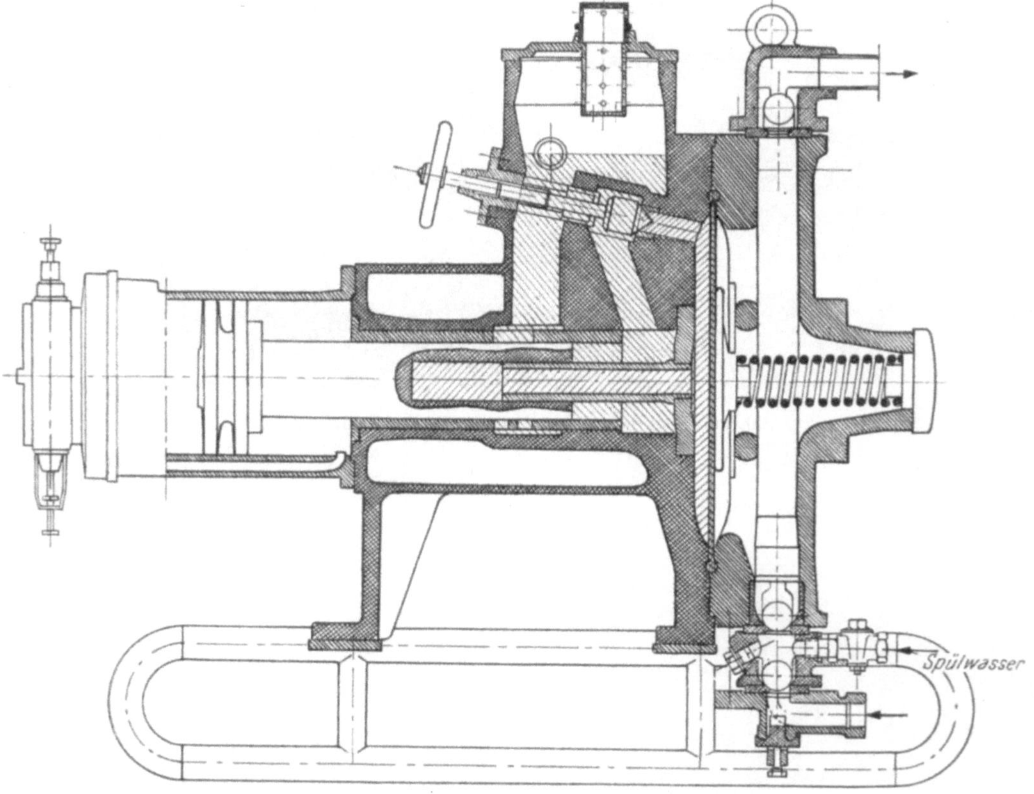

Abb. 30. Schnitt durch eine Hochdruck-Zementinjektionspumpe HÄNY.
[Nach Unterlagen der Pumpenfabrik HÄNY & Cie., Meilen.]

hiefür sogenannte Injektionsdüsen, die sich leicht ein- und wieder ausbauen lassen. In Abb. 29 ist eine solche Hilfseinrichtung einfachster Bauart schematisch dargestellt.

Für die pneumatischen Injektionen von Mörtel und Zementmilch gibt es eine Reihe geeigneter Geräte. Am zweckdienlichsten sind jedoch für den Stollenbau fahrbare Injektionskessel in Verbindung mit maschinellen Mischeinrichtungen.

Von den bekannten Zementinjektionspumpen haben sich im Stollenbau jene der Schweizerischen Pumpenfabrik HÄNY am besten bewährt, weil sie kleine Ausmaße aufweisen, eine hinreichend scharfe Einstellung auf den jeweils gewünschten maximalen Einpreßdruck ermöglichen sowie infolge ihres Konstruktionsprinzipes betriebssicher laufen und nur einem geringen Verschleiß unterworfen sind.

Die Abb. 30 zeigt einen Schnitt durch eine solche Maschine.

Die HÄNY-Pumpe arbeitet nach dem Plungersystem in Verbindung mit einer Gummimembrane, die eine Scheidung in zwei hydraulisch getrennte Teile bewirkt. Der erste setzt sich aus dem pneumatisch angetriebenen Kolbenmotor und dem mit diesem verbundenen Plunger zusammen, der vermittels einer Ölfüllung im Raum zwischen Druckkolben und Membrane die letztere hin- und herbewegt. Dadurch wird der zweite Teil der Pumpe, dem die Förderung des Injektionsgutes obliegt, angetrieben, ohne daß dieses mit empfindlichen Maschinenteilen in direkte Berührung kommt. Zur Steuerung des Zementbreiflusses und dessen Drucksteigerung dienen zwei Kugelventile auf der Saug- und eines auf der Druckseite sowie ein vor dem Abgang der Druckleitung als Puffer zwischengeschalteter Druckluftwindkessel.

Die HÄNY-Pumpen können auf zwei Druckbereiche eingestellt werden. Bei der kleineren Type neuester Bauart liegt der erste zwischen 0 und 18, der zweite zwischen 0 und 42 atü, bei der größeren Type hingegen zwischen 0 und 24 bzw. 0 und 72 atü, wenn der Antriebsdruck mit 6 atü begrenzt ist. Die größere Pumpe arbeitet aber mit 8,4 atü Luftdruck auf 100 atü. Zur Umschaltung dient ein Ventil, das den betreffenden Kolben des Plungers wirksam werden läßt. Die Fördermenge beträgt mit dem zugeordneten maximalen Pumpendruck bei der kleinen Maschine im ersten Leistungsbereich etwa 40 und im zweiten 17 bis 19 l/min, bei der großen Maschine etwa 70 bzw. 20 bis 24 l/min.

Bei der normalen Hubzahl (41—45 bzw. 38—42 in der Minute) und 6 atü Antriebsdruck verbrauchen die Pumpen 1500 und 3000 l/min angesaugte Luft.

Sobald der jeweils gewünschte, mittels des Luftventils regulierbare Enddruck erreicht ist und sich das Aufnahmevermögen des zu injizierenden Hohlraumes erschöpft, laufen die Pumpen selbsttätig bis zum schließlichen Stillstand mit allmählich langsamer werdendem Takt.

Die vorstehend im Zusammenhang mit dem Einbau gewöhnlicher Betonauskleidungen geschilderten Arbeitsmethoden und Geräte haben sinngemäß auch für alle jene kombinierten Bauweisen Geltung, bei denen als primärer Konstruktionsbestandteil eine Gebirgsverkleidung in der Art einer gewöhnlichen Auskleidung vorgesehen ist.

4,222. Anordnung von Dehnungsfugen

Zwecks Erhöhung der Rißsicherheit einer gewöhnlichen Auskleidung wurde schon anläßlich der Errichtung des im Jahre 1925 in Betrieb genommenen Spullerseewerkes der Österreichischen Bundesbahnen die Anordnung von vier radialen Ausdehnungsfugen gemäß Abb. 31 in Erwägung gezogen. Die Dichtung sollte dabei durch omegaförmig gebogene und im übrigen gewellte, gleichlaufend zur Achse eingelegte Bleche erfolgen. Als Betoniermethode wurde, zumindest in der Firste, das Preßbetonverfahren empfohlen[1].

Durch solche konstruktive Maßnahmen erzielt man indessen keine nennenswerte Erhöhung der Rißsicherheit, weil sich die radialen Deformationen infolge der Verzahnung mit dem Gebirge nur in sehr beschränktem Maße in den vorbereiteten Dehnungsfugen ausspielen können. Die vier Ringstücke werden also trotz der Fugen aus den schon im letzten Abschnitt näher erörterten Gründen auf Zug beansprucht, so daß es verfehlt wäre, ihnen ein besonderes Dichtungsvermögen zuzuordnen.

Ähnliche Vorschläge wurden später wiederholt gemacht; dem Verfasser ist indessen kein Fall bekannt, daß damit beachtenswerte Erfolge erzielt wurden.

---

[1] Vgl. „Neuerungen auf dem Gebiete des Druckstollenbaues" von Ing. Dr. techn. LUDWIG MÜHLHOFER in „Der Bauingenieur" 1922, H. 20, S. 629.

4,23. Verbundsysteme ohne Bewehrung

4,231. Putz oder Bitumenanstrich

Die einfachste Kombination mit einer gewöhnlichen Auskleidung ergibt sich durch einen Verputz der Innenleibung oder deren Anstrich mit Bitumen. Man erzielt damit eine Verminderung der Wandrauhigkeit und bei niederen Drücken eine zusätzliche Abdichtung.

Die Stärke des Putzes beträgt meistens 2 bis 3 cm, das Mischungsverhältnis etwa $1:1\frac{1}{2}$ bis $1:2\frac{1}{2}$. Der Auftrag kann von Hand als Glattstrich oder maschinell als Torkret mit nachfolgender Glättung der Oberfläche erfolgen. In beiden Fällen ist durch fachmännische Ausführung vorzusorgen, daß ein gutes

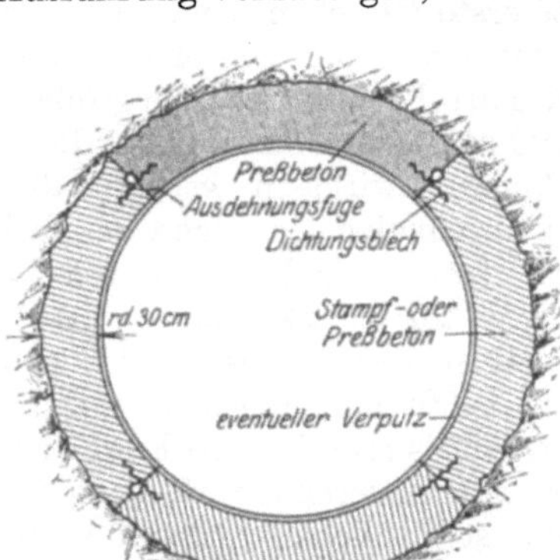

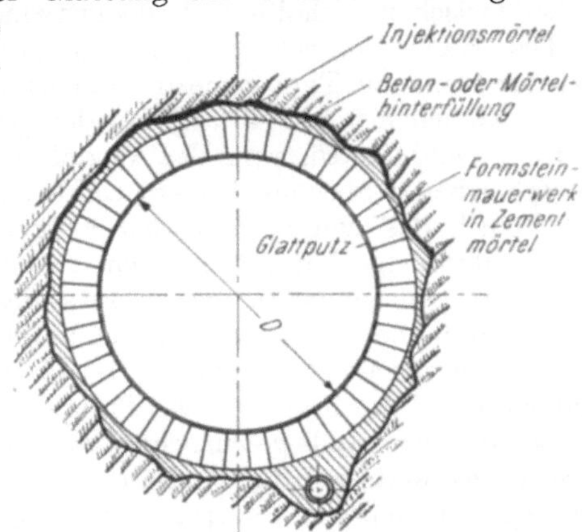

Abb. 31. Anordnung von Dehnungsfugen. [Aus „Der Bauingenieur" 1922, H. 20, S. 629.]

Abb. 32. Auskleidung in Formsteinmauerwerk mit Glattputz.

Haften auf der Unterlage erzielt und die Bildung von Haarrissen vermieden wird. Die Abb. 32 stellt eine Auskleidung dieser Art mit verputztem Formsteinmauerwerk dar.

Ein Putz oder Anstrich reißt bei wachsendem Innendruck mit der Auskleidung. Er kann daher nur wasserdicht bleiben, solange in dieser keine Risse entstehen. Während viele ältere Druckstollen verputzt wurden, wird man sich daher heute kaum mehr für eine solche fragwürdige Dichtungsmaßnahme entschließen. Eine ausreichende Wandglätte erzielt man bei Betonauskleidungen durch Anwendung einer Metallschalung, so daß auch die Verminderung der Wandrauhigkeit kein Beweggrund mehr sein dürfte, einen teuren Putz auszuführen. Ein solcher wird daher jetzt wohl nur mehr in Sonderfällen in Betracht kommen, so z..B., wenn infolge Gebirgsdruck statt Beton zweckmäßigerweise Formstein- oder Klinkermauerwerk Verwendung findet.

Bitumenanstriche wurden selten ausgeführt. In nassen Stollen ist ein sachgemäßes Aufbringen ohnedies in Frage gestellt.

4,232. Ausfütterung mit Holzbohlen

Im Zuge der durch den Mißerfolg mit dem Druckstollen des Ritomwerkes angeregten Bemühungen, eine wasserdichte Auskleidung zustandezubringen, wurde u. a. von den österreichischen Ingenieuren ANGERER und KVETENSKY die Ausfütterung der Stollenröhre mit Holzbohlen gemäß den Abb. 33 und 34 vorgeschlagen[1].

Nach ANGERER sollte das Holzfutter gleichzeitig als Schalung dienen, wobei zwecks Erleichterung des Firstschlusses im Scheitel statt der im übrigen Bereich 4 m langen Bohlen nur Stücklängen von 1 m vorgesehen waren. Für den Vorschlag KVETENSKY enthält die genannte Quelle keine Angaben über die beabsichtigte Einbauart. Die Dichtung soll beim ersten System mittels Flacheisen oder Hartholzdübel, beim zweiten hingegen durch den Andruck der inneren auf die äußeren Hölzer zustandekommen und in beiden Fällen durch das Quellen

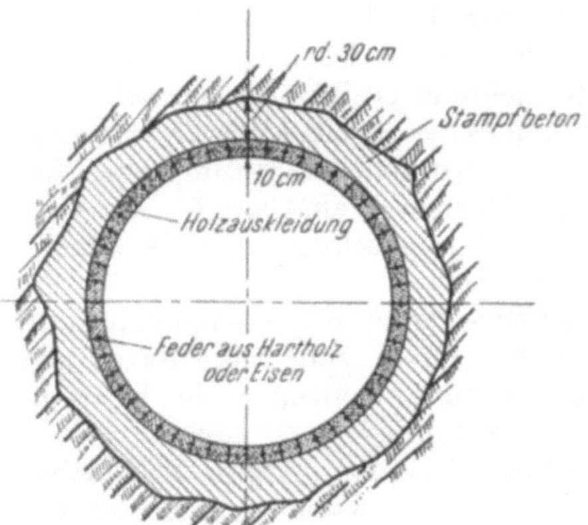

Abb. 33. Auskleidung mit Holzfutter; Vorschlag ANGERER. [Nach „Der Bauingenieur" 1922, S. 627, Abb. 6.]

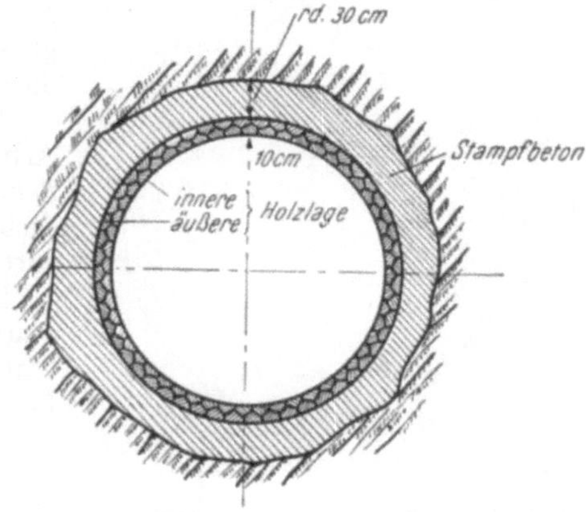

Abb. 34. Auskleidung mit Holzfutter; Vorschlag KVETENSKY. [Nach „Der Bauingenieur" 1922, S. 627, Abb. 5.]

der Bohlen gewährleistet bleiben. Es wird weiters angegeben, daß beim Vorschlag KVETENSKY nötigenfalls in der zahnförmigen Berührungsfläche eine „Kalfaterung" — wie man die Abdichtung mit geteertem Hanf nennt — vorgesehen werden könnte.

Bisher wurde von keinem dieser beiden Vorschläge Gebrauch gemacht. Als Hauptgrund hiefür war seinerzeit die Besorgnis genannt, daß das Holz vor der Stollenfüllung anfaulen könnte. Man glaubte allerdings, diesem Übel durch Anstrich oder Tränkung mit fäulnisabwehrenden Mitteln begegnen zu können.

Bei der praktischen Verwertung beider Vorschläge könnte aber die angestrebte Wasserdichtheit noch durch andere Umstände gefährdet werden, so z. B. durch Verwerfungen der Bohlen, durch Öffnen der Fugen infolge der radialen Deformation der Auskleidung und der dabei entstehenden Risse im Bettungsbeton, durch den nachteiligen Einfluß von Bergwasserdruck bei Stollenentleerungen usw.

Nachdem aber noch keine Erfahrungen mit solchen Holzfutterverkleidungen vorliegen, könnte man über ihre Eignung für den angestrebten Zweck ohnedies erst nach einer ausreichenden Erprobung ein endgültiges Urteil fällen.

4,233. Betonplatten als verlorene Schalung

Im 9,95 km langen Druckstollen des Kraftwerkes Innertkirchen, das im Jahre 1943 in Betrieb ging, kam in einem 5,4 km langen Teilstück, in gutem, aber

---

[1] Vgl. „Neuerungen auf dem Gebiete des Druckstollenbaues" von Ing. Dr. techn. MÜHLHOFER in „Der Bauingenieur" 1922, S. 626 und 627.

nicht genügend dichtem Gneis- und Schiefergestein erstmals die im folgenden beschriebene kombinierte Auskleidung zur Anwendung[1].

Eine innere Manschette, die sich aus vorfabrizierten 4 cm starken und 90 × 100 cm großen Spezialplatten zusammensetzt, dient als verlorene Schalung für den Pumpbeton der Gebirgsverkleidung, die hier in der Ulme 17 cm und im Scheitel 22 cm stark war. Die Platten sind leicht bewehrt und nach dem Trocknen unter hohem Druck bei einer Temperatur von 120° mit Pech imprägniert. Als Rüstung dienten Stahlringe, die in Abständen von 1 m auf dem genau ausgerichteten, im Sohlenbeton verlegten Stollengleis ihre Stütze fanden. Die Gestaltung dieser Auskleidung ergibt sich aus Abb. 35.

Im Bereiche der jeweils 14 bis 18 m langen Arbeitszonen wurden die Pumprohre im Scheitel der Rüstringe angehängt. Die Verdichtung des Betons erfolgte mittels Tauchrüttler.

Zwecks Beseitigung der Absetzhohlräume wurde in der Firste zunächst Mörtel mit 6 atü und hierauf Zementmilch mit Drücken bis rund 15 atü injiziert.

Schließlich wurden die überfalzten Plattenfugen mit warm eingebrachtem Bitumen gedichtet.

Im Druckstollen Innertkirchen beträgt die Höchstgeschwindigkeit 4,20 m/s und der maximale statische Druck beim Wasserschloß 56 m. Erwähnt wird ferner, daß man in den restlichen Stollenstrecken folgende Systeme wählte: 3,6 km gewöhnliche Betonauskleidung von 10 cm Mindeststärke, 430 m verstärkt durch eine zusätzliche 7,5 cm dicke Gunitmanschette mit 600 bis 700 kg/lfd.m Rundstahlbewehrung und schließlich 520 m Blechpanzerung.

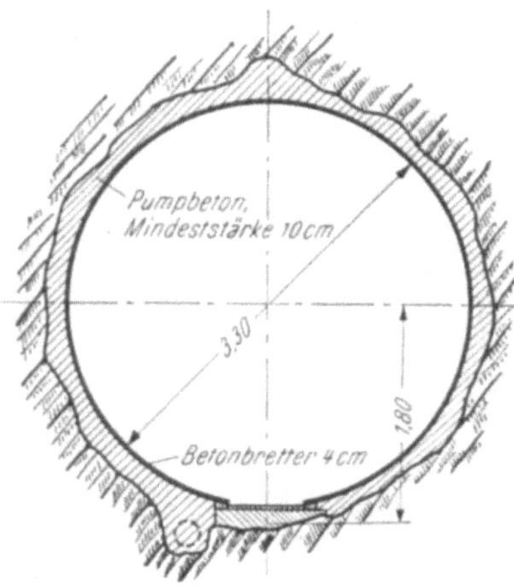

Abb. 35. Auskleidung mit Manschette aus imprägnierten Betonplatten. [Nach „Schweiz. Bauztg." B. 120 (1942), S. 36, Abb. 11.]

Eine weitere Anwendung dieses Verfahrens mit Betonplattenmanschette ist nicht bekannt geworden.

In bezug auf die Rißgefahr hat die beschriebene Methode im wesentlichen die gleichen Schwächen, wie eine gewöhnliche Auskleidung. Die Wasserdichtheit kann also nur erhalten bleiben, solange sich die radialen Bewegungen im Rahmen des Deformationsvermögens der Gebirgsverkleidung abspielen. Darüber hinaus darf man aber den höherwertigen Betonplatten keinen großen zusätzlichen Dichtungseffekt zumuten, weil dann entweder die radialen Fugen aufgehen oder voraussichtlich infolge Behinderung des Gleitens der Platten schon vorher durchgehende Längsrisse entstehen.

4,24. Verbundsysteme mit Bewehrung

4,241. Stahlbetonauskleidung

In Verkennung ihrer Zweckbestimmung hat man auch von der Stahlbetonbauweise Gebrauch gemacht, um Druckstollen wasserdicht auszukleiden. Dabei

---

[1] Vgl. „Das Kraftwerk Innertkirchen, die zweite Stufe der Oberhasliwerke" von Ing. W. JEGHER in „Schweizerische Bauzeitung" 1942, Bd. 1920, Nr. 3 und 4, S. 36 und 37.

soll das unzulängliche Widerstandsvermögen des Gebirges durch eine entsprechend bemessene Ringbewehrung ersetzt werden.

Eine Möglichkeit der Anordnung der letzteren zeigt der in Abb. 36 dargestellte Querschnitt.

Bei der Berechnung der Bewehrung wird meistens die Bedingung gestellt, daß sie imstande sein solle, den Innendruck allein oder nach Maßgabe einer angenommenen Mitwirkung des Gebirges ohne Überschreitung der Streckgrenze aufzunehmen. Beim Kraftwerk HERLANDSFOSSEN, wo man versuchte, den zunächst im unausgekleideten Zustand gerissenen Druckstollen durch eine Stahlbetonauskleidung dicht zu bekommen, wurde z. B. die Bewehrung für den vollen Innendruck, vermindert um das Gewicht der Überlagerung, bemessen[1].

Solche oder ähnliche Berechnungsannahmen beweisen indessen, daß der Einfluß einer Stahlbewehrung auf die Rißsicherheit und Wasserdichtheit sowie auf die Entlastung des Gebirges von Grund auf verfehlt beurteilt wird.

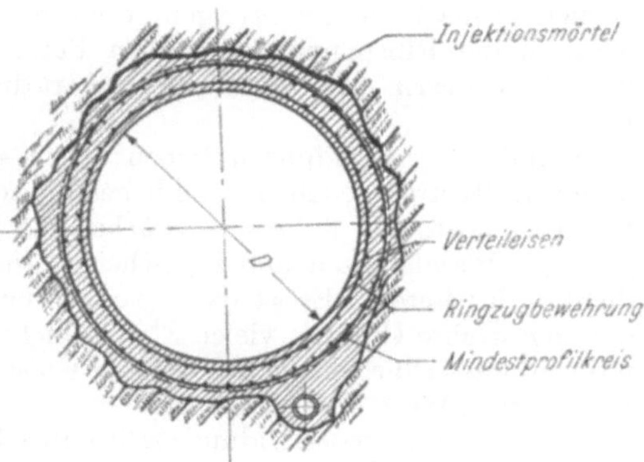

Abb. 36. Stahlbetonauskleidung.

Wenn wir zunächst von den unvermeidlichen Arbeitsfugen absehen, so wissen wir, daß der Beton nur solange dicht bleibt, als seine Zugfestigkeit nicht überschritten wird. Die Beanspruchung der Bewehrung ist dabei

$$\sigma_e = n \cdot \sigma_b. \tag{84}$$

Unterstellt man einen Beton mit einer Bruchfestigkeit von $s_z = 30$ kg/cm² und einem $n = 10$, so kann der Stahl vor Eintritt von Zugrissen höchstens auf $\sigma_e = n \cdot s_z = 300$ kg/cm² ausgenützt werden. Bei Verwendung von Baustahl St 37 S beträgt also die Zugbeanspruchung im Bruchstadium des Betons nur rund $1/_7$ der Streckgrenze (etwa 2200 kg/cm²).

Sobald aber der Beton reißt, kann der Stahl seinen Dichtungszweck nicht mehr erfüllen. Das Haftvermögen des Betons an den Rundeisen und deren Zugwiderstand bewirkt zwar, daß anstelle weniger klaffender Längsspalten, die für eine unbewehrte Auskleidung kennzeichnend sind, zunächst zahlreichere Risse mit geringer Öffnungsweite auftreten; dadurch wird aber der Wasseraustritt nicht mehr nennenswert gehemmt. Man denke dabei nur an ein freiliegendes Stahlbetonrohr, das durch Innendruck bereits gesprengt ist.

Vergleicht man nun eine bewehrte Auskleidung mit einer unbewehrten gleicher Stärke und unter der Annahme gleicher Bettungsverhältnisse im Gebirge, so kommt man zum Ergebnis, daß sich der Effekt der teuren Bewehrung auf die Ausnutzung einer Zugspannung von 300 bis vielleicht 400 kg/cm² und auf eine Vergrößerung des wirksamen Betonquerschnittes von f_b auf $f_b + n \cdot f_e$ beschränkt. Die weitere Funktion der Bewehrung bei wachsendem Innendruck in bezug auf die Verhinderung von Wasserverlusten und Entlastung des Gebirges ist durchaus fragwürdig und daher von geringem praktischen Wert.

---

[1] Vgl. Abschnitt 2,32.

In diesem Zusammenhang sind die Versuche mit einer 25 cm starken, gut hinterpreßten und mit einem engmaschigen Stahlgitter bewehrten Betonauskleidung, die beim Bau des Kraftwerkes ROSSENS-HAUTERIVE (Schweiz) in einer 8 m langen Druckkammer von 5,50 m $\oslash$ vorgenommen wurden, besonders aufschlußreich[1]. Man kam dort zu folgenden Ergebnissen: „Der Betonring entlastet den Fels nur bei niedrigem Druck. Wenn die Zugspannung im Beton 40 kg/cm² übersteigt, so reißt der Ring plötzlich, und dies sowohl in der bewehrten als auch in der unbewehrten Zone. Dies bestätigt den heutigen Stand der auf diesem Gebiete gemachten Erfahrungen, wonach sogar starke und sehr dichte Eiseneinlagen die Rißspannungen in den Betonverkleidungen nicht beträchtlich zu beeinflussen vermögen. Das Wasser sickert durch den Beton, sobald dieser gerissen ist."

Stahlbetonauskleidungen haben aber — abgesehen von den auch bei den üblichen Rüstmethoden gewöhnlicher Auskleidungen unvermeidlichen Arbeitsfugen — noch eine weitere Schwäche. Die Bewehrung behindert, vor allem bei geringen Wandstärken und im Scheitel, ein sachgemäßes Einbringen und Verdichten des Betons. Es ist daher von vorneherein damit zu rechnen, daß dieser die angestrebte Güte an vielen Stellen nicht erreicht und im Bereiche von Kiesnestern wasserdurchlässig ist. Dieser Umstand vermindert noch weiterhin den praktischen Wert der Armierung.

Eine Stahlbetonauskleidung stellt daher keine zweckmäßige Bauweise dar, um eine wasserdichte Stollenröhre zu erzielen, nachdem ihr hiefür sowohl die technische als auch die wirtschaftliche Eignung mangelt.

Für die Eisenaufteilung können verschiedene Gesichtspunkte maßgebend sein. In der Regel wurde eine doppelte Bewehrung mit einer inneren und äußeren Ringlage gemäß Abb. 36 gewählt. Wichtig ist dabei eine entsprechende Wandstärke und die Anordnung ausreichender Abstände zwischen den Eisen, damit ein sachgemäßes Einbringen des Betons nicht allzusehr erschwert oder gar verunmöglicht wird.

Üblicherweise fixiert man die planmäßige Lage der doppelten Bewehrung durch Abstandsbügel. Aus Transportgründen müssen die Eisen meistens gestoßen werden. Dies geschieht am zweckmäßigsten über den durch die vorauseilende Sohle bedingten Arbeitsfugen. In nicht standfesten Strecken muß eine Bergsicherung entweder durch eine Vorauskleidung oder auf eine andere geeignete Weise vorangehen[2].

Im Druckstollen des Kraftwerkes Amsteg der Schweizerischen Bundesbahnen kamen z. B. nach dem Mißerfolg im Ritomwerk Stahlbetonringe mit doppelter Bewehrung als Dichtungsschutz der an einigen Stellen notwendig gewordenen Vorauskleidung aus Klinkermauerwerk zur Anwendung. Dabei wurden Ringeisen mit 20 mm $\oslash$ so verlegt, daß ihr Abstand von Mitte zu Mitte 12,5 cm und von der Schalung 6 cm betrug. (Statischer Druck am Stollenanfang rund 1,5 und beim Wasserschloß 2,6 atü, $\oslash$ 2,80 m, Betonstärke 30 cm.)

In Österreich erhielten in dem im Jahre 1930 in Betrieb genommenen rund 2.5 km langen Druckstollen des Vermuntwerkes etwa 600 m in gestörtem Gneisgebirge eine 25 cm starke Stahlbetonauskleidung. Als doppelte Ringbewehrung sind hier auf 1 m Stollen je 9 Eisen $\oslash$ 18 mm eingebaut. Deren Mitten haben folgende radiale Abstände: von der Innenleibung 6 cm, zwischen den beiden Lagen 15 cm und vom Fels mindestens 4 cm. Die inneren Längseisen sind in Abständen von 30 cm, die äußeren zwischen den ersteren verlegt. Beide weisen

---

[1] Vgl. Kapitel 5 „Versuche und Erprobungen".
[2] Vgl. Abschnitt 4,6.

einen Durchmesser von 12 mm, je 6 innere und äußere jedoch einen solchen von 18 mm auf. Diese Bewehrung hat ein Gewicht von rund 500 kg/m. Der Einbau des Betons (Zementgehalt 300 kg/m³) erfolgte in der Sohle und in den Ulmen von Hand, in der Firste hingegen auf pneumatischem Wege (statischer Betriebsdruck im Stollen rund 3,5 atü, ⌀ 2,80 m). Beim Vermuntwerk wurden die beiden 70 m langen unteren Kammern des Wasserschlosses (⌀ 4,50 m) sowie der rund 30 m hohe Schacht des letzteren (⌀ 3 m) ebenfalls mittels Stahlbeton ausgekleidet.

In weiterer Folge hat man dieses Verfahren in Vorarlberg wegen der erörterten Mängel nicht mehr verwendet. Dessenungeachtet wurde jedoch von ihm bei verschiedenen ausländischen Stollenbauten bis in die jüngste Zeit Gebrauch gemacht.

4,242. Bewehrte Torkretmanschette

Bei dieser Bauweise, die dem Wesen nach auf dem gleichen Prinzip wie die Stahlbetonauskleidung beruht, ergänzt eine bewehrte Torkretmanschette (auch Gunitmanschette genannt) als zusätzliche Dichtungsschale die Aufgabe

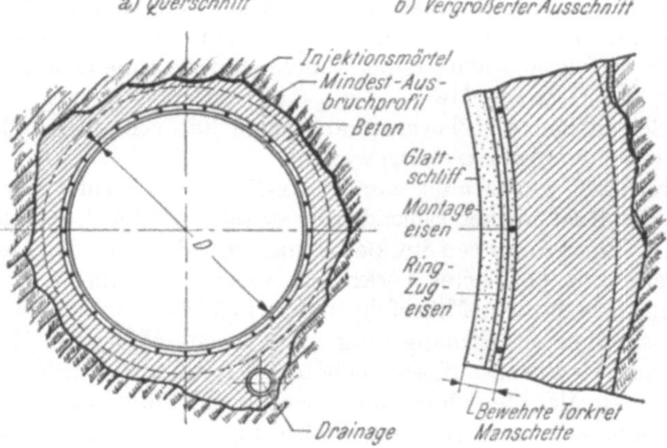

Abb. 37. Kombinierte Auskleidung mit bewehrter Torkretmanschette.

der Gebirgsverkleidung. Aus Abb. 37 ist die dadurch bedingte Gliederung des Querschnittes ersichtlich.

Dabei entspricht der äußere Betonring einer gewöhnlichen Auskleidung der schon beschriebenen Art[1]. Diese wird dann noch an der inneren Leibung durch eine etwa 7 bis 8 cm dicke, entsprechend armierte Torkretschale verstärkt.

Für die Bemessung der Eisen sind ähnliche Unterstellungen und Bedingungen wie bei Stahlbetonauskleidungen üblich. Meistens hat man dann ohne Rücksicht auf das tatsächliche Kräftespiel so gerechnet, daß die Eisen in der Lage sind, den ganzen Innendruck aufzunehmen, dafür jedoch, sozusagen als Kompensation, eine Zugbeanspruchung von 1500 kg/cm² bis nahe an die Streckgrenze zugelassen.

Eine solche Bemessungsregel befriedigt aber auch in diesem Falle nicht, weil die Dichtungsmanschette ihren Zweck nur erfüllen kann, solange der Ringkörper nicht durch Risse gesprengt wird. Ordnet man z. B. dem Torkret eine Zugfestigkeit von $s_z = 50$ kg/cm² zu, so ergibt sich mit $n = 10$ im Stadium

---

[1] Vgl. Abschnitt 4,221.

des Bruches eine Stahlspannung von $\sigma_e = 500 \text{ kg/cm}^2$, so daß also etwa $^2/_3$ bis $^3/_4$ der Materialgüte ungenützt bleiben. Wenn man nun der Bemessung der Eisen trotzdem eine zulässige Beanspruchung von etwa 1500 bis 2000 kg/cm^2 zugrundelegt, so rechnet man dabei von vorneherein mit einer entsprechenden Entlastung durch das Gebirge, ohne diese im einzelnen nachweisen zu können. Es wurde dies zwar mit den Rohrformeln versucht[1], doch sind solche Berechnungen in bezug auf die Rißsicherheit infolge Nichterfüllung der meisten hiefür geltenden Voraussetzungen so wenig überzeugend, daß es sich nicht lohnt. auf diese näher einzutreten.

Die gegenständliche Auskleidung ist sonach, ebenso wie die früher besprochene Stahlbetonbauweise, eine Kompromißlösung, bei der die konstruktive Verteilung der Baustoffe der gestellten Aufgabe nur in beschränktem Maße gerecht werden kann. Eine der Materialgüte entsprechende Ausnützung des Stahles läßt sich mit diesen Methoden daher überhaupt nicht, sondern vielmehr nur mit einer vorgespannten Auskleidung oder einer Panzerung bewerkstelligen.

Immerhin ist die Bauweise mit bewehrter Torkretmanschette bei gleichartigen Bettungsverhältnissen und gleichem Eisengewicht der Stahlbetonauskleidung hinsichtlich abdichtender Wirkung überlegen, weil der Torkret fugenlos aufgetragen wird und eine gewisse Zugfestigkeit verbürgt. Dessenungeachtet schwinden die Erfolgsaussichten mit zunehmendem Innendruck und mit Verschlechterung der Gesteinsgüte.

Auf die Schwächen der Torkretmanschette hat schon Dr. Mühlhofer in dem bereits zitierten Aufsatz hingewiesen[2].

In jüngerer Zeit wurde auch von Frey-Baer auf Grund der Versuche im Druckstollen des Kraftwerkes Lucendro[3] bestätigt, „daß sich mit der Rundeisen-Armierung die Zugspannungen im Beton nur unbedeutend herabsetzen lassen".

Die Bauweise mit bewehrter Torkretmanschette war aber trotz aller Mängel, die ihr anhaften, nach dem Mißerfolg in Ritom bis zur praktischen Einführung der Vorspannsysteme in Ermangelung einer zweckmäßigeren Möglichkeit. die zur Lösung der Dichtungsaufgabe beliebteste und am häufigsten gebrauchte Methode, wo man glaubte, ohne eine Spezialauskleidung nicht mehr das Auslangen zu finden, sich aber für eine Panzerung aus Kostengründen nicht entschließen konnte.

Den ersten Vorschlag für eine Stollenauskleidung mit engmaschiger, innerer Armierung soll der Schweizer Ingenieur Maillart bereits im Jahre 1908 für das Albulawerk der Stadt Zürich[4] gemacht haben. Auf dessen Empfehlung vom Februar 1921 hin, wurde dann die kombinierte Auskleidung mit bewehrter Torkretmanschette nach vorgängiger Erprobung in einer Versuchsstrecke im Druckstollen des Kraftwerkes Klosters—Küblis auf 3050 m Länge angewandt[5].

Es folgten bald weitere Ausführungen dieser Art in Teilstrecken verschiedener Stollen in der Schweiz (Amsteg, Wäggital, Sernf), in Österreich (Partenstein, Teigitsch, Achensee, Vermunt) und in Deutschland (Walchensee. Murg). Nach dieser Anlaufperiode im Großwasserkraftausbau wurde von bewehrtem Torkret noch in vielen weiteren Fällen Gebrauch gemacht, nachdem man damit im allgemeinen befriedigende Ergebnisse erzielte. Bei diesen An-

---

[1] Vgl. Kapitel 3 „Einschlägige Formeln und Ableitungen".

[2] Vgl. „Der Bauingenieur" 1922, S. 601.

[3] Vgl. Kapitel 5 „Versuche und Erprobungen".

[4] Vgl. „Schweizerische Bauzeitung" 1928, Bd. 92, S. 292, Fußnote 4.

[5] Vgl. Abschnitt 4,21 mit Angaben über Felstorkretierung im gleichen Stollen.

lagen waren hiefür aber auch die Voraussetzungen deshalb günstig, weil dabei nur verhältnismäßig kleine Betriebsdrücke in der Größenordnung von etwa 3 bis 5 atü zu beherrschen waren.

In bezug auf die Bewehrung ist noch zu erwähnen, daß diese entweder in Spiralen oder in einzelnen Ringen eingebaut wird. Soferne der Transport ganzer Ringe wegen Profilverengungen nicht möglich sein sollte, können diese auch aus zwei Teilstücken an Ort und Stelle zusammengeschweißt oder mittels Übergriff verbunden werden. Die Stärken der Eisen sind so zu wählen, daß zwischen ihnen ein Abstand von mindestens 2 bis 3 cm verbleibt. Die üblichen Durchmesser waren für Ringeisen etwa 14 bis 24 mm und für Längseisen 5 bis 12 mm.

Weitere Einzelheiten über diese traditionelle Sonderbauweise und ihre Anwendung können der einschlägigen Literatur entnommen werden.

4,25. Auskleidungen mit dehnbarer Dichtung

Nach einer alten Idee, die schon wiederholt variiert wurde, soll die Abdichtung der Stollenröhre durch eine dehnbare Dichtung erfolgen, die imstande sein müßte, in Anlehnung an eine Gebirgsverkleidung gewöhnlicher Art, die Deformationen der letzteren mitzumachen, ohne zu reißen. Als Dichtungsmittel hat man u. a. Bitumenpappe und -anstriche, Metallfolien oder dünnwandige Blechrohre sowie in neuerer Zeit auch den Kunststoff „Oppanol" vorgeschlagen. Die gegen mechanische Einwirkungen empfindliche Dichtungshaut sollte durch einen Schutzring aus Beton, Stahlbeton oder Formsteinmauerwerk vor Verletzungen bewahrt bleiben.

Die erste Anregung für eine solche kombinierte Auskleidung stammt von der SIEMENS-Bauunion G. m. b. H. Kdtges. Berlin[1]. Ihr Querschnitt ist aus Abb. 38 ersichtlich.

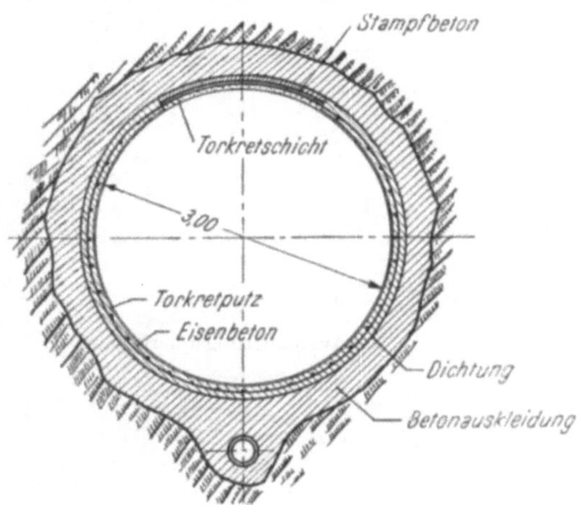

Abb. 38. Kombinierte Auskleidung mit dehnbarer Dichtung. [Nach „Der Bauingenieur" 1925, H. 4, Abb. 3.]

Verfahrensgemäß ist zunächst der Felsstollen in der üblichen Weise mit Beton zu verkleiden, der in gebrächem Gebirge erforderlichenfalls bewehrt werden soll; dann folgt das Aufkleben einer Asphaltpappedichtung in zwei bis höchstens vier Lagen und der Einbau eines Schutzringes aus Stahlbeton, wofür ziemlich verwickelte Vorschriften gemacht wurden; schließlich soll dessen innere Leibung noch einen 2 cm starken Torkretputz erhalten.

Beim Bau des Spullerseewerkes der Österreichischen Bundesbahnen entschloß man sich zur Ausführung eines Versuchsstollens mit einer solchen Pappeeinlage, die man fälschlicherweise „elastische Dichtung" benannte. Die Erprobung endete indessen mit einem Mißerfolg[2]. Dieser wurde mit der außergewöhnlich

---

[1] Vgl. „Über die Auskleidung von Druckstollen mit besonderer Berücksichtigung der Verwendung einer elastischen Dichtung" von Dr. Ing. WALCH in „Der Bauingenieur" 1925, H. 4.

[2] Vgl. Kapitel 5 „Versuche und Erprobungen".

schlechten Beschaffenheit des Gebirges erklärt; es mußte Zimmerung in der
äußeren Verkleidung belassen werden, wodurch es bei den Druckversuchen zu
starken Rißbildungen im Beton, besonders im Firstbereich kam, die auch ein
Versagen der Dichtung zur Folge hatten. Man hätte ferner versäumt, das An-
kleben der letzteren am inneren Schutzring durch Einlegen von Ölpapier zu
verhindern.

Der erste Versuch mußte bei einem Druck von 1,8 atü, der zweite, der nach
Einbau einer neuen Auskleidung vorgenommen wurde, bei 4,4 atü aufgegeben
werden.

Walch bemerkt in seiner Veröffentlichung dazu, daß einer „elastischen Dichtung" keine statische Aufgabe zugemutet werden kann und daß sie nie in der

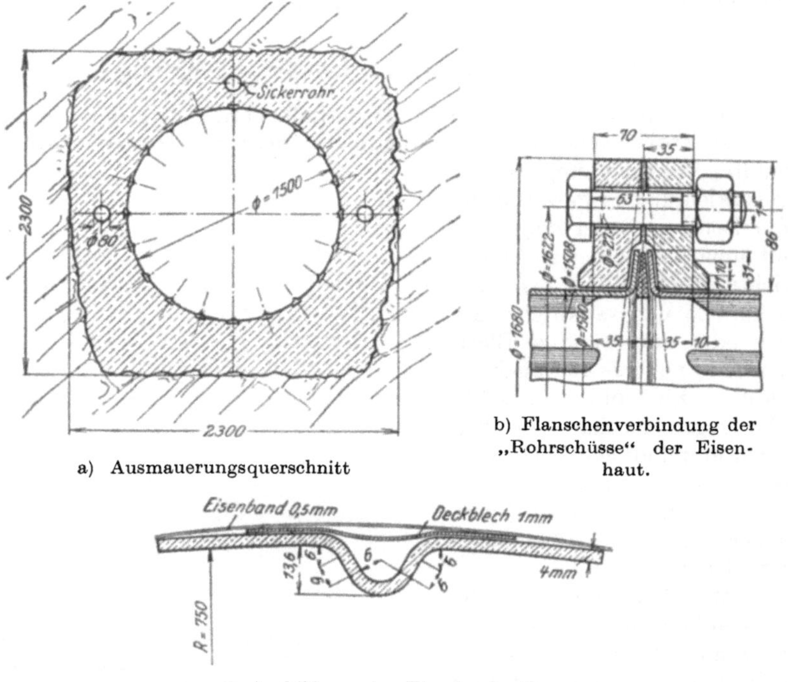

a) Ausmauerungsquerschnitt

b) Flanschenverbindung der
„Rohrschüsse" der Eisen-
haut.

c) Ausbildung der Eisenhautwelle.

Abb. 39. „Elastische Eisenauskleidung" im Druckschacht des Pallanzenowerkes.
[Aus E. Randzio: „Stollenbau", S. 214, Abb. 157, 158 und 159.]

Lage sei, den Druck aufzunehmen, wenn der äußere Betonmantel vollkommen
gerissen ist.

Diese Aussage bestätigt schon zur Genüge, daß man von einer solchen Auskleidung in nachgiebiger Hülle keinen großen Erfolg erwarten darf, weil sich
auch ihr Dichtungseffekt mit der Rißbildung im Beton erschöpft.

Durch den Innendruck wird nämlich die Pappe zwischen den beiden Betonringen so fest eingespannt, daß ihr am Ort eines Risses im Beton das Dehnvermögen mangelt, um den sich öffnenden Spalt zu überbrücken und gleichzeitig
dem radialen hydraulischen Andruck standzuhalten. Es ist dabei allerdings
nicht ganz gleichgültig, welches Mittel für die Dichtung verwendet wird. Stoffe
mit großer Elastizität, wie z. B. Gummi, könnten die Wasserdurchlässigkeit
vielleicht etwas verzögern, aber bei klaffenden Rissen wohl kaum dauernd

durch die sich bildende dünne Membrane verhindern. Umso geringer sind die Erfolgsaussichten mit den anderen eingangs erwähnten Stoffen, die ein kleineres Dehnvermögen aufweisen.

Auf dem gleichen Prinzip beruht die elastische Eisenauskleidung nach den Patenten der Società Edison und ihres Bauleiters MARINONI[1], die in den Jahren 1925/26 im Druckschacht des in der Nähe von Domodossola in Oberitalien gelegenen Pallanzenowerkes eingebaut wurde. Der maximale Druck beträgt 540 m. Die Querschnittsgestaltung ist aus Abb. 39 ersichtlich.

Der Abdichtung diente hier eine innere Verkleidung aus 4 mm starken, gewellten Blechrohren. Die 6 m langen Schüsse wurden mittels entsprechend bemessenen Flanschen verschraubt. Die nach dem Rohrinnern erhabenen und in Abständen von 30 cm angeordneten Längswellen waren außen gegen das Eindringen von Hinterfüllbeton durch 1 mm starke, mit Eisenbändern gehaltene Deckbleche gesichert. Zum Schutze gegen Einbeulen der Rohre bei Entleerungen wurde die Bettung sorgfältig drainiert.

Den zitierten Quellen zufolge ist aber auch hier bei der Probefüllung die Dichtungshaut mit dem Beton gerissen. Die Ursache dürfte wiederum das ungenügende Dehnvermögen am Ort der Aufspaltung des Betons gewesen sein. Das Blech wird eben trotz der Wellen überanstrengt, weil es von einem bestimmten Innendruck an so gegen den Beton gepreßt und am Gleiten durch Reibung behindert wird, daß die nächste Falte gar keine Entlastung mehr bringen kann. Die Rohre haben ferner im Bereiche der Stöße auch noch andere konstruktive Schwächen, die für die Rißbildung mitverantwortlich sein können. In Ermangelung einer näheren Beschreibung der Brucherscheinungen läßt sich aber über den unmittelbaren Anlaß für das Versagen dieser Auskleidung im vorliegenden Falle keine bestimmte Aussage machen.

4,26. Blechpanzer
4,261. Zweckbestimmung von Panzerungen

Im Gegensatz zu den bisher besprochenen Auskleidungen stellt ein Blechpanzer bei entsprechender Bemessung und Ausführung eine zugfeste und wasserdichte Umhüllung der Stollenröhre dar. Seine Anwendung wird meistens dort spruchreif, wo das Gebirge wegen zu geringer Überlagerung nicht imstande ist, den Innendruck aufzunehmen oder wo dieser eine solche Höhe erreicht, daß man — obwohl die Stabilität der Hülle nicht im Zweifel steht — mit anderen Systemen die Abdichtung nicht mehr mit Sicherheit zu beherrschen vermag. In solchen Fällen ist eben der Stahl schließlich trotz des verhältnismäßig hohen Preises der gegebene Baustoff, um die gestellte Aufgabe in wirtschaftlichster Weise technisch einwandfrei zu lösen.

Als Zweckbestimmung eines Blechpanzers ergibt sich daraus zwangsläufig die Aufgabe, daß er unter den jeweils gegebenen Voraussetzungen bei Wahrung entsprechender Sicherheit jede Gebirgsbruchgefahr durch den Innendruck oder durch Wasserinfiltrationen in seinem Bereich auszuschließen hat. Dabei verbürgt er gleichzeitig im Vergleich zu anderen Stollenwandungen auch bessere hydraulische Eigenschaften.

Die geschilderten Voraussetzungen für die Anordnung eines Panzers treffen bei allen hangnahen, unter Druck stehenden Untertagbauwerken zu, so ins-

---

[1] Vgl. a) Dr. Ing. O. WALCH: Die Auskleidungen von Druckstollen und Druckschächten, S. 176 und 177; b) Dr. jur. Dr. Ing. RANDZIO: Stollenbau, S. 212—214.

besondere bei den Stollenenden vor ihrem Übergang in Rohrleitungen sowie bei Wasserschlössern und Druckschächten mit geringer Bergvorlage.

Die im letzten Abschnitt beschriebene Bauweise mit einem dünnwandigen gewellten Blechrohr als Dichtungshaut ist für diesen Zweck gänzlich ungeeignet, weil sie im Sinne ihrer Bestimmung nicht befähigt ist, das Gebirge vom statischen Einfluß des Innendruckes zu entlasten. (Aus diesem Grunde wurde sie auch dem Abschnitt, der die Auskleidungen mit dehnbarer Dichtung beinhaltet, zugeordnet.)

Blechpanzer hat man ferner schon wiederholt in Druckstollen für Dichtungszwecke bevorzugt, wo auch eine andere, billigere Bauweise zum Ziel geführt hätte. In solchen Fällen war vielleicht schließlich die subjektive Beurteilung der erzielbaren Sicherheit und der sonstigen maßgebenden Umstände für die Systemwahl entscheidend.

Der technische Fortschritt auf dem Gebiet der Herstellung und des Einbaues von Panzerrohren und die inzwischen gesammelten Erfahrungen haben dazu geführt, daß man mehr und mehr von der Ausführung offen verlegter Falleitungen zugunsten von gepanzerten Druckschächten abkommt. Diese Umstellung ist in der größeren Wirtschaftlichkeit und Betriebssicherheit der letzteren begründet. Ihre entscheidenden Vorteile sind: Großer Spielraum bei der Auslegung des Schluckvermögens; erhebliche Stahlersparnis infolge Mitwirkung des Gebirges bei der Aufnahme des Innendruckes; wesentliche Verkürzung der Druckleitung, wenn man gleichzeitig die Zentrale unterirdisch anordnet; Erhöhung der Betriebssicherheit infolge Wegfall der Frostgefahr sowie anderer nachteiliger äußerer Einflüsse (Lawinen, Steinschlag usw.); schließlich Entfall eines äußeren Korrosionsschutzes und seiner Erhaltung. Alle diese Umstände bedingen, daß gepanzerte Druckschächte im neuzeitlichen Wasserkraftausbau bei Hochdruckanlagen in allen jenen Fällen praktisch unentbehrlich geworden sind, in denen Falleitungen über Tag unwirtschaftlich wären und andere Auskleidungen wegen zu hohem Innendruck nicht in Betracht kommen.

4,262. Bemessung und konstruktive Belange

Für die Bemessung von Blechpanzern gibt es noch keine verbindlichen Vorschriften oder Normen. Es bestehen daher auch in bezug auf die Mitwirkung des Gebirges und den anrechenbaren Anteil an der Aufnahme des Innendruckes in der Fachwelt geteilte Meinungen. Diese Frage ist bei Druckstollen deshalb kaum von Bedeutung, weil hier die Blechstärke meistens aus transport- oder montagetechnischen Gründen oder mit Rücksicht auf den Bergwasserdruck stärker gewählt wird, als sie der Innendruck verlangt. Hingegen hat sie bei Druckschächten eine nicht unerhebliche Auswirkung auf die Wirtschaftlichkeit.

Die Bemessung der Wandstärke erfolgt üblicherweise nach der Kesselforme für ein gedachtes frei liegendes Rohr, also unter der Annahme der Ausschaltung einer Mitwirkung des Gebirges. Dabei wird anstelle des Innenradius a_1 der Außenradius a_2 eingeführt, um dem Einfluß der radialen Druckspannung auf den Vergleichsspannungswert als Maß der örtlichen Anstrengung des Werkstoffes und dem Einfluß der ungleichen Verteilung der tangentialen Zugspannungen über die Rohrdicke Rechnung zu tragen. Setzt man ferner unter diesen Voraussetzungen die zulässige Spannung $s_z = f \cdot \sigma_S$ [1], so ergibt sich die Wandstärke d aus der Gleichung

$$d = \frac{p \cdot a_2}{s_z} = \frac{p \cdot a_2}{f \cdot \sigma_S} \; ; \tag{85}$$

[1] Vgl. Abschnitt 1,66.

dabei bezeichnet f den Bettungsfaktor, σ_S die Streckgrenze und p den Bemessungs-druck (statischer Größtwert plus Zuschlag für Druckstöße).

Die in Österreich von der Aufsichtsbehörde in der letzten Zeit verlangten Sicherheiten entsprechen den bereits bei der Besprechung der Stollenbaustoffe angegebenen Werten für den Bettungsfaktor f.

Ein Problem bleibt allerdings die Beurteilung der Güte des Gebirges. Um hierüber vor der Rohrbemessung einigermaßen Klarheit zu schaffen, werden die verschiedenartigsten Methoden angewandt. Mit Versuchsstollen erhält man zwar guten Aufschluß über die örtliche Beschaffenheit, doch weiß man dann noch nicht, wie sich der übrige Bereich des Druckschachtes in Wirklichkeit ver-hält.

Beim Lünerseewerk wurden zur Erforschung der Gebirgsbonität umfang-reiche seismische Messungen durch Impulsgebung mittels -Hammerschlag oder Sprengdetonation ausgeführt. Die daraus abgeleiteten dynamischen Moduli lassen dann Rückschlüsse auf die statischen Eigenschaften zu. Der statische Ver-formungsmodul wurde ferner an zahlreichen Stellen nach einem neuartigen, von der Électricité de France (Chambéry) entwickelten Verfahren ermittelt, bei dem 80 cm tiefe Löcher, die einen Durchmesser von 167 mm aufweisen, als Miniatur-versuchsstollen mit Drücken bis zu 150 atü abgepreßt werden. Die Abdichtung erfolgt dabei durch ein weichgeglühtes Aluminiumrohr. Diese Methode ist aber leider nur in gutem geschlossenem Fels praktisch anwendbar.

Der geschilderte Berechnungsvorgang für die Panzerung ist nicht darauf ab-gestellt, den wirklichen Vorgängen auf den Grund zu gehen. Es finden dabei z. B. keine Berücksichtigung: Die oft beträchtlichen Unterschiede des Widerstands-vermögens der Gebirgshülle in den verschiedenen Richtungen; der „tote Gang" der Bettung bis zum Eintritt des Kraftschlusses (insbesondere abhängig von der Art und Güte der Verpressung der Kontaktfugen zwischen Rohr und Bettung sowie zwischen der letzteren und dem Fels); der Einfluß des kalten Betriebs-wassers usw.

Die Gl. (85) in Verbindung mit der Annahme eines Wertes für f (1,00, 0,80, 0,65 oder 0,545) ist sonach nur als eine Art Faustregel zu bewerten, die aber auf Grund der Erfahrung bei Anwendung der bewährten Methoden für die Montage und Betonierung der Bettung ausreichende Rißsicherheit für die Panzerung er-warten läßt.

In diesem Zusammenhang sind die von der Électricité de France in jüngerer Zeit mit modernsten Spezialgeräten vorgenommenen Messungen in den Panzer-strecken von vier Wasserkraftanlagen interessant, weil sie erkennen lassen, in welchem Bereich die Mitwirkung des Gebirges streuen kann.[1] Die Mittelwerte ihrer Ergebnisse sind in der Zahlentafel 6 zusammengestellt.

Danach betrug bei diesen Panzern der vom Gebirge übernommene Anteil des Innendruckes zwischen 31 und 97%. Bemerkenswert ist auch die Fest-stellung, daß im Druckschacht Randens die Deformationen des Panzers z. T. gleichmäßig über den Umfang verteilt, z. T. nur in einer Richtung, z. T. aber in einer Richtung als Verlängerung, in senkrechter Richtung dazu jedoch als Ver-kürzung aufgetreten sind. Man erkennt auch aus diesen Versuchen, daß die Be-anspruchung der Blechauskleidung von vielen Zufälligkeiten abhängt, und daß eine Mäßigung in bezug auf ihre Anstrengung geboten ist, wenn man sich nicht der Gefahr einer Rißbildung aussetzen will.

---

[1] Vgl. „Le comportement du rocher dans les galeries blindées. Résultat des mesures effectuées à Randens, Montpezat, Brévières, Serre — Ponçon" von G. LETERRIER in „La Houille Blanche" Numéro spécial A, Grenoble 1956.

Solange der Panzer intakt bleibt und keine gefährlichen Infiltrationen des Gebirges zu befürchten sind, ist dessen Belastung durch das sich deformierende Rohr verhältnismäßig gering. Es ist dann auch die Überlagerung kein direkter Vergleichswert für die Stabilität, weil eine lotrechte Scheibe von Durchmesserbreite nicht angehoben werden kann und auf alle Fälle auch die angrenzenden Keile mitwirken, bevor ein Gebirgsbruch zustande kommt. Gl. (85) ist daher in bezug auf die äußere Stabilität ebenfalls nur als Faustformel zu werten.

Zahlentafel 6. *Meßergebnisse der Électricité de France in Panzerstrecken*

Anlage	Art der Anlage	Tangentielle Spannung	Druckanteil aufgenommen vom			
			Panzer		Fels	
		kg/mm²	kg/cm²	%	kg/cm²	%
Randens	D. S.	2,8	1,8	10	13,0	90
Brévières	D. St.	7,9	5,6	26	15,8	74
Montpezat	D. S.					
Guter Fels		15	23,5	45	31	55
Schlechter Fels		15	28	69	12	31
Serre-Ponçon	V. St.	2	0,3	3	11,7	97

D. St. Druckstollen   [Aus „La Houille Blanche", Numéro spécial A (1956), S. 166.]
D. S.   Druckschacht
V. St. Versuchsstollen

Früher wurden bei Blechpanzern mit geringen Wandstärken häufig die Längs- und Rundnähte genietet; bei größeren Dicken hat man hingegen die Rohre entweder mittels Nietlaschen oder Muffen verbunden. Inzwischen erfolgte in Österreich eine vollkommene Umstellung auf die elektrische Schweißung.[1] Für geringe Wandstärken werden neben den Kesselblechen St 35 KT und St 41 KT auch der Hoch- und Brückenbaustahl St 37 T verwendet. Für dicke Panzer kommen vor allem die ALDUR-Stähle der VÖEST von ALDUR 35 bis ALDUR 58 oder der in Deutschland erzeugte Stahl UNION in Frage, der ebenso wie der vorher genannte eine Mindeststreckgrenze von 40 kg/mm² aufweist.

Für die Prüfung der Schweißnähte finden Röntgen-, Isotopen- und Ultraschalleinrichtungen Verwendung.

Ein heikles Problem bei Blechpanzern ist ihre Bedrohung durch die Einbeulgefahr infolge Bergwasserdruck. Man hat versucht, dieser Gefahr durch Drainagen zu begegnen, die bei Entleerungen geöffnet werden. Eine solche Lösung befriedigt aber meistens nicht. Andere Möglichkeiten sind: Vergrößerung der Blechstärke, Anbringung von Verankerungsschlaudern, Verstärkung durch Profileisenringe oder durch sogenannte Schubdübel[2]. Beim Lünerseewerk sind solche zusätzliche Maßnahmen unterblieben, weil man vorschreiben konnte, daß rasche Druckentlastungen in der Oberwasserführung über ein zulässiges Maß vermieden werden. Ein weiteres, wirksameres Mittel ist die Anwendung einer

---

[1] Vgl. „Neuere Österreichische Druckrohrleitungen und Druckschächte" von Prof. Dr. techn. ERNST CHWALLA in „Stahlbau Rundschau" 1955, H. 3, S. 17 ff.

[2] Vgl. „Das Einbeulen von Schacht- und Stollenpanzerungen" von Dipl.-Ing. E. AMSTUTZ in „Schweizerische Bauzeitung" 1950, Nr. 9, S. 102 ff.

hydraulisch vorgespannten Bettung, die aber nur bei Vorhandensein entsprechender Blechstärken in Frage kommt.[1]

Die Wahl der Rohrverbindung bestimmt im übrigen weitgehend das Mindestprofil. Nietungen erfordern die Anlage von Kriechgängen und Rundnischen, die dann wieder ausbetoniert werden müssen. Den geringsten Arbeitsraum verlangt die elektrische Innenschweißung, soferne in bezug auf die Nahtkontrolle keine überspannten Forderungen gestellt werden, die ein größeres Profil als das Einfahren der Rohre und deren Montage bedingen.

Für den Einbau des Bettungsbetons stehen verschiedene Möglichkeiten offen, z. B.: Vermittels eines Kriechganges von Hand und Verdichtung mittels Tauchrüttler, Firstschluß mit Spritzbeton; oder auf pneumatischem Wege durch Einpreßlöcher; oder mittels Pumpbeton. Bei Druckschächten wurde der Hohlraum ab und zu mit Gußbeton und in neuerer Zeit auch nach dem Prepaktverfahren verfüllt.

Die Kontaktinjektionen erfolgen durch die für diesen Zweck angeordneten Löcher, die nach Erfüllung ihrer Aufgabe wieder verpfropft und häufig zusätzlich verschweißt werden. Bei höheren Ringspannungen im Panzer ist jedoch ihre Dichtung wegen der ovalen Verformung der Bohrung sehr schwierig, Im Druckschacht des Lünerseewerkes hat man z. B. für den Verschluß der Injektionslöcher konische Pfropfen verwendet, die nach Einlage von graphitierten Aluminiumfäden eingedreht und dann mittels Spezialelektroden verschweißt wurden.

Blechpanzer bedürfen schließlich zur Erhaltung einer entsprechenden Lebensdauer eines geeigneten Korrosionsschutzes der Innenleibung. In bezug auf die hiefür zu verwendenden Mittel gibt es viele Möglichkeiten. Wichtig ist, daß die Rohre vor Aufbringen des ersten Films mit Sandstrahlgebläse vollkommen blank gemacht und getrocknet werden. Bei den Panzern des Lünerseewerkes wurden für den Innenanstrich im wesentlichen folgende zwei Methoden angewandt. Die eine besteht darin, daß zuerst ein Zinkfilm gespritzt oder von Hand aufgebracht wird, dem dann ein drei- bis vierfacher Anstrich aus einer Kunstharz-Chlorkautschuk-Ölkombination folgt. Auf diese Weise wurde eine Panzerstrecke im Druckstollen sowie der Taldüker Salonien samt Anschlußstrecken behandelt. In der Panzerstrecke ab Wasserschloß und im Druckschacht kam hingegen das sogenannte KREBBERverfahren zur Anwendung, bei dem zunächst 3 Handanstriche aus Kaltbitumen und schließlich ein Heißbitumen-Spritzfilm in einer Gesamtstärke von 3½ bis 4 mm aufgetragen werden. Solche Arbeiten erfordern den Einsatz einer die Feuchtigkeit entziehenden Klimaanlage.

4,263. Anwendung in Stollen

In Stollen werden Blechpanzer fast bei allen Übergängen der Triebwasserführung aus dem Gebirge an die Oberfläche, seltener hingegen für die Auskleidung von Strecken im Berginnern angewandt. Im ersten Falle ist diese Bauweise ein statisches Erfordernis, im zweiten hingegen meistens das Ergebnis eines Vergleiches verschiedener Möglichkeiten, wenn man glaubt, den Zweck mit einer anderen Methode nicht, oder zumindest nicht mit genügender Sicherheit erreichen zu können. Wegen der hohen Kosten und einer Reihe einbautechnischer Beschwernisse wird jedoch in Druckstollen, bei denen die Bestandsicherheit nicht in Frage steht, im allgemeinen nicht gerne von einer solchen Lösung Gebrauch gemacht.

Nachstehend folgt nun eine kurze Beschreibung je eines Panzerstollens neuester Bauart für eine Übergangsstrecke sowie für einen Abschnitt im Berg-

---

[1] Vgl. Abschnitt 4,35.

innern. Als erstes Beispiel wird der 480 m lange Panzerstollen des Lünerseewerkes zwischen Wasserschloß und der Sperrkammer Grüneck, als zweites die 230 m lange Blechauskleidung im Bereiche der Gips- und Anhydritstrecke im Zuge des Stollenabschnittes Lünersee—Salonien der gleichen Anlage herangezogen.

Der Panzerstollen Grüneck hat einen Durchmesser von 3,20 m und ein Sohlengefälle von 9%. Die Stahlauskleidung besteht hier aus 10 m langen, geschweißten Rohren der Güte ALDUR 47 von 15 bis 19 mm Wandstärke. Jedes Rohr weist am äußeren Ende eine Montagelasche auf, die gleichzeitig auch als Überdeckung der von innen verschweißten Rundnaht dient. Der Einbau erfolgte, beim Wasserschloß beginnend, in Fallrichtung.

Abb. 40. Panzerstollen Grüneck (Lünerseewerk);
Vorauskleidung mit Montagegleis.
(Aufgenommen am 7. 8. 1956.)

Der Stollen liegt in z. T. gebrächen Glimmerschiefern und erhielt auf seine ganze Länge eine injizierte Vorauskleidung. Die Abb. 40 zeigt hievon eine Aufnahme im Zustand vor Einbringung der Rohre, die Abb. 41 einen Regelquerschnitt.

Die Mindestweite des Hohlraumes um das Rohr betrug etwa 13 cm; diese genügte, um u. a. die Kontrolle der Verbindungsnähte stichprobeweise durch Röntgenaufnahmen mittels eines hiefür eigens konstruierten Wagens durchführen zu können. Für die Einfahrt der Rohrschüsse und ihre Stützung diente ein in der Bettung verbliebenes Montagegleis.

Die Verfüllung des Hohlraumes erfolgte nach beendeter Montage und Abmauerung beim Portal auf pneumatischem Wege durch die zu diesem Zwecke angeordneten Injektionslöcher vom Rohrinnern aus in einem Zuge mit horizontalem Mörtelspiegel von unten nach oben fortschreitend. Der Füllmörtel hatte folgende Zusammensetzung je m³: 465 kg Portlandzement, 279 kg Flugasche, 226 kg Sand 0,1—1 mm, 590 kg Sand 1—3 mm, 10 kg Injizierhilfe und 393 kg Wasser. Nachträgliche Zementinjektionen wurden nicht vorgenommen. Nach Verpfropfung und Verschweißung der Injektionslöcher sowie Anbringung des schon beschriebenen Korrosionsschutzes[1] war der Stollen betriebsbereit.

Für das zweite Beispiel, das eine Panzerung im Berginnern zum Gegenstand hat, ist der Querschnitt in Abb. 42 wiedergegeben.

Hier handelt es sich um eine Spezialmaßnahme in einer Gips- und Anhydritstrecke des mit etwas über 4% fallenden Stollens Lünersee—Salonien. Die

---

[1] Vgl. Abschnitt 4,262.

Vorauskleidung besteht in diesem Falle aus einer betonierten Sohle mit eingebautem Montagegleis und einem anschließenden 30 cm starken Stützring, der aus vorfabrizierten Betonformsteinen gemauert ist. Für diese Auskleidungs-

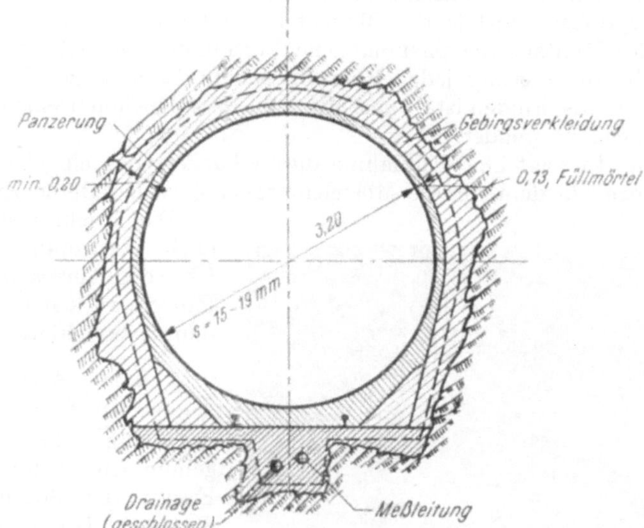

Abb. 41. Panzerstollen Grüneck (Lünerseewerk); Regelprofil.

teile wurde der gegen säurehältiges Wasser wenig empfindliche, kalkarme Supercilorzement verwendet. Nachdem die Abdichtung der Innenleibung so gut als

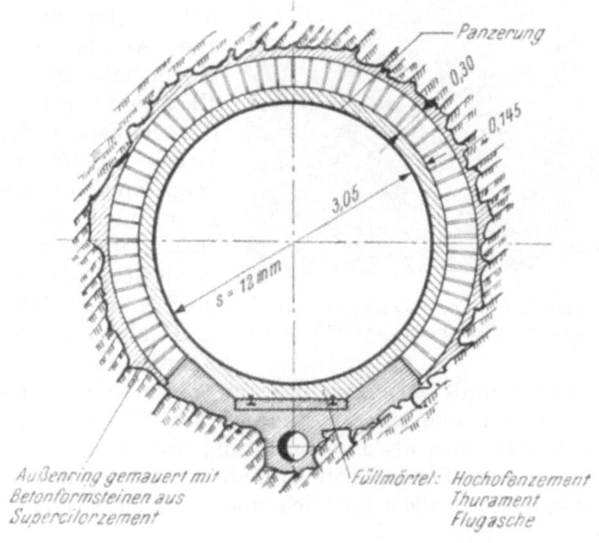

Abb. 42. Panzerstrecke Lün (Lünerseewerk); Regelprofil.

möglich bewerkstelligt war, konnte mit der Montage der Panzerrohre begonnen werden. Diese haben einen Durchmesser von 3,05 m. Mit 12 mm Wandstärke widerstehen sie einem Bergwasserdruck von 4 atü. In einer eigens für diesen

Zweck ausgeweiteten Stollenstrecke (Montagekammer) erfolgte der Zusammenbau der angelieferten Teilstücke zu 12 m langen Rohrschüssen, die dann an Ort und Stelle verbracht und von innen gegen die übergreifenden Decklaschen verschweißt wurden. Die Nahtkontrolle beschränkte sich hier auf eine stichprobeweise Überprüfung mittels des Magnet-Durchflutungsverfahrens. Dann folgte im Zuge der Montage die pneumatische Verfüllung des 14,5 cm starken Hohlringes nach Abmauerung jedes Rohrschusses in 12 m langen Zonen. Für den Mörtel wurde als Bindemittel eine Mischung aus Hochofenzement, Thurament und Flugasche verwendet.

Die Abb. 43 zeigt eine Aufnahme dieses Panzers mit eingebauten Hilfsaussteifungsringen in dem für die Mörteleinpressung vorbereiteten Zustand.

Abb. 43. Panzerstrecke Lün (Lünerseewerk) mit Stützringen für Hinterfüllung. (Aufgenommen am 16. 7. 1957.)

Die Injektionslöcher wurden nach Verpropfung verschweißt. Über den Korrosionsschutz dieses Panzers ist schon im letzten Abschnitt berichtet.

4,264. Anwendung in Schächten

Das im Jahre 1911 in Betrieb genommene Schnalstalwerk der Etschwerke Bozen—Meran war die erste Hochdruckanlage, bei der die bisher übliche offen verlegte Falleitung durch einen gepanzerten Druckschacht ersetzt wurde. Dessen Neigung beträgt rund 43°, die statische Druckhöhe beim Schachtfuß 318 m. Die Auskleidung besteht aus einem mit Beton hinterfüllten Blechrohr von 1,50 m Lichtweite, dessen Wandstärke bis zu einem Druck von 150 m nur 5 mm beträgt und von dort ab, der zunehmenden Belastung entsprechend, auf 18 mm ansteigt. Das Ausbruchprofil wurde dabei so groß gewählt, daß zwischen Rohr und Gebirge ein Arbeitsraum von mindestens 55 cm verblieb. Im anschließenden Horizontalstollen hat das mit Beton ummantelte Rohr einen Durchmesser von 1,20 m und eine Wandstärke von 21 bis 25 mm.

Dieser Druckschacht hat als Pionierleistung auf diesem Gebiet nach bald 50 jährigem anstandslosem Betrieb seine Bewährungsprobe längst bestanden und die Entwicklung eingeleitet, die schließlich zum heutigen Stande der Panzerungstechnik führte.

Zunächst orientiert die Zahlentafel 7 über die wichtigsten, in Österreich vorhandenen Bauwerke dieser Art sowie zum Vergleich auch über einige bemerkenswerte einschlägige Ausführungen im Ausland.

In der letzten Spalte der Zusammenstellung ist der aus den verfügbaren Unterlagen zurückgerechnete Bettungsfaktor f als Vergleichswert für die Sicherheit der Panzerrohre am Schachtfuß eingetragen. Dessen Ermittlung erfolgte in der Weise, daß zunächst die in der vorletzten Spalte ausgewiesenen fiktiven, im gedachten freiliegenden Rohr vom maximalen statischen Druck bewirkten Ringzugspannungen durch Einführung eines einheitlichen dynamischen Druckzuschlages von 20% an den Turbinen im anteiligen Verhältnis der Achslänge vom Wasserschloß bis zum Schachtfuß auf die vergleichbaren Bemessungsspannungen σ' umgerechnet wurden. Daraus erhält man schließlich als Verhältnis zur Streckgrenze σ_S den Bettungsfaktor

$$f = \frac{\sigma'}{\sigma_S}.$$

Beim Vergleich der so ermittelten Werte muß man sich aber vergegenwärtigen, daß für wassergasgeschweißte Rohre die zulässige Beanspruchung der Schweißnaht üblicherweise nur mit rund 90% jener des vollen Bleches angesetzt wurde. Ferner ist zu beachten, daß die Streckgrenze, wo die verwendeten Quellen hierüber keine Angaben machen, entweder geschätzt oder aus der bekannten Mindestbruchfestigkeit σ_B errechnet werden mußte; hiefür ist das Verhältnis $\sigma_S = 0{,}60 \, \sigma_B$ unterstellt.

Trotz dieser Unsicherheiten in bezug auf die Vergleichbarkeit der f-Werte geben letztere doch einen wertvollen Einblick in die bei den verschiedenen Anlagen unterschiedliche Ausnützung der gewählten Blechstärke. Auf eine weitergehende Analyse der für die Bemessung der einzelnen Panzer maßgebenden Zusammenhänge und Überlegungen unter Berücksichtigung der Gesteinsbeschaffenheit und Einbaumethoden kann aber im Rahmen dieser Darstellung nicht eingegangen werden.

Von den in der Zahlentafel 7 aufscheinenden Druckschächten sind besonders bemerkenswert:

a) Innertkirchen, ob der größten Schachtlänge (1904 m) und einer sehr sparsamen Bemessung der Panzerung ($f = 1{,}46$ bis $1{,}55$).

b) Rodund, ob der größten Betriebswassermenge (60 m³/s) und des größten Durchmessers (3,22/3,05 m) sowie der größten Sicherheitsreserve ($f = 0{,}82$).

c) Gerlos, ob der ungewöhnlichen Querschnittsgestaltung und der trotz kleinem Bettungsfaktor ($f = 0{,}83$) aufgetretenen Rohrbrüche.

d) Lünersee, ob des höchsten Bemessungsdruckes σ' (1130 m) und der größten Druckkraft $p \cdot D$ (2430 t/m).

Diese, durch die erwähnten Besonderheiten gekennzeichneten Anlagen werden nachstehend zwecks Orientierung über die wesentlichen Ausführungsdetails noch etwas näher beschrieben.

4,264,1. Innertkirchen

Der Druckschacht des Kraftwerkes Innertkirchen, der eine Rohfallhöhe von 672 m überwindet, wurde mit einer Lichtweite von 2,60/2,40 m für eine Betriebswassermenge von 36 m³/s bemessen. Die allgemeinen Anlageverhältnisse dieses bedeutenden, im Jahre 1943 in Betrieb genommenen Schachtes ergeben sich aus Abb. 44.[1]

Das Gebirge (Granitgneis) war trotz seiner Klüftigkeit und Nässe für eine Untertagausführung verhältnismäßig gut geeignet.

---

[1] Vgl. „Das Kraftwerk Innertkirchen, die zweite Stufe der Oberhasliwerke" von Ing. W. JEGHER in „Schweizerische Bauzeitung" 1942, Bd. 120, Nr. 3 bis 6.

Zahlentafel 7. *Zusammenstellung bemerkenswerter*

Lfd. Nr.	Benennung der Anlage Name der Gesellschaft	Jahr der Inbetriebnahme	Stahlsorte und Streckgrenze σ_S kg/cm²	Schrägschachtlänge m	Achsneigung gegen die Waagrechte
1	Schnalstal Etschwerke Bozen-Meran	1911	[2] 2000	450	43° 18′
2	Achensee Tiroler Wasserkraftwerke A. G.	1927	[2] 2000	513	45°
3	Handeck Kraftwerke Oberhasli A. G.	1932	[2] 2500	838	35° 40′ 4° 30′
4	Innertkirchen Kraftwerke Oberhasli A. G.	1943	Kesselblech[3] 2580	1004 810	31° 10′ 7°
5	Rodund Vorarlberger Illwerke A. G.	1943	[4] 2400	676	28° 50′
6	Gerlos Tauernkraftwerke A. G.[5]	1945	[6] [7] 2300	1270	29° 51′
7	Montpezat Électricité de France	1953	[8] 2400	1238	24° 30′
8	Oberstufe Kaprun Tauernkraftwerke A. G.	1955	ALDUR 2400	460	51° 15′
9	Lünersee Vorarlberger Illwerke A. G.	1957	UNION 40 4000	916	34° 25′

[1] $\sigma = \dfrac{p \cdot D}{2\,d}$; Vergleichswert für Schachtfuß ohne Anrechnung einer Gebirgsmitwirkung und ohne Berücksichtigung dynamischer Drucksteigerungen.

[2] Nicht bekannt, daher σ_S geschätzt.

[3] Aus USA mit $\sigma_B = 4300$ bis $4800\ \text{kg/cm}^2$ (Bruchfestigkeit).

[4] Oben Kesselblech M_I mit $\sigma_B = 3500$ bis $4400\ \text{kg/cm}^2$.

$\qquad\qquad M_{II}$ mit $\sigma_B = 4100$ bis $4200\ \text{kg/cm}^2$.

Unten S-M-Stahl mit $\sigma_B = 4100$ bis $5000\ \text{kg/cm}^2$.

gepanzerter Druckschächte

Licht-weite D des Panzer-rohres m	Größte Betriebs-wasser-menge m^3/s	Wasser-geschwin-digkeit m/s	Wand-stärke d bis Schacht-fuß mm	Statischer Druck p am Schacht-fuß kg/cm^2	Ringzug-spannung σ bei Betriebs-ruhe kg/cm^2 [1]	Bettungs-faktor $f = \sigma' : \sigma_S$ [11]
1,50	[2]		5 — 14	31,8	1700	0,98
2,30	25	6,0	12 — 18	40,0	1640	0,95
2,30/2,10 2,10	20	4,8/5,8	10 — 25	52,3	2200	1,15
2,60/2,40 2,40	36	6,8/8,0 8,0	12 — 20 24	56,8 66,8	3400 3340	1.46 1.55
3,22/3,05	60	7,4/8,2	10 — 31	34,9	1720	0,82
2,20/1,60	12	3,2/6,0	12 — 30	61,1	1630	0,83
2,30	22	5,3	[9] 12 — 22	62,9	3280	1,61
2,90/2,70	36	5,5/6,3	18 — 28	43,2	2080	1,33
2,15	31,5	8,7	[10] 26 — 30	97,1	3480	1,01

[5] Früher Eigentum der Tiroler Wasserkraftwerke A. G.

[6] Nach Inbetriebnahme ist der Panzer wiederholt gerissen.

[7] Kesselblech II mit $\sigma_B = 4100$ bis $4800\ kg/cm^2$.

[8] Acier doux mit $\sigma_B = 4000\ kg/cm^2$; Mindestdehnung 30%.

[9] Dazwischen d bis 27 mm.

[10] Dazwischen d bis 37 mm.

[11] σ'... Ringzugspannung mit Berücksichtigung von 20% Drucksteigerung bei Turbinen. Alle Angaben beziehen sich auf den schrägen Teil bis zum Schachtfuß.

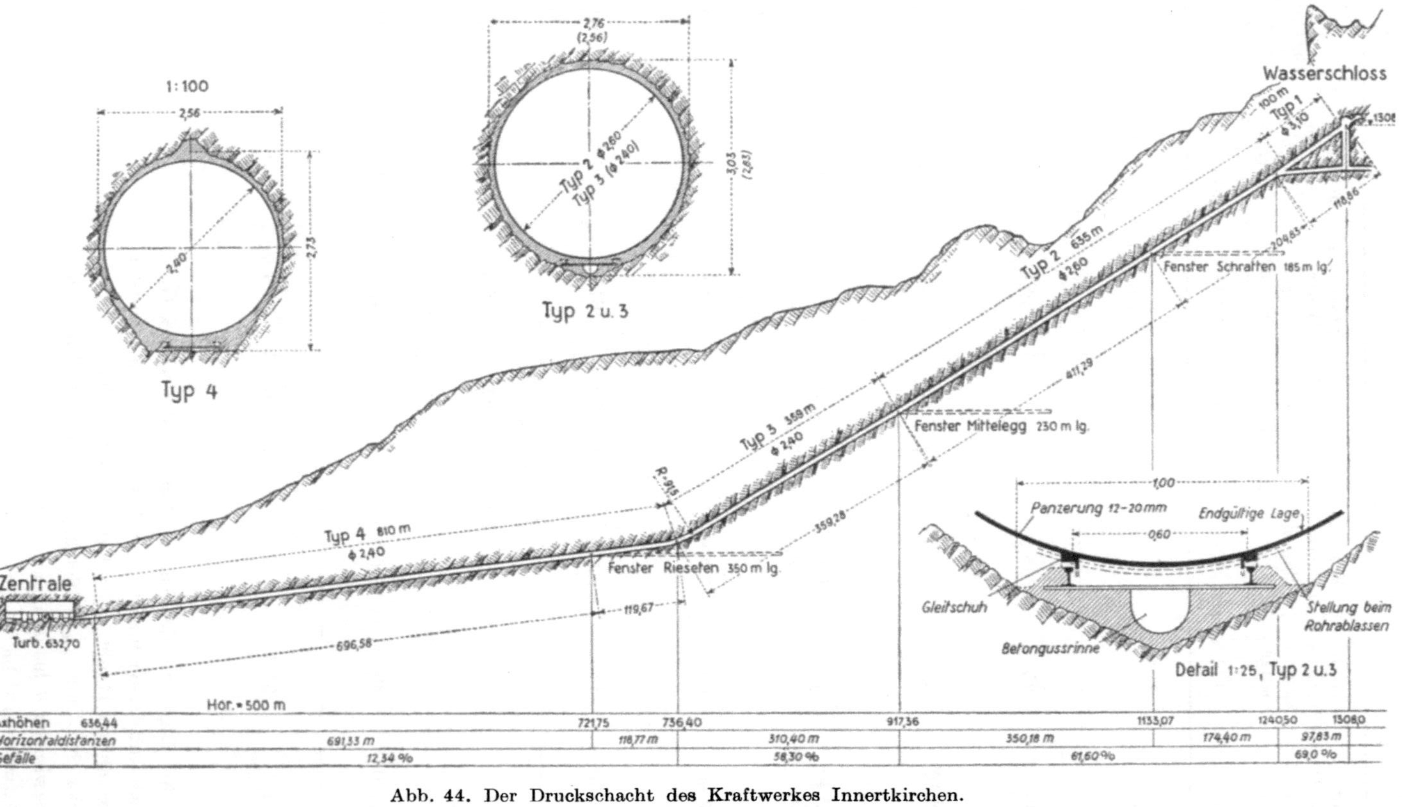

Höhen	636,44			721,75	736,40		917,36		1133,07		1240,50	1308,0
Horizontaldistanzen		691,33 m			118,77 m		310,40 m		350,18 m		174,40 m	97,83 m
Gefälle		12,34 %					58,30 %		61,60 %			69,0 %

Abb. 44. Der Druckschacht des Kraftwerkes Innertkirchen.

[Aus „Schweiz. Bauztg.", Bd. 120 (1942), Abb. 21, S. 48.]

Der Druckschacht hat eine Gesamtlänge von 1904 m. Er besteht aus einem 1094 m langen, unter 60% geneigten, steileren und einem 810 m langen, mit 12,3% fallenden, flacheren Abschnitt.

Die Entscheidung über die Bemessung des Panzers erfolgte erst auf Grund eines Versuches. Zu diesem Zwecke wurde in einem vom Fenster Rieseten mit 10% Steigung abgehenden Querschlag ein 12 m langes Rohr mit 10 mm Wandstärke und 2,2 m ∅ einbetoniert und dann einem bis 150 atü gesteigerten Innendruck ausgesetzt. Obwohl eine solche Belastung dem 2,3fachen statischen Druck am unteren Schachtende entspricht, hat die Panzerung, die dabei bis zum Beginn der Streckgrenze beansprucht war, keinen Schaden erlitten. Bei diesem Versuch soll das Gebirge mindestens 130 atü, also über 85% des Druckes aufgenommen haben. Danach wurde die Wandstärke des Panzers in der Steilstrecke mit 12 bis 20 mm und in der Flachstrecke mit 20 bis 24 mm bestimmt. Die Bruchfestigkeit der verwendeten Kesselbleche, die man noch knapp vor Kriegeintritt Italiens aus den USA beziehen konnte, schwankte zwischen 4300 und 4800 kg/cm²; die Bruchdehnung betrug 22 bis 28%. Ein Versuchsrohr von 1,50 m ∅ und 16 mm Wandstärke zeigte beim Bruch eine Durchmesserdehnung von 12,5%.

Die Rohre wurden in 10 bis 12 m langen Schüssen für den oberen Teil vom Wasserschloß und für die Flachstrecke durch das Fenster Rieseten eingeführt. Der Zusammenbau erfolgte in beiden Abschnitten von unten nach oben. In der Steilstrecke erwies es sich als zweckmäßig, für die Montage und Einbringung der Bettung je zwei Rohre zusammenzufassen. Die Hinterfüllung erfolgte hier mit Gußbeton. In der Flachstrecke wurde hingegen jedes Rohr einzeln montiert und mittels Betonpumpe hinterfüllt. Zur Verdichtung dienten am Rohr angeschweißte Schalungsvibratoren. Die Rohrverbindung erfolgte durch Innenschweißung. Der Betonmantel wurde schließlich zwecks Beseitigung allfälliger Hohlräume injiziert.

4,264,2. Rodund

Die Abb. 45 gibt für diesen, ebenfalls im Jahre 1943 in Betrieb gesetzten Druckschacht einen Längenschnitt wieder, dem alle wesentlichen Dimensionen zu entnehmen sind.

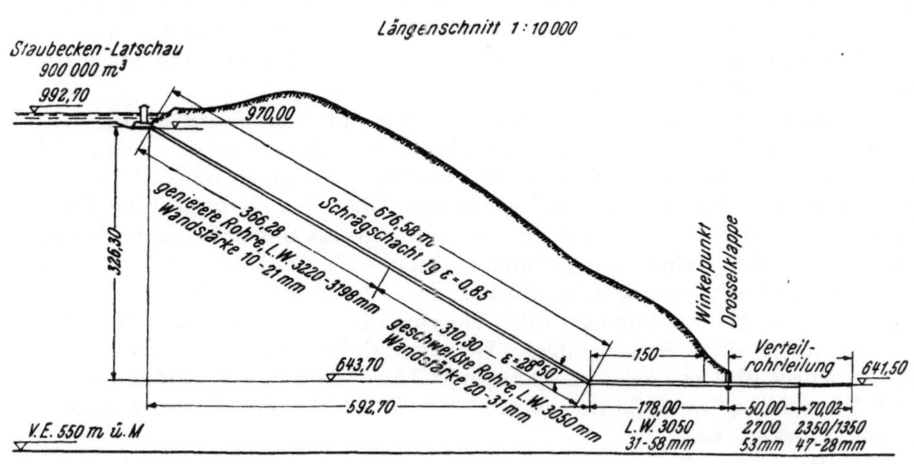

Abb. 45. Der Druckschacht des Rodundwerkes.

Die Untertagausführung hat sich im Vergleich zur ursprünglich geplanten Anordnung eines Druckstollens und einer offen verlegten zweisträngigen Fallleitung als bedeutend wirtschaftlicher erwiesen. Die Fallhöhe beträgt rund 350 m. die maximale Betriebswassermenge 60 m³/s. Die Triebwasserführung setzt sich hier aus einem direkt vom Tagesspeicher Latschau abgehenden 676 m langen Schrägschacht, einem 178 m langen waagrechten Panzerstollen und einer im Freien liegenden Verteilrohrleitung zusammen. Die Überdeckung, senkrecht zur Schachtachse gemessen, beträgt im oberen Viertel etwa 130 m; sie steigt dann bis zur Mitte auf 150 m an und verringert sich im unteren Bereich des Schrägschachtes wieder auf 130 m.

Das Gebirge bilden Triasgesteine, und zwar im oberen Teil Muschelkalk. im unteren hingegen Tonschiefer der Partnachschichten. Beide waren im allgemeinen gut standfest. Die Schichtung streicht ungefähr gleichlaufend zur Oberfläche und fällt fast senkrecht in die Tiefe.

Der im Februar 1940 im Talboden begonnene Vortrieb wurde ohne Fenster von unten nach oben bewerkstelligt. Dabei erfolgte der Ausbruch des Schrägschachtes gleich im vollen Profil. Die Vortriebsdauer bis zum Durchschlag am oberen Ende betrug rund ein Jahr. Der Wasserandrang war beträchtlich; er ergab schließlich eine Schüttung von etwa 40 l/s. Der Ausbruch wurde durch eine bis zum Schachtfuß reichende Luttenrohrleitung abgezogen, wobei das Bergwasser als Spülmittel nützliche Dienste leistete.

Im oberen Teil besteht der Panzer auf 366 m Länge aus genieteten Rohren; diese weisen bei einem gleichbleibenden Außendurchmesser von 3240 mm (äußerstes Maß für Bahntransport) eine Wandstärke von 10 bis 21 mm und eine Lichtweite von 3220/3190 mm auf. Jedes dieser 9 m langen Rohre hat zwei Rundnähte und eine in den einzelnen Teilstücken versetzt angeordnete Längsnaht. Die ersteren sind nur außen, die letztere ist beidseitig gelascht. Die Rohrverbindung erfolgte ebenfalls durch Außenlaschen, die schon im Werk den jeweils oberen Enden aufgenietet waren. Für die Vernietung mußte das Profil durch Rundnischen von 1 m Breite und 0,85 m Tiefe sowie durch einen Kriechgang im Scheitel erweitert werden. Zur Versteifung diente bei den dünnwandigen Rohren je ein zwischen den Rundnähten aufgeschweißter Winkelring, in den vor der Montage — über den Umfang verteilt — Ankerschlaudern eingehängt wurden. Jedes Rohr war schließlich zwecks Einfahrt auf dem einbetonierten Schrägaufzuggleis mit zwei Paar Gleitfüßen ausgerüstet. Für die Vornahme von Zementinjektionen wurden Löcher von 2″ ∅ so gebohrt, daß auf je 1,5 m² Wandfläche eine Öffnung entfiel.

Die Fortsetzung des Panzers bilden Rohre mit 8 m Baulänge, die mittels Wassergas überlappt geschweißt sind. Ihre Wandstärke beträgt in dem 310 m langen unteren Abschnitt des Schrägschachtes bei 3,05 m Lichtweite 21 bis 31 mm, im Horizontalstollen dagegen 31 bis 58 mm. Ober dem Krümmer erfolgte die Verbindung mittels Muffen, die vom Rohrinnern aus mit zwei Lagen Profilblei und einem dazwischen eingebauten schraubenförmig gedrehten Transperit (Zellophan)-Streifen verstemmt wurden. Im waagrechten Teil sind die Rohre durch Nietlaschen verbunden, die wiederum die Aussprengung von Arbeitsnischen sowie eines Kriechganges über dem Rohr erforderlich machten. Ein solcher wurde übrigens auch im schrägen Teil als Behelf für die Betoneinbringung und Verdichtung ausgeführt, während die Sollstärke der Bettung sonst mit 30 cm bemessen war.

Die Montage erfolgte vom Krümmer ausgehend nach oben und im Horizontalstollen gleichzeitig in Richtung zum Krafthaus.

Für den Schrägschacht wurden die Rohre auf einer Bergstrasse — wie aus Abb. 46 ersichtlich — nach Latschau befördert, durch einen Derrickkran auf das Gleis des Schrägaufzuges abgesetzt und mittels der Winde zur Einbaustelle abgelassen. Der Montage jedes Rohrschusses folgte in einem eigenen Arbeitstakt dessen Einbetonierung.

Die Rohre waren am 21. November 1942, 7 Monate nach Einführung des Fußkrümmers, fertig eingebaut. Die bereits während der Montage begonnenen Injektionen konnten im Februar 1943 beendet werden.

Im Werk wurden die Rohre außen mit Zementmilch und innen mit Bitumen gestrichen. Der Innenanstrich mußte allerdings nach Abschluß der Bauarbeiten erneuert werden. Nach anstandslos verlaufener Probefüllung erfolgte sodann die Inbetriebnahme der Anlage am 27. Mai 1943.

Über die verwendeten Blechsorten, deren Güteeigenschaften und über die

Abb. 46. Transport eines Panzerrohres für den Druckschacht des Rodundwerkes.

zugelassenen fiktiven Beanspruchungen s_z im gedachten freiliegenden Rohr geben die folgenden Angaben Aufschluß:

a) Abschnitt mit genieteten Rohren:

Im oberen Drittel, Kesselblech M I mit

$\sigma_B = 3500\text{—}4400\ \text{kg/cm}^2$, $\sigma_S = 1950\ \text{kg/cm}^2$, $s_z = 1680\ \text{kg/cm}^2$.

Im restlichen Teil, Kesselblech M II mit

$\sigma_B = 4100\text{—}4800\ \text{kg/cm}^2$, $\sigma_S = 2300\ \text{kg/cm}^2$, $s_z = 2050\ \text{kg/cm}^2$.

b) Abschnitt mit wassergasgeschweißten Rohren:

Im ganzen Bereich, SIEMENS-MARTIN-Stahl mit

$\sigma_B = 4100\text{—}5000\ \text{kg/cm}^2$, $\sigma_S = 2400\ \text{kg/cm}^2$;

im Schrägschacht .... $s_z = 2000\ \text{kg/cm}^2$,
im waagrechten Teil innen ...... $s_z = 2000\ \text{kg/cm}^2$,
abnehmend bis zum Ende auf ... $s_z = 1085\ \text{kg/cm}^2$.

4,264,3. Gerlos

Über die räumliche Anordnung und Querschnittsgestaltung orientieren die Abbildungen 47, 48 und 49. Diese enthalten u. a. auch die wesentlichen Angaben über die eingetretenen Rohrbrüche und ihre Behebung.

Die Einzelheiten über die Konstruktion der Auskleidung, über die Schadensereignisse und über die vermuteten Ursachen wurden von der TIWAG in dankenswerter Weise nach Abschluß der Untersuchungen und Wiederinstandsetzungsarbeiten rückhaltlos veröffentlicht[1].

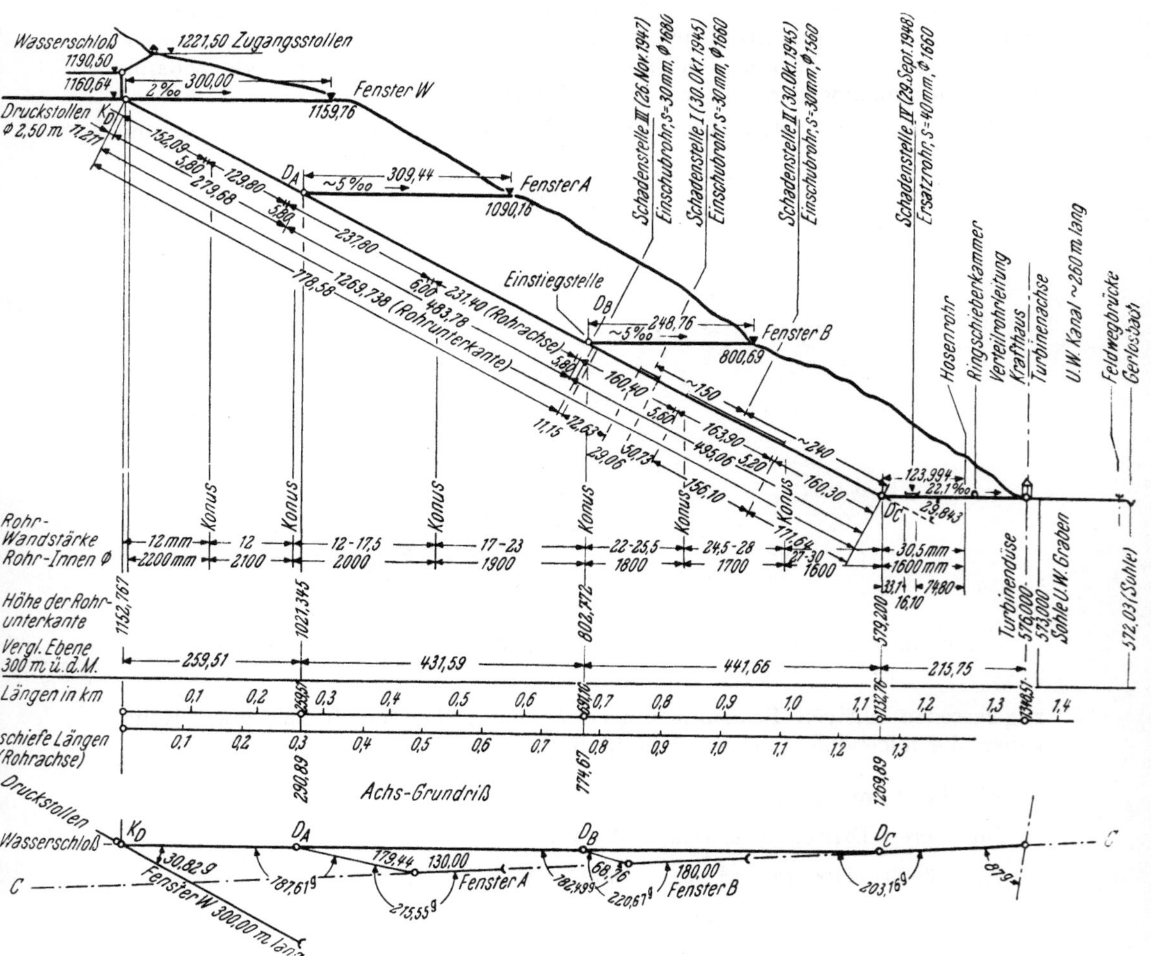

Abb. 47. Der Druckschacht des Gerloswerkes; Längenschnitt.
[Nach „Österr. Wasserwirtschaft" 1950, Abb. 12, S. 166.]

Daraus läßt sich der Ablauf des Geschehens und die Erklärung für das Versagen der Panzerung in aller Kürze wie folgt zusammenfassen.

Am 30. Oktober 1945 trat nach Betätigung des Kugelschiebers einer Maschinengruppe ein Rohrbruch an den beiden im Längenschnitt verzeichneten Scha-

---

[1] Vgl. „Das Gerloswerk bei Zell am Ziller" in „Österreichische Wasserwirtschaft" 1950, Sonderheft 8/9, enthaltend 3 einschlägige Aufsätze.

densstellen I und II gegen den unter dem Panzer angeordneten Revisionsgang ein. Die Folge war ein 1½ Stunden andauernder katastrophaler Wassererguß durch letzteren, dessen Zugang und durch die Schieberkammer in die anschließende Verteilrohrleitung, in die unteren Räume des Krafthauses sowie durch die Freiluftanlage in das umliegende Gelände. Dabei wurden aus dem Revisionsschacht 700 m³ Betonbruchstücke und Gesteinstrümmer mitgerissen.

Der Wiederherstellung des Druckschachtes dienten im wesentlichen folgende Maßnahmen: Ausräumung des Revisionsschachtes von Schutt und zerstörtem Beton; Freilegen der Panzerung an der Schadensstelle II; Ausbetonierung der ausgekolkten Hohlräume und des ganzen Revisionsschachtes unter Belassung eines Drainagekanales in dessen Sohle (siehe Abb. 48, rechte Darstellung); teilweise Ausbetonierung des über dem Panzer der Horizontalstrecke angelegten Zugangsstollens zum Revisionsschacht bis auf einen in der Firste offen gelassenen Kriechgang (siehe Abb. 49); Ausführung umfangreicher Zementinjektionen;

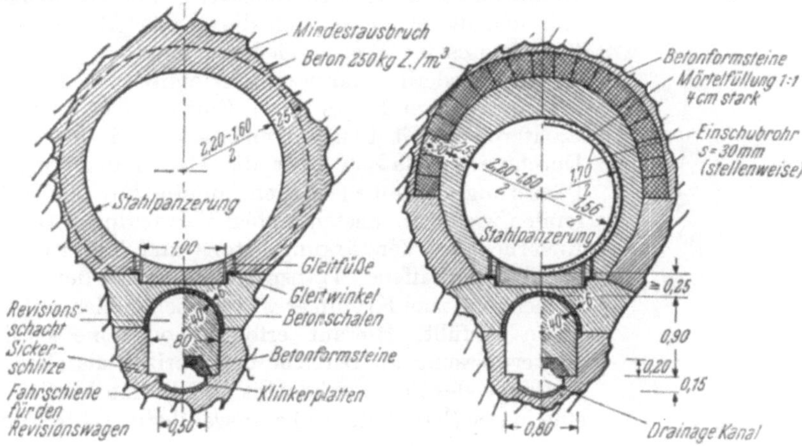

Abb. 48. Der Druckschacht des Gerloswerkes; Regelquerschnitte.
[Nach „Österr. Wasserwirtschaft" 1950, Abb. 13, S. 167.]

Entnahme zahlreicher Materialproben; Ausflicken der geborstenen Rohre; Einbau von 30 mm starken Einschubrohren, und zwar in einer Länge von 155 m bei der Schadensstelle II, 29 m bei der Schadensstelle I und 11 m bei Fenster B, wo der obere Teil des Panzers zwecks Schaffung einer Einfahrtöffnung vorübergehend entfernt werden mußte; Verschweißung der an den Enden der Einschubrohre angebrachten Übergangsringe mit der alten Panzerung und schließlich pneumatische Verfüllung des 3 bis 4 cm weiten Hohlraumes zwischen den beiden konzentrischen Rohren in den Einschubstrecken.

Nach zweijähriger Betriebsunterbrechung konnte endlich am 22. November 1947 wieder eine probeweise Füllung vorgenommen werden. Zwecks Beschau wurde der Schacht dann noch einmal entleert und schließlich erneut gefüllt. Unmittelbar nach dem Anlaufen der Turbinen trat jedoch ein weiterer Rohrbruch ein. Die Nachschau ergab einen Rundriß in der alten Panzerung, wo diese mit dem Übergangsring am unteren Ende der Einschubstrecke beim Fenster B verschweißt war. (In Abb. 47 als Schadensstelle III bezeichnet.)

Dieser Bruch, der beim Fenster B Quellaustritte in der Stärke von 10 bis 15 l/s verursachte, gab Anlaß, in der oberen und unteren Einschubstrecke jeweils die talseitige Anschlußkehlnaht zu beseitigen und zwecks Abdichtung Stemmmuffenverbindungen einzubauen. Die letzteren mußten aus Transportgründen in drei Teilen montiert werden. Die Abdichtung erfolgte mittels Rundgummi, Hanfstrick und Bleiverstemmung.

Nach Beendigung dieser Arbeiten konnte schließlich die Stromlieferung am 29. März 1948 aufgenommen werden. Im Sommer 1948 stand dann das Werk in Vollbetrieb.

Am 29. September 1948 ereignete sich indessen neuerlich ein katastrophaler Rohrbruch, und zwar diesmal im Horizontalstollen der Druckschachtanlage, wodurch der Betrieb des Kraftwerkes wiederum bis 23. Dezember 1948 unterbrochen werden mußte. Bei diesem Schadensfall wurde der Panzer etwa 85 m bergeinwärts der Schieberkammer im Scheitelbereich aufgerissen und zum Teil herausgebrochen, der Aufbeton auf eine Länge von 8 m zerstört und die am Ende des Kriechganges angebrachte Panzertür durch die komprimierte Luft explosionsartig herausgedrückt, so daß sich die Wassermassen durch den Abstellraum des Krafthauses ins Freie ergießen konnten.

Die Wiederinstandsetzung erfolgte nach Entfernung der gesprengten Rohre durch Einbau eines 16 m langen Ersatzrohres mit 40 mm Wandstärke und einem solchen Durchmesser, daß es über die Enden der freigelegten Panzerung geschoben werden konnte. Für die Dichtung fanden wieder Innenstemmuffen Verwendung. Der durch Ausbruch des Verstärkungsbetons und Erweiterung des Profils geschaffene Transportweg sowie der restliche Kriechgang zum Krümmer wurden schließlich mit Pumpbeton verfüllt. Hierauf erfolgte noch eine sorgfältige Hinterpressung im Bereiche des Horizontalstollens. Die Drainage des Schrägschachtes erhielt eine Vorflut durch eine in der Betonbettung herausgeführte Stahlrohrleitung von 200 mm $\varnothing$.

Seither hat der Druckschacht allen betrieblichen Beanspruchungen standgehalten.

Als Ursachen der Rohrbrüche wurden angegeben: Verwendung von ungeeignetem Werkstoff im untersten Druckschachtabschnitt (hoher Kohlenstoffgehalt, geringer Siliziumgehalt, niedrige Kerbzähigkeit, große Trennbruchempfindlichkeit); konstruktive Fehler und Ausführungsmängel, vor allem die unzureichende Bemessung und konstruktive Durchbildung des Revisionsschachtes, im besonderen seines Gewölbes und des Gegengewölbes in der Horizontalstrecke; im weiteren ein unglückliches Zusammentreffen verschiedener ungünstiger Umstände.

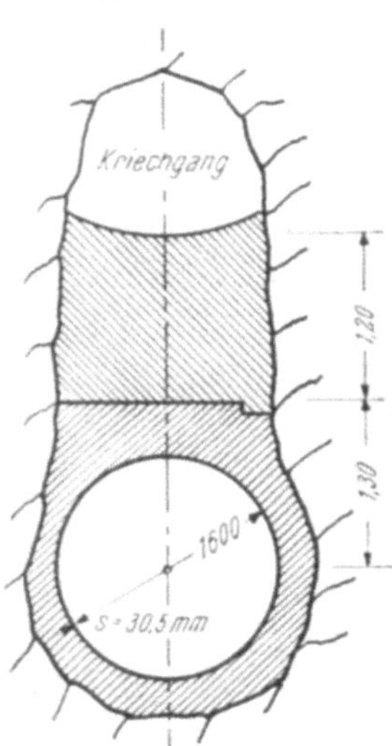

Abb. 49. Horizontalstrecke der Druckschachtanlage des Gerloswerkes vor dem Rohrbruch 1948.
[Nach „Österr. Wasserwirtschaft" 1950, Abb. 12, S. 183.]

Dazu ist zu sagen, daß durch die Anordnung des Revisionsschachtes und des Zugangsstollens die üblichen Voraussetzungen für die Rohrbemessung nicht mehr gegeben waren. Die durch die eingeschalteten Hohlräume unterbrochene Abstützung gegen das Gebirge bedingt eine völlig andersgeartete Beanspruchung des Panzers, nämlich anstelle eines der Berechnung zugrundeliegenden Ringzuges im gleichmäßig gebetteten Rohr, überwiegend Biegung und Schub im Bereiche der Lücke des Umschlusses. Dünne Betongewölbe können eine satte Bettung gegen Fels nicht ersetzen. Gänge im engeren Umkreis eines Panzers gefährden daher die Sicherheit auch bei bestem Blechmaterial in so bedenklicher Weise, daß sie unter allen Umständen vermieden werden müssen.

Die Anlage des Revisionsschachtes und des Zugangsstollens war sonach wohl die primäre Ursache der Rohrbrüche. Infolge der schlechten Blechqualität konnte der Panzer der gar nicht in Rechnung gestellten Belastung auf Biegung und Schub erst recht nicht widerstehen[1].

Eine ganz andere Ursache hatte hingegen der Ringriß im alten Panzer unterhalb der Schweißnaht des Einschubrohres beim Fenster B (Schadensstelle III). Beim Versuch, diese zu ergründen, ist man von folgenden Schätzwerten für die Achsialspannung infolge behinderter Schrumpfung ausgegangen: Je nach Güte der Bettung 300 bis 600 kg/cm², verursacht durch den Wasserdruck ($\frac{1}{3}$ der Tangentialspannung); ungünstigenfalls 800 kg/cm², verursacht durch das Einschweißen des Einschubrohres; 600 kg/cm², verursacht durch das ursprüngliche Zusammenschweißen der Panzerung beim Fenster B unter Berücksichtigung der nachträglichen Wiedereinschweißung des Deckels an der Montageöffnung; somit als Summe dieser drei Komponenten 2000 kg/cm², womit aber der Bruch noch keine Erklärung fand.

Bei diesen Schätzungen blieben jedoch zwei gewichtige Einflüsse, nämlich die behinderte Schrumpfung infolge der Abkühlung durch kaltes Stollenwasser sowie die Exzentrizität der vom Einschubrohr auf den alten Panzer durch die Schweißnaht übertragenen Zugkräfte unberücksichtigt.

Für einen normalen Panzer erhält man die Temperaturspannung σ_T aus der Gleichung

$$\sigma_T = -\beta \cdot E \cdot \Delta t; \tag{86}$$

darin bedeuten:

$\beta = 10^{-5}$ in m° die Temperaturdehnung für Stahl,

$E = 2{,}1 \cdot 10^6$ in kg/cm² den E-Modul für Stahl,

Δt in Grad das Maß der Abkühlung.

Der Ausgangswert für die letztere ist dabei die Temperatur in jenem Zeitpunkt, in dem die achsiale Deformationsmöglichkeit des Panzers unterbunden wird. Dies geschieht im Zuge der Verfestigung der Betonhinterfüllung, wobei das Rohr u. U. schon unter dem Einfluß von Abbindewärme stand.

Unterstellen wir eine Abkühlung um $-10°$ (sie kann aber in Wirklichkeit erheblich größer sein), so ergibt sich im alten Panzer eine Temperaturspannung von

$$\sigma_T = -21 \cdot \Delta t = 210 \text{ kg/cm}^2.$$

Dazu kommt der zusätzliche Zug des Einschubrohres auf den alten Panzer im Umkreis der verbindenden Kehlnaht.

Bezeichnet man mit

l_1 die Länge des Einschubrohres,

l_2 eine angenommene Länge über l_1 hinaus, in der der alte Panzer in der achsialen Verformung nicht behindert sei,

d_1 die Wandstärke des Einschubrohres,

d_2 die Wandstärke des alten Panzers,

σ_1 die Temperaturspannung im Einschubrohr,

σ_2 die dadurch verursachte zusätzliche Spannung im alten Panzer,

---

[1] Vgl. „Die Ursache der Rohrbrüche im Druckschacht des Gerloskraftwerkes" von Dipl.-Ing. EDGAR NEUHAUSER in dem bereits erwähnten Sonderheft 8/9 „Österreichische Wasserwirtschaft" 1950, S. 204 und 205.

so ist

$$-\beta \cdot \Delta t\,(l_1 + l_2) = \frac{1}{E}\,(\sigma_1 \cdot l_1 + \sigma_2 \cdot l_2)\,; \qquad (87)$$

ferner ist

$$\sigma_1 \cdot d_1 = \sigma_2 \cdot d_2;$$

daraus ergibt sich

$$\sigma_2 = -\beta \cdot E \cdot \Delta t \cdot \frac{l_1 + l_2}{l_1 \cdot \dfrac{d_2}{d_1} + l_2}\,. \qquad (88)$$

Bei kurzer Einspannung des alten Panzers ist $l_2 = 0$ und

$$\sigma_2 = -\beta \cdot E \cdot \Delta t \cdot \frac{d_1}{d_2}\,.$$

Für $d_1 = 30$ mm und $d_2 = 22$ mm wird mit $\Delta t = -10°$

$$\sigma_2 = 210 \cdot \frac{30}{22} = 286\ \text{kg/cm}^2\,.$$

Nachdem die Zugkraft auf den alten Panzer an dessen Innenleibung übertragen wird, ist ihre Exzentrizität $e = \dfrac{d_2}{2}$ und die Randspannung innen

$$\sigma_2{}' = 4 \cdot 286 = 1144\ \text{kg/cm}^2.$$

Damit würde der erwähnte Schätzwert für die achsiale Längsspannung an der Innenleibung schon auf $2000 + 210 + 1144 = 3354$ kg/cm² anwachsen. Dazu kommt noch eine weitere Erhöhung der Randspannung infolge der exzentrischen Zugwirkung aller übrigen, vom Einschubrohr auf den alten Panzer übergehenden Kräfte.

Man erkennt daraus, daß in diesem Falle eine Überanstrengung des Materials eine zwangsläufige Folge der Verschweißung beider Rohrenden war.

Erwähnt sei noch, daß nach der benützten Quelle beim Gerlosschacht nur mit einer 10%igen dynamischen Drucksteigerung und einer zulässigen Beanspruchung von 1800 kg/cm² im gedachten freiliegenden Rohr gerechnet wurde. wobei die Streckgrenze mit 2650 kg/cm² angegeben ist. Bei normaler Ausführung wäre also eine reichliche Sicherheitsreserve vorhanden gewesen. Wenn der Panzer trotzdem in der beschriebenen Weise versagt hat, so gibt dieser Umstand aber keinen Anlaß für eine Besorgnis in bezug auf die weitere Anwendung von Druckschächten, weil ja die Bruchursachen hinreichend aufgeklärt sind und der eingetretene Mißerfolg nicht im Auskleidungssystem, sondern in besonderen Maßnahmen begründet ist, die mit den üblichen Ausführungsregeln nicht vereinbar sind.

4,264,4. Lünersee

Beim Lünerseewerk besteht die Falleitung im oberen Teil aus einem 1022 m langen, frei verlegten Rohrstrang und anschließend aus einem 1346 m langen Druckschacht. Der letztere setzt sich, dem in Abb. 50 dargestellten Längenschnitt des unteren Abschnittes der Falleitung gemäß, aus einer 916 m langen. unter 34° 23′ gegen die Waagrechte geneigten Steilstrecke und aus einem rund 430 m langen Horizontalstollen zusammen. Die weitere Fortsetzung ab Talportal bildet die ins Krafthaus führende Verteilrohrleitung.

Nach dem geologischen Befund liegt die obere Hälfte des Schrägschachtes im Bereiche einer ausgedehnten Sackungsmasse. Die letztere, die eine Mächtigkeit von mehr als 200 m aufweist, wurde von einem mit Moräne bedeckten Hangabsatz aufgefangen. Diese Rutschung, deren Alter auf etwa 30 000 Jahre geschätzt wird, befindet sich seither wieder in stabilem Gleichgewicht. Der untere Teil des Druckschachtes einschließlich der Flachstrecke liegt hingegen in gewachsenem Fels, bestehend aus Phyllitgneis, Glimmerschiefer und Muskowitgranitgneis. Vor Festlegung der Trasse wurde das Gebirge durch zwei Sondierstollen, durch Bohrungen und durch einen in der Achse der Flachstrecke angesetzten Richtstollen erschlossen.

Der Vortrieb des Schrägschachtes erfolgte vom Fußpunkt und vom Fenster I beginnend nach oben. In nicht standfestem Fels wurde die Bergsicherung mittels

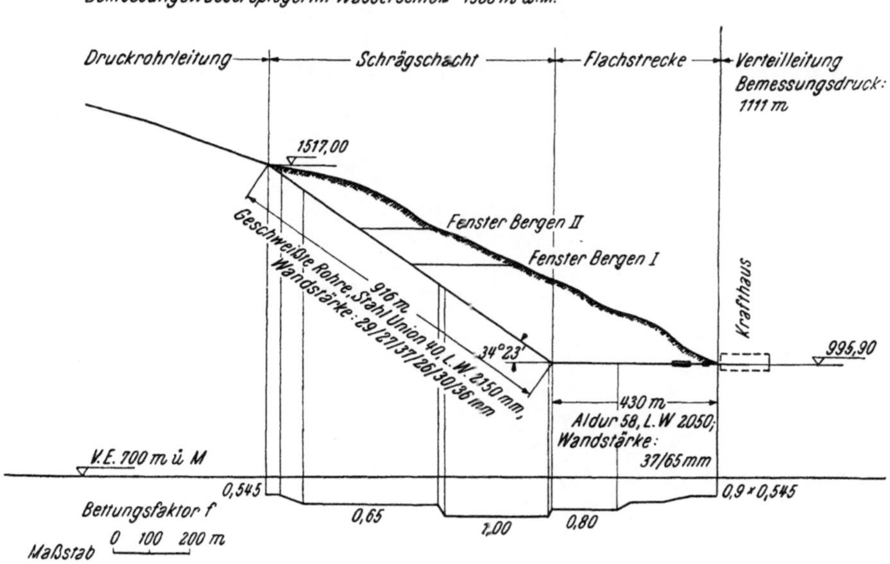

Abb. 50. Der Druckschacht des Lünerseewerkes; Längenschnitt.

Stahl-Streckenbogen in Verbindung mit Stahl-Verzugsblechen, in der durchörterten Moränenstrecke darüber hinaus mittels Torkretierung der Leibung bewerkstelligt.

Für den Druckschacht sind folgende Angaben kennzeichnend: Achshöhe am Beginn 1517, am Fußpunkt 999 und am Ende des Horizontalstollens 996 m ü. M.; höchster Wasserspiegel im Wasserschloß bei Betriebsruhe 1970, für die Bemessung der Falleitung 1988 m ü. M.; dynamische Drucksteigerung zufolge Gewährleistung der Lieferfirmen maximal 12% und sonach Bemessungsdruck in der Verteilrohrleitung 1111 m. (In der Zahlentafel 7 ist hingegen bei der Ermittlung des Bettungsfaktors f einheitlich eine dynamische Drucksteigerung von 20% zugrundegelegt). Innendurchmesser im Schrägschacht 2150 mm, im Horizontalstollen 2050 mm; größte Betriebswassermenge 31,5 m³/s, größte Geschwindigkeit 8,7/9,6 m/s; im Schrägschacht Wandstärken 29/27/37/26/30/36 mm mit Stahlsorte Union 40, im Horizontalstollen 37/65 mm mit Aldur 58; Streckgrenze für beide Qualitäten $\sigma_S = 4000 \text{ kg/cm}^2$.

Der Bemessung der Wandstärken liegen die in Abb. 50 eingetragenen Bettungsfaktoren $f = \dfrac{\sigma_z}{\sigma_S}$ zugrunde, und zwar: in der Steilstrecke oben beginnend mit 0,545, dann im Bereiche der Rutschmasse 0,65 und im anschließenden ge-

in druckhaftem und nachbrechendem Gebirge

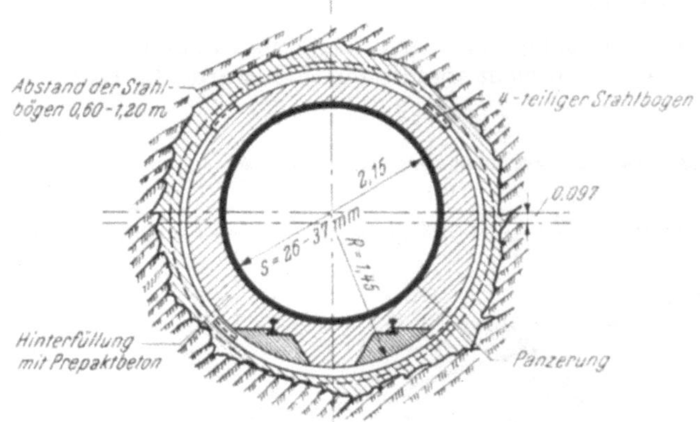

in standfestem Gebirge

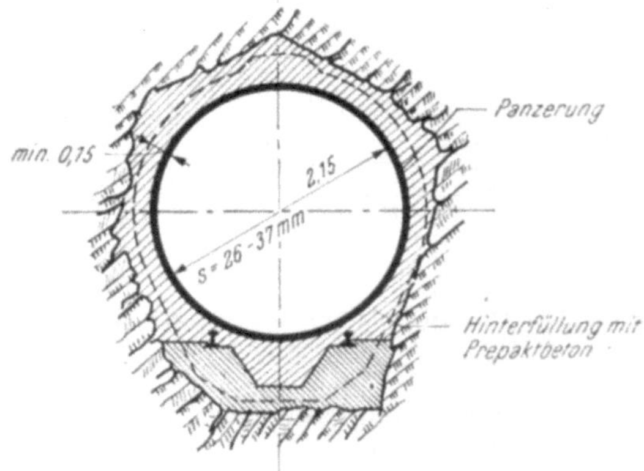

Abb. 51. Der Druckschacht des Lünerseewerkes; Regelquerschnitt der Steilstrecke.

wachsenen Fels bis zum Krümmer 1,0; in der Flachstrecke im inneren Teil 0,80 und im weiteren Verlauf gegen das Portal zu in Stufen bis auf $0,9 \cdot 0,545 = 0,49$ abfallend. (Diese Abminderung ist in der Annäherung an das Krafthaus, wo sich die Druckstöße stärker auswirken können, begründet.)

Die Montage erfolgte, vom Fußkrümmer ausgehend, gleichzeitig nach oben und nach außen. In der Steilstrecke wurden jeweils 20 m lange, aus zwei Einzelrohren zusammengebaute Schüsse eingefahren und mittels elektrischer Innenschweißung verbunden. Zur Überdeckung der Schweißnähte dienten die jeweils am oberen Rohrende angebrachten Außenlaschen. Die Hinterfüllung des Panzers erfolgte mittels Prepaktbeton, wobei das Grobkorn schußweise, der Bindemörtel jedoch vom Rohrinnern aus durch Injektionslöcher in das vorher eingebrachte Schottergerüst auf Rohrlängen bis zu 100 m eingedrückt wurde.

Der Regelquerschnitt der Steilstrecke ist der Abb. 51 und ein Montagebild der Abb. 52 zu entnehmen.

Beim Horizontalstollen wurden ebenfalls je zwei der in Stücklängen von 10 und 8 m angelieferten Rohre vor dem Einfahren zusammengebaut, die Ringnähte aber beidseitig verschweißt. Zu diesem Zwecke war das Profil — wie aus Abb. 53 ersichtlich — entsprechend erweitert. In standfestem Gebirge erübrigte sich eine Vorauskleidung. Die Ausfüllung des Hohlraumes erfolgte in der Flachstrecke nach Abmauerung jedes Rohrschusses bis über den Scheitel mit Pumpbeton und in der Firste auf pneumatischem Wege mittels des Gerätes „Betonplacer".

Abb. 52. Druckschacht des Lünerseewerkes; Montagebild.

Alle Montagenähte wurden im ganzen Umfang mit Ultraschall und durch Röntgenaufnahmen, die sich auf mindestens 20% der Nahtlänge erstreckten, kontrolliert.

Der Horizontalstollen bildet gleichzeitig für die angehängte Verteilleitung den Widerhalt. Zu diesem Zwecke ist der Panzer an zwei Stellen im Fels gehörig verankert.

Der Druckschacht des Lünerseewerkes steht seit Herbst 1957 anstandslos in Betrieb.

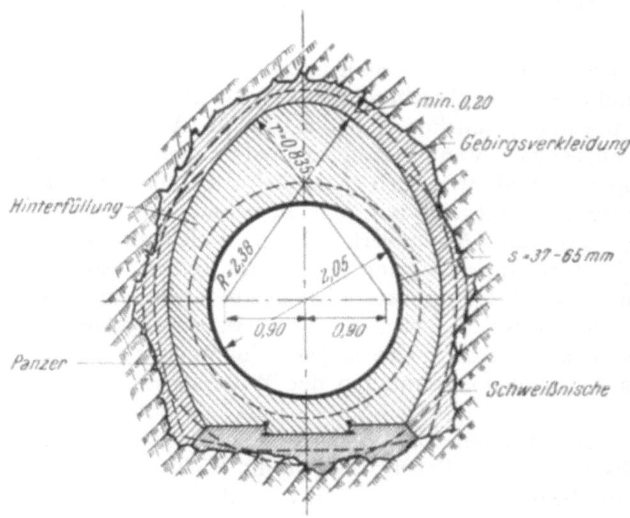

Abb. 53. Der Druckschacht des Lünerseewerkes; Regelquerschnitt des Horizontalstollens.

4,3. Vorspannbauweisen

4,31. Einführung

4,311. Effekt der Vorspannung im Druckstollenbau

Wie wir wissen, haben die zu Auskleidungszwecken am häufigsten verwendeten Baustoffe Beton und Zementmörtel nur ganz geringe Zugfestigkeit[1]. Wo sich Arbeitsfugen nicht vermeiden lassen, darf in diesen praktisch überhaupt kein Zugwiderstand vorausgesetzt werden. Andererseits ist bei Druckstollen eine der wichtigsten Aufgaben der Auskleidung die Verhinderung von Wasserverlusten. Nachdem aber die Wandung durch den Innendruck auf tangentialen Zug besprucht wird, besteht bei allen bisher beschriebenen Bauweisen — ausgenommen

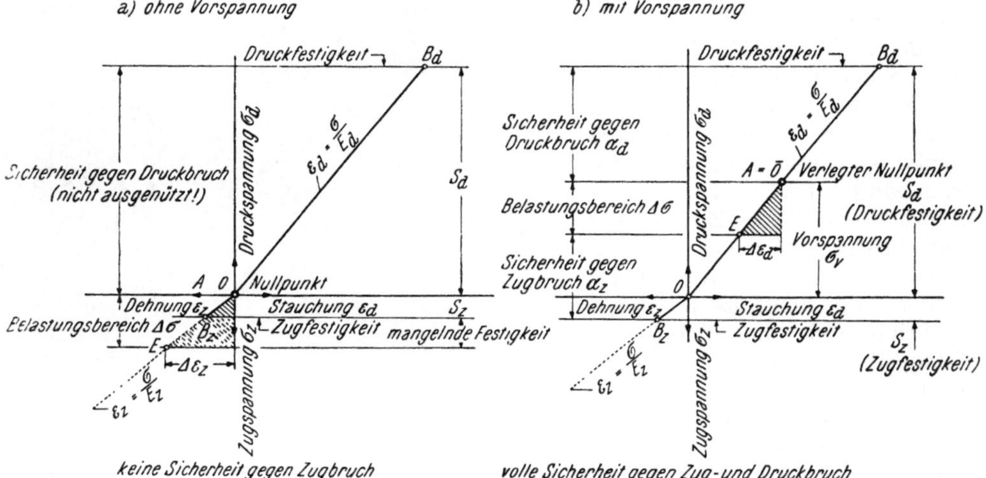

Abb. 54. Zusammenhang zwischen der Materialbeanspruchung und Sicherheit.

die Blechpanzer — ein ausgesprochenes Mißverhältnis zwischen den Güteeigenschaften der Auskleidung und ihrer Zweckbestimmung. Wegen der unzulänglichen Zugfestigkeit ist sonach Beton in der üblichen Einbauart für die Abdichtung der Stollenröhre grundsätzlich ungeeignet; wenn man ihn trotzdem hiefür anwendet, muß man daher notgedrungen — und zwar auch schon bei niederen Drücken — die Gefahr von Rißbildung und Wasserverlusten in Kauf nehmen.

Hingegen weisen aber Beton und Mauerwerk sehr hohe Ringdruckfestigkeiten auf, die bei den üblichen Auskleidungen kaum zur Geltung kommen. Es ist daher naheliegend, im Rahmen der gegenständlichen Aufgabe nicht von der schlechtesten, sondern von der besten Eigenschaft der verwendeten Baustoffe, das ist ihr hervorragendes Druckwiderstandsvermögen, Gebrauch zu machen. Als Mittel zu einer solchen sinnvollen Ausnützung der Materialgüte dient uns die Vorspannung.

In Abb. 54 sind die maßgebenden Zusammenhänge zwischen der Beanspruchung des Baustoffes und seiner Bruchsicherheit in Richtung Zug und Druck vergleichsweise für die beiden Fälle ohne (Bild a) und mit Vorspannung (Bild b) schematisch dargestellt. An Hand dieser zwei Diagramme erkennt man

---

[1] Vgl. Abschnitte 1,61 und 1,62.

unschwer den entscheidenden Effekt der Verlegung des Belastungsnullpunktes in den Druckbereich der Festigkeitsspanne $s_z + s_d$.

Wenn man eine zunächst spannungslose Betonkonstruktion auf Zug belastet, so ist in dieser Richtung die Bruchgrenze B_z sehr bald überschritten. Zwingt man jedoch vorher den Ausgangspunkt für die weitere Belastung (Nullpunkt A) durch die Vorspannung in den mittleren Bereich zwischen der kleinen Zugfestigkeit s_z und der großen Druckfestigkeit s_d, also vom Punkt 0 nach $\bar{0}$, so bleibt für die beiden Endpunkte A und E des Belastungsbereiches ein ausreichender Sicherheitsabstand gegenüber den Punkten B_d und B_z gewahrt, insolange sich $\varDelta\,\sigma$ nur auf einen Bruchteil der gegebenen Festigkeitsspanne $s_z + s_d$ erstreckt.

Ohne Vorspannung kommt der große Bereich der Druckfestigkeit s_d für die Erfüllung der Aufgabe, den Stollen dichtzuhalten, überhaupt nicht zur Geltung. Hingegen besteht die Möglichkeit, bei einer vorgespannten Konstruktion die Güteeigenschaften des Materials voll zu nutzen und der Abdichtung der Stollenröhre dienstbar zu machen. Dabei kommt es allerdings darauf an, die richtigen Mittel zu gebrauchen, um diesen Zweck in technisch einwandfreier und wirtschaftlicher Weise zu erreichen. Dazu gehören vor allem eine entsprechende konstruktive Gestaltung der Auskleidung und die Anwendung einer geeigneten Spannmethode.

4,312. Theoretische Spannmöglichkeiten

Es erscheint dem Verfasser nützlich, der Beschreibung der Vorspannbauweisen eine Erörterung der theoretischen Spannmöglichkeiten und eine Beurteilung ihrer praktischen Anwendbarkeit voranzustellen, weil dann die einzelnen Systeme ob ihrer Eignung für die Auskleidung von Druckstollen leichter vergleichbar werden. Diesem Zwecke sind die folgenden Ausführungen über die hiefür in Betracht kommenden technischen Maßnahmen gewidmet.

Bei allen Vorkehrungen solcher Art ist das Vorhandensein eines inneren Auskleidungsringes (Kernring) als Objekt der beabsichtigten Vorspannung vorausgesetzt. Insoweit die letztere nicht mittels Stahlumschlingung bewerkstelligt wird, bildet das Gebirge für die Spannkräfte das abstützende Widerlager. In all diesen Fällen muß eine ausreichende Überdeckung vorhanden sein, damit die Belastung infolge Vorspann- und Innendruck die Bestandsicherheit des Stollens nicht gefährdet.

4,312,1. Mechanische Vorkehrungen

4,312,11. Anwendung von Spannstahl

Bei dieser Methode ist die Spannung des Kernringes durch die Umschlingung mit vorgespanntem Stahl zu bewerkstelligen und zu halten. Dies schließt nicht aus, daß allenfalls eine Mitwirkung der Gebirgshülle an der Aufnahme des Innendruckes bei der Bemessung des Stahlquerschnittes berücksichtigt wird. Für die Umschlingung können theoretisch alle Stahlsorten und Güteklassen, wie z. B. Rundstahl, Stahldraht, Stahlseile usw. verwendet werden. Am besten eignen sich für diesen Zweck die hochwertigen Vorspannstähle. Die Spannung kann dabei schon im Zuge der Wicklung oder nachträglich mittels geeigneter Behelfe (hydraulische Pressen, Spannschrauben u. dgl.) erfolgen.

Nachdem bei den Verfahren dieser Art der ganze Vorspanneffekt ausschließlich auf dem Ringzug der Stahlumschlingung beruht, sind sie schon wegen der hiefür auflaufenden Kosten verhältnismäßig aufwendig.

4,312,12. Spannschrauben zwischen Kernring und Gebirge

Eine andere Kombination beruht auf der Aktivierung der Spannkräfte in radialer Richtung zwischen Kernring und Gebirge. Die Vorspannung kann in diesem Falle z. B. durch Schraubenspindeln erfolgen, deren Muttern sich auf den Kernring abstützen und deren Fußplatten mittels der Gewinde gegen das Gebirge anzudrehen sind. Nach vollzogener Vorspannung ist der Hohlraum zwischen dem Kernring und Fels mit Mörtel auszupressen.

Wenn man nach dessen Verfestigung die Spannvorrichtungen zu weiterer Verwendung zurückgewinnt, muß man mit einem erheblichen Rückgang der Vorspannung rechnen, weil die Verfüllmasse den Kraftschluß der Schrauben nicht ersetzen kann. Beläßt man sie hingegen an Ort und Stelle, dann erwachsen dadurch sehr große Mehrkosten.

Bei dieser Methode sind die Spannmöglichkeiten ziemlich beschränkt. Ein radialer Bettungsdruck von einer Atmosphäre erfordert bereits je Quadratmeter Mantelfläche des Kernringes eine Schraubenkraft von 10 t, so daß es sehr schwierig sein dürfte, mit solchen mechanischen Vorkehrungen höhere Innendrücke zu beherrschen.

4,312,13. Kraftansatz in Radialfugen des Kernringes

Unterstellt man, daß der Kernring in der Gebirgshülle radial kraftschlüssig, tangential aber unter Zwischenschaltung einer Gebirgsverkleidung durch geeignete Mittel gleitfähig gebettet ist und daß die letztere in allen Richtungen gleichartiges elastisches Verhalten aufweist, so könnte man die Vorspannung auch durch einen Druckansatz in Radialfugen zustandebringen. Das Auseinandertreiben der letzteren weckt in radialer Richtung einen elastischen Zwangsdruck, der die tangentiale Belastung im Gleichgewicht hält.

Für das Spannen kommen Druckspindeln, aber auch hydraulische Pressen oder Druckkissen in Betracht. Die Anzahl der Fugen, in denen solche Vorrichtungen eingebaut werden, müßte auf den Grad der Reibung am Kernringrücken abgestimmt sein. Nach beendetem Spannvorgang könnte der Kraftschluß der aufgeweiteten Kernringlücken zwecks Freimachung der Treibpressen durch geeignete Einlagen, z. B. Metallkeile oder dgl. hergestellt werden.

In der Praxis werden indessen die eingangs vorausgesetzten Eigenschaften der Konstruktion kaum annähernd erfüllt sein. Die Ungleichförmigkeit in bezug auf die radiale Deformation des Gebirges und die unvermeidliche Behinderung des Gleitvermögens in der Kontaktfuge verursachen eine solche Ablenkung des Kraftflusses, daß der angestrebte Effekt entweder gar nicht oder nur sehr unvollständig erreicht wird.

4,312,2. Thermische Vorspannung des Kernringes

Der Kernring läßt sich auch durch planmäßige Ausnützung der Temperaturdehnung als treibende Kraft vorspannen. Nach den Gesetzen der Wärmelehre ist jedem Wärmegehalt eines Körpers, der sich in der Temperatur äußert und durch diese meßbar ist, ein bestimmter Rauminhalt zugeordnet. Jede Änderung des Wärmegehaltes bewirkt daher eine Änderung des Inhaltes. Eine Erhöhung der Temperatur verursacht Ausdehnung, eine Abkühlung Schrumpfung.

Wenn wir daher einen künstlich unter die tiefste Betriebstemperatur abgekühlten Kernring in diesem Zustand im Gebirge kraftschlüssig betten, dann spannt er sich durch die spätere Angleichung an die Temperatur des Stollenwassers selbsttätig auf Ringdruck. Dieser könnte maximal, und zwar bei gedachtem starren Umschluß gemäß Gl. (62)

$$\sigma = -\frac{m}{m-1} \cdot \beta \cdot E \cdot \Delta t$$

betragen.

Für Beton mit $\beta = 10^{-5}$, $E = 250\,000$ kg/cm² und $m = 10$ wäre

$$\sigma = -\frac{10}{9} \cdot 10^{-5} \cdot 250\,000 \cdot \Delta t = -2{,}78\,\Delta t.$$

Mit $\Delta t = 10°$ wird $\sigma = -27{,}8$ kg/cm²; das wäre aber erst eine bescheidene Vorspannung.

Die praktische Ausnützung dieses Effektes setzt folgenden Vorgang voraus. Der Kernring wird in Anlehnung an eine satt gebettete, also gut hinterpreßte Gebirgsverkleidung ausgeführt. Nach Ablauf einer entsprechenden Alterungszeit von mehreren Monaten, in der er unbehindert schwinden kann, wird der Spaltraum in der Kontaktfuge künstlich so lange gekühlt, bis die Temperatur der Auskleidung auf das gewünschte Maß abgesunken ist. Dann wird der Spaltraum mit Zement verpreßt. Damit wären die Voraussetzungen gegeben, daß sich bei der späteren Erwärmung die angestrebten thermischen Zwangsspannungen einstellen. Wenn jedoch die Bettung unzulänglichen Kraftschluß aufweist oder das Gebirge stark nachgibt, dann kann sich die Temperaturdehnung mehr oder weniger unbehindert ausspielen und der Ringdruck nicht in der erwarteten Höhe zustandekommen.

4,312,3. Ausnützung chemischer Treibwirkung

Gewisse Zementarten haben die Eigenschaft, daß der daraus bereitete Beton nicht raumbeständig ist, sondern sich im Zuge des Abbindens ausdehnt. Auf dieser chemischen Treibwirkung beruht die Erfindung der expansiven Zemente[1]. Diese setzen sich aus drei Komponenten zusammen. Es sind dies: Portlandzement als Grundlage des Gemisches; Sulfo-Aluminium-Zement als expansiver Bestandteil und schließlich eine stabilisierende Beimischung, um die Treibwirkung dem jeweiligen Zweck entsprechend begrenzen zu können. Der erwähnten Quelle ist zu entnehmen, daß es möglich sei, sowohl das gewünschte Maß als auch die Dauer der Expansion mit großer Schärfe einzuhalten. Für die praktische Anwendung waren folgende Zementarten vorgesehen:

Schwindfreie Zemente	Expansion 2—3 mm/m;
schwach-expansive Zemente	Expansion 5—6 mm/m;
mittel-expansive Zemente	Expansion 8—10 mm/m;
stark-expansive Zemente	Expansion 12—15 mm/m.

Die Expansionsdauer ist mit 10 bis 15 Tagen angegeben, wobei sorgfältige Befeuchtung des Betons notwendig sei, weil das Abbinden in trockener Luft die Expansion in beträchtlichem Maße beeinträchtige.

Mit solchen expansiven Zementen soll sich unter sonst gleichen Bedingungen nach 28 Tagen eine größere Druckfestigkeit als mit Portlandzement ergeben.

Um eine chemische Treibwirkung in Vorspannung umsetzen zu können, müssen die gleichen Voraussetzungen, wie bei den zuletzt besprochenen zwei Möglichkeiten (Kraftansatz in Radialfugen des Kernringes und thermische Vor-

---

[1] Vgl. „Vorspannung durch expansiven Beton" von PIERRE LARDY in „Schweizerische Bauzeitung" 1944, Bd. 124, S. 95 und 96.

spannung) gegeben sein, nachdem die Spannkraft auch hier im Kernring in tangentialer Richtung aktiviert wird. Eine Vorspannung kann daher mittels Treibdehnung nur geweckt werden, wenn die radiale Ausdehnung durch die Gebirgshülle behindert wird.

Der Spanneffekt wird sonach — wie bei den eben erwähnten anderen zwei Methoden mit tangentialer Treibkraft — zwangsläufig umso geringer, je schlechter sich der Kontakt mit dem Gebirge erweist und je größer die Nachgiebigkeit des letzteren ist. Demzufolge hat man in schlechtem Gebirge von vornherein nur so geringe Erfolgsaussichten mit derartigen Methoden, daß man nicht damit rechnen darf, auf diese Weise den angestrebten Zweck zu erreichen.

Im übrigen ist keine Ausführung bekannt geworden, bei der expansiver Zement zur Vorspannung einer Stollenauskleidung Verwendung fand.

4,312,4. Hydraulische Spannmethode

In diesem Falle wird die Vorspannung durch hydraulische Aufpressung eines Hohlraumes zwischen dem Kernring und der abstützenden Gebirgshülle geweckt. Der aktive Drang ist also auch hier — ähnlich wie bei der schon beschriebenen Anordnung mit Spannschrauben — in radialer Richtung nach innen und außen wirksam. Wesentlich ist dabei die automatische Schaffung einer kraftschlüssigen Bettung im Zuge des Spannvorganges, damit der auf hydraulischem Wege bewirkte Zwangszustand nach Wegnahme des Preßdruckes im gewünschten Maße erhalten bleibt.

Diese Spannmethode wird grundsätzlich allen einschlägigen Erfordernissen gerecht. Sie erübrigt die Anwendung von Spannstahl und von komplizierten Spannvorrichtungen; der hydraulische Druck überwindet zwangsläufig alle bleibenden Nachgiebigkeiten bis zur Herstellung eines elastischen Zustandes sowie eines vollständigen Kraftschlusses zwischen Kernring und Gebirge; die Vorbelastung kann im Rahmen der praktisch gezogenen Grenzen beliebig gesteigert werden, so daß es möglich ist, auf diesem Wege nicht nur hohe Innendrücke, sondern auch alle nachteiligen Nebeneinflüsse, wie Schwinden, Kriechen, Abkühlungsschwund usw. durch entsprechende Zuschläge sicher zu beherrschen; die Vorspannung ist ein Vorgang, der sich ganz automatisch mittels Hochdruck-Zementinjektionspumpen bewerkstelligen läßt.

Die hydraulische Spannmethode ist daher allen sonstigen Möglichkeiten wirtschaftlich überlegen. Auf ihr beruht das später noch im einzelnen beschriebene Verfahren *Kernring-Auskleidung*.[1]

4,32. Erste einschlägige Konstruktionsideen

4,321. Vorschlag HAAG

Das gegenständliche Verfahren war eigentlich für die Auskleidung von Tunnel und Schächten bestimmt. HAAG glaubte indessen, daß es auch für den Druckstollenbau in Frage käme[2].

Der Gedanke von HAAG beruht auf der bereits beschriebenen mechanischen Spannmethode mittels radial angeordneter Schrauben zwischen Kernring und Gebirge[3]. Über diese Konstruktionsidee führt ihr Urheber etwa folgendes

---

[1] Vgl. Abschnitt 4,342.

[2] Vgl. „Druckstollenbau (Ein Beitrag)" von A. HAAG in „Der Bauingenieur" 1922, H. 23 unter „Kurze technische Berichte", S. 730.

[3] Vgl. Abschnitt 4,312,12.

aus: „Er habe schon im Jahre 1916 vorgeschlagen, Tunnel und Schächte mit doppelten Mänteln zu umkleiden, von denen der innere starr ist, während der äußere aus beweglichen Platten besteht, die vom Innenraum der Tunnel und Schächte durch Andrehen von Stockschrauben gegen das umgebende Erdreich fest angepreßt werden. Hierauf sei der Raum zwischen den beiden Mänteln mit Zementmörtel oder dgl. satt auszufüllen. Auf diese Weise würden Tunnel und Schächte in das umgebende Erdreich fest eingespannt und Sackungen des Betons vermieden.

Dieser Vorschlag könne manchmal auch im Druckstollenbau von Nutzen sein. Der starre, dichte Innenmantel, in dem die Muttern der Stockschrauben sitzen, könne aus Eisen oder Eisenbeton hergestellt werden. Im Innenmantel ließen sich Öffnungen zum Ausfüllen des Raumes zwischen beiden Mänteln mit Zementmörtel oder Torkretbeton aussparen, die nach Bewerkstelligung dieser Arbeit zu schließen seien. Die beweglichen Teile des Außenmantels würden bei Druckstollen so klein zu bemessen sein, daß sie sich auf die Füße der Stockschrauben beschränken könnten. Das Gebirge wäre an den Druckstellen vor Einbringen der Mäntel mit Zementmörtel parallel zu den Mantelflächen abzuglätten, damit ein Abrutschen der Füße und Biegungsspannungen in den Schrauben vermieden werden.

Durch das Andrehen der letzteren werde der Innenmantel des Druckstollens in Druckspannung versetzt und das Gebirge durch die nach außen gerichtete Pressung so verdichtet und gefestigt, daß nach dem Einlassen des Druckwassers in den Stollen weder Risse im Innenmantel noch ein Nachgeben des Gebirges mehr zu befürchten seien. Zumindestens könnten diese Gefahren erheblich vermindert werden.

Die Stockschrauben seien nach der Ausfüllung des Hohlraumes durch Rückwärtsdrehen die Muttern durch Loslösen wiedergewinnbar.

Schließlich könne die Bettungsziffer an jeder Stelle durch entsprechendes Andrehen der Stockschrauben dem Bedarf entsprechend eingestellt werden, soferne das Gebirge genügend widerstandsfähig sei."

Mit diesem Vorschlag wurde bereits eine Möglichkeit beschrieben, eine rißsichere Auskleidung durch Vorspannung eines Kernringes zu erzielen. HAAG gebührt daher das Verdienst, als erster auf die Bedeutung einer solchen Maßnahme für den Druckstollenbau hingewiesen zu haben. Es mangelt allerdings noch an näheren Angaben über verschiedene wesentliche konstruktive Einzelheiten, ohne die der grundsätzlich richtige Gedanke nicht verwertbar war. Dazu gehören z. B. die Frage des Kernringeinbaues, die Abgrenzung der Zonen, die Konstruktion und Handhabung der Stockschrauben, die Haltung des Spanndruckes nach ihrer Wegnahme usw. Daß der Autor den inneren elastischen Mantel versehentlich als „starr" bezeichnete, kann den Wert dieser zweckdienlichen Anregung nicht schmälern. Nachdem sie jedoch in der Praxis keine Beachtung fand, sollen wenigstens diese Ausführungen daran erinnern, daß HAAG mit seiner Veröffentlichung der Fachwelt Erkenntnisse vermittelte, die erst in der jüngsten Zeit entsprechende Würdigung fanden.

4,322. Vorschlag WOLFSHOLZ

Zu den ersten einschlägigen Konstruktionsideen hat auch WOLFSHOLZ durch die nachstehend beschriebenen zwei Vorschläge beigetragen. Dabei kann man mangels eines diesbezüglichen Hinweises in der Literatur allerdings im Zweifel sein, ob vom Urheber als Verfahrenszweck die Ausnützung eines Vorspanneffektes im Sinne unserer heutigen Vorstellung überhaupt angestrebt wurde.

Dem Buch von Randzio sind über diese Wolfsholzschen Auskleidungsmethoden folgende Einzelheiten entnommen[1]:

Nach dem ersten Vorschlag wären im fertig ausgebrochenen Stollen im Abstand von 5 bis 6 m Betonringe von der Stärke der herzustellenden Verkleidung auszuführen; diese hätten den Abschluß für eine Preßform, die einerseits aus dem Gebirge, andererseits aus einer kräftig konstruierten Holzverschalung besteht, zu bilden. Vor Einbau der letzteren könnten nötigenfalls mittels im Fels verankerter Haken Bewehrungseisen eingelegt werden. In dem zwischen Schalung und Gebirge verbleibenden Hohlraum wäre zunächst zwecks Reinigung und Nässung Druckwasser einzulassen und schließlich Zementmörtel mit einem Druck, der größer als der im Betrieb vorkommende sein soll, auszupressen. Wahlweise war die Auspackung des Hohlraumes mit Steinschlag und dessen Verpressung mit Mörtel vorgesehen. Wolfsholz glaubte auf diese Weise die Gebirgshülle in ein „starres, unnachgiebiges" Widerlager der Auskleidung verwandeln zu können, so daß dann Rißbildung und Wasserverluste ausgeschlossen seien.

Abgesehen davon, daß eine Holzverschalung keinem nennenswerten Preßdruck standzuhalten vermag, läßt sich jedoch der angestrebte Effekt durch solche Maßnahmen auch aus anderen Gründen nicht erzielen. Übrigens führte ein beim Bau des Spullerseewerkes mit dieser Methode unternommener Versuch zu einem ausgesprochenen Mißerfolg.

Der von Wolfsholz in weiterer Folge gemachte zweite Vorschlag sieht ebenfalls in etwa 5 m Abstand Abschlußrippen, jedoch diesmal aus Preßbeton vor. Zu deren Herstellung waren mittels Flacheisen im Gebirge zu verankernde, aus zwei Winkeleisen und einem Blech bestehende Formen vorgesehen. Die frühere Holzschalung in den dazwischen liegenden Zonen sollte nun durch ein Eisenbetonrohr ersetzt werden, das wie folgt auszuführen sei: Zunächst wären senkrecht zur Stollenachse im Abstand von etwa 25 cm rund 50 cm tiefe Löcher zu bohren; in diese wären sodann mit „Gebirgsnieten" bezeichnete Rundeisenanker mittels Preßmörtel zu versetzen; letztere hätten mit ihren umgebogenen Enden so weit in das Stolleninnere zu reichen, daß sie ein ½ mm starkes Blechrohr und eine Rundeisenbewehrung tragen können. Das erstere solle von der Felswand 6 cm Abstand haben und für den Auftrag eines 9 cm starken Torkretringes als äußere Schalung dienen. Nach Erhärtung des Torkrets hätte, wie beim ersten Vorschlag, zunächst die Ausspülung des Hohlraumes mit Druckwasser und sodann dessen Auspressung mit Mörtel — und zwar wiederum mit einem größeren Druck, als er beim späteren Betrieb auftritt — zu erfolgen.

Es sollte auf diese Weise „ein wegen der Eigenschaften des Gebläsebetons und wegen der Eisenbewehrung zugfester Innenmantel und ein durch Preßbeton in Verbindung mit dem genieteten Gebirge fester Druckmantel entstehen, der dem Innenmantel als Widerlager dienen kann und zugleich fest mit ihm zusammenhängt."

Zu einer praktischen Anwendung dieses an sich sehr beachtenswerten Auskleidungsvorschlages ist es nicht gekommen. Dessenungeachtet gebührt ihm eine besondere Würdigung als Vorläufer der hydraulischen Vorspannauskleidungen, weil dabei schon eine ähnliche Zielsetzung erkennbar ist. Allerdings waren weder die Konstruktion noch der vorgesehene Vorgang bei der Verfüllung des Hohlraumes geeignet, den angestrebten Zweck in befriedigender Weise zu erreichen. Dies schon in erster Linie deshalb, weil man auf pneumatischem Wege mit Preßbeton oder Preßmörtel überhaupt keine nennenswerte Vorspannung zustande-

---

[1] Vgl. Dr. jur. Dr. Ing. Randzio: Stollenbau, S. 218 bis 220.

bringt. Weiters würden die „Gebirgsnieten" gerade jenes Deformationsspiel unterbinden, auf dem ein Vorspanneffekt beruht, nämlich einerseits die Stauchung des Eisenbetonrohres und andererseits die Ausweitung der Gebirgsleibung. Vom Standpunkt dieses Vorhabens ist daher die Anordnung der radialen Ankereisen sinnwidrig. Ohne diese könnte aber das Eisenbetonrohr weder hergestellt noch wegen des Auftriebes hinterpreßt werden. Ferner würden die Zonenabschlüsse in der vorgesehenen Form bei höheren Preßdrücken sowohl statisch als auch in bezug auf die Abdichtung gegen Durchbrüche des Einpreßgutes versagen.

Einer praktischen Anwendbarkeit stehen aber neben den erwähnten grundsätzlichen Mängeln auch ausführungstechnische und wirtschaftliche Erwägungen entgegen. Wenn man bedenkt, daß ein Meter Stollen mit 3 m Durchmesser mehr als 150 Ankerlöcher und -eisen erfordert, dann in diese vielen Eisen ein Blech eingehängt werden soll, so wird die abschreckende Wirkung der offensichtlichen Beschwernisse bei der Ausführung und der damit verbundenen Kosten verständlich; dies umsomehr, als die Erfolgsaussichten den Erwartungen des Urhebers durchaus nicht entsprechen.

Beide Vorschläge von WOLFSHOLZ haben schließlich den großen Nachteil, daß die gegebenen Ausführungsanleitungen nur auf standfestes Gebirge abgestellt sind und daher das Vorhandensein einer Hilfsrüstung ausschließen.

4,323. Vorschlag BRAUN

In Weiterverfolgung der Ideen von WOLFSHOLZ hat BRAUN ein Verfahren vorgeschlagen, dem die Absicht zugrunde liegt, einem inneren Auskleidungsring durch Preßbeton zwecks Erzeugung von Druckkräften, die größer sind als die

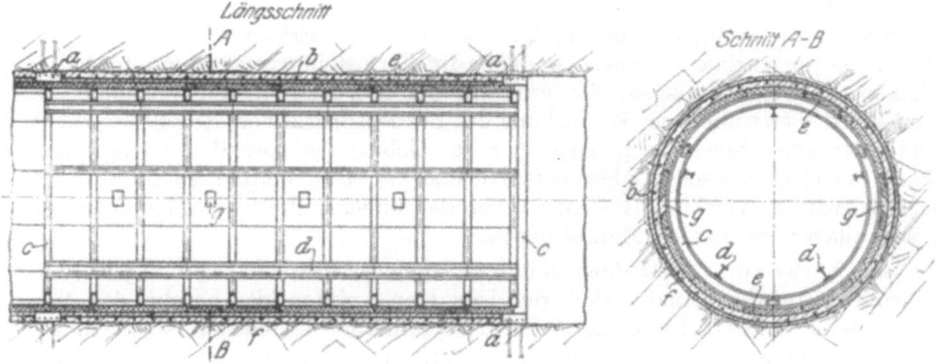

Abb. 55. Druckstollenauskleidung nach BRAUN. [Aus E. RANDZIO: Stollenbau, S. 220, Abb. 164.]

später infolge der Betriebsbeanspruchung auftretenden Zugkräfte, eine Vorspannung zu geben. Gleichzeitig sollten Ringeiseneinlagen in der Preßbetonschicht die Übertragung von Betriebsbeanspruchungen auf das Gebirge verhindern[1].

Die konstruktiven Einzelheiten dieses Systems sind aus Abb. 55 ersichtlich.

Die wesentlichen Unterschiede gegenüber dem zweiten Vorschlag von WOLFSHOLZ bestehen darin, daß BRAUN das bewehrte Torkretrohr durch eine aus Formsteinen zusammengebaute Innenschale ersetzt und die Ringarmierung

---

[1] Vgl. a) Deutsches Reichspatent Nr. 429.721 vom 1. 6. 1926; b) Dr. jur. Dr. Ing. RANDZIO: Stollenbau, S. 220 und 221.

nicht in der letzteren, sondern im Hinterpreßraum anordnet. Den angegebenen Quellen ist ferner folgendes zu entnehmen:

Die Abschlußringe a sind wiederum in Abständen von etwa 5 m vorgesehen. Zwischen diesen ist die Eisenbewehrung b einzulegen und nötigenfalls im Gebirge mittels Anker zu befestigen. Bei Einhaltung eines angemessenen Spaltraumes von 20 bis 40 mm ist dann eine geschlossene Innenschale e herzustellen. Deren Ausführung könne z. B. mit Beton- oder Eisenbetonformsteinen auf einer Hilfsabstützung erfolgen. Hiebei sei so vorzugehen, daß zunächst auf die Sohle der Ringrippen a drei bis vier Formsteine verlegt werden, auf die je ein Stützring c gestellt wird. Mit letzterem sind hierauf die als Längsträger dienenden Walzeisen d zu verschrauben, die den weiteren Rüstringen Halt geben. Diesem freitragenden Gerippe werden dann an der Außenseite die Formsteine unter Verwendung besonderer Befestigungsmittel, z. B. Bindedraht, als Schale angehängt. Schließlich wird in den Hohlraum f durch die an verschiedenen Stellen angebrachten absperrbaren Eingießstutzen g nach vorheriger Ausspülung mit Druckwasser flüssiger Mörtel eingepreßt. Dabei soll — wie bei Wolfsholz — mit einem Druck gearbeitet werden, der größer, beispielsweise doppelt so hoch, als der spätere Betriebsdruck ist. Der Druck auf den Preßbeton sei bis zu dessen Erhärtung zu halten. Durch diese Einpressung bekäme die innere Schale Vorspannung, wobei die Formsteine fest aufeinandergedrückt und die Fugen gedichtet werden, so daß ein wasserdichter Abschluß gewährleistet sei. Dabei dürfe aber die Hilfsabstützung die Deformation nicht behindern; dies könne dadurch erreicht werden, daß an den Stößen der aus mehreren Teilen bestehenden Stützringe eine nachgiebige Verbindung geschaffen wird. Zur besseren Dichtung der Fugen könnten beim Versetzen der Formsteine Teerstricke, Bleiwolle, Asphalt oder dgl. dienen.

Braun unterstellt, daß der Preßdruck auch nach Erhärten des Betons und damit die tangentialen Druckspannungen im Formsteinmantel dauernd erhalten bleiben. Die Eiseneinlagen, die während der Mörteleinpressung spannungslos sind, werden erst unter der Einwirkung des Betriebsdruckes auf Zug beansprucht, und zwar umso höher, je nachgiebiger das Gebirge ist. Die Bewehrung könne daher der Gebirgsbeschaffenheit entsprechend bemessen werden. Dadurch unterscheide sich das Verfahren wesentlich von den üblichen Methoden, bei denen die Eiseneinlagen im inneren Mantel liegen.

Eine Verwertung dieses Auskleidungsvorschlages ist nicht bekannt geworden. Obwohl er auf der grundsätzlich richtigen Konstruktionsidee beruht, den Vorspanneffekt zur Abdichtung der Stollenröhre nutzbar zu machen, wäre der angestrebte Zweck wegen verschiedener wesentlicher verfahrenstechnischer Mängel doch nicht erreicht worden.

Einen wesentlichen Grund hiefür bildet — so wie beim WOLFSHOLZschen Vorschlag — wiederum der Umstand, daß man die notwendige Spannwirkung auf dem beschriebenen Wege nicht zustandebringt. So ist u. a. eine Druckhaltung bis zur Erhärtung in der vorgesehenen Weise unwirksam und außerdem praktisch undurchführbar, weil der Mörtel ja auch in den Anschlußschläuchen erstarren würde. Ferner entspricht die Konstruktion des inneren Mantels nicht den statischen Erfordernissen. Eine mit Bindedraht an eine freitragende, nachgiebige Rüstung angehängte Formsteinschale würde weder dem Auftrieb standhalten, noch den sonstigen unvermeidlichen Druckunterschieden gewachsen sein; wegen mangelhafter Stabilität der Röhre müßte man trotz der erwähnten Vorsorgen für die Dichtung der Fugen vielmehr mit bedrohlichen Ausbrüchen des Einpreßgutes, mit Biegungsverformungen und schließlich mit dem Zerfall der Schale

rechnen. Die Zonenabschlußringe haben die gleiche Schwäche wie beim WOLFS-
HOLZschen Verfahren; sie entsprechen somit ebenfalls nicht der vorgesehenen
hydraulischen Belastung des Hinterpreßraumes.

Der Wert der Ringeiseneinlagen in letzterem ist sehr fragwürdig; dies deshalb,
weil das Gebirge doch in der Lage sein müßte, dem Spanndruck das elastische
Gleichgewicht zu halten, bis die Erhärtung eingetreten ist. Wenn man dem Gebirge
aber schon diese Rolle zuordnet, dann kann man wohl voraussetzen, daß es auch
der vom Innendruck bewirkten zusätzlichen Beanspruchung ohne Zwischenschaltung von Bewehrungseisen standhält. Nachdem man jedoch nicht damit
rechnen kann, verfahrensgemäß eine vorgespannte Auskleidung zustandezubringen, bliebe im Endeffekt wieder eine gewöhnliche Stahlbetonauskleidung
mit den schon im einzelnen erörterten Schwächen übrig. Soferne man unterstellen dürfte, daß die innere Schale und die Zonenabschlüsse dem Druck des
flüssigen Mörtels gewachsen sind, würde dieser allerdings bewirken, daß die
bleibende Nachgiebigkeit des Gebirges überwunden und dadurch eine wesentlich
bessere Bettung gegenüber einer gewöhnlichen Auskleidung erzielt wird.

Nebenbei sei noch bemerkt, daß die Ummantelung eines frei tragenden Stahl-
gerippes mit einer fugendichten Formsteinschale keine leichte Aufgabe darstellt.
Schließlich wäre die Anwendbarkeit der Ausführungsanleitung — so wie bei den
WOLFSHOLZschen Vorschlägen — auf standfestes Gebirge beschränkt; es bleibt
daher die Frage offen, wie in Stollenstrecken, die einer Hilfsrüstung bedürfen,
also in schlechtem Gebirge, vorzugehen sei.

4,33. Verfahren mit Stahl als Spannmittel

4,331. System WAYSS & FREYTAG

Bei der im Jahre 1944 angelaufenen und nach dem Kriege von der Tauernkraftwerke Aktiengesellschaft übernommenen Hauptstufe Kaprun wurde auf
Grund der Vorschläge der Firma Wayss & Freytag A. G., Frankfurt am Main,
erstmals ein Vorspannsystem mit Stahl als Spannmittel für die Auskleidung eines
1316 m langen Druckstollenabschnittes vor dem Übergang in den gepanzerten
Schrägstollen sowie einer 165 m langen Strecke im Schrägschacht des Wasserschlosses angewandt[1]. Die Wahl dieses Systems erfolgte wegen der ungünstigen
geologischen Verhältnisse im letzten Teil der Stollenführung. Die hier durch-
fahrenen Schwarzphyllite wurden dahingehend beurteilt, daß man ihnen das
nötige Widerstandsvermögen gegen den Innendruck nicht zutrauen dürfe und
daß es daher notwendig sei, in ihrem Bereiche eine zugfeste Auskleidung einzubauen.

Der für 32 m³/s bemessene Druckstollen hat eine Länge von 7065 m. Der
Durchmesser beträgt 3,20 m, die Sohle fällt mit 2,6 ⁰/₀₀. Beim Wasserschloß liegt
die Achse auf Höhe 1564,82 m ü. M.; der höchste Schwall in ersterem erreicht bei
einem Stauziel von 1672 m ü. M. die Kote 1678 m ü. M., so daß der Betriebsdruck bis auf 11,3 atü ansteigen kann.

Die im Stollen ausgeführte Vorspannauskleidung ist in Abb. 56 dargestellt.

Sie setzt sich aus zwei Hauptbestandteilen zusammen, und zwar: Einem vorgespannten Betonrohr und einer zwischen dessen Mantel und dem Gebirge ein-

---

[1] Vgl. „Die Hauptstufe Glockner Kaprun", Festschrift der Tauernkraftwerke A. G.
vom September 1951 mit dem darin enthaltenen Aufsatz „Druckstollen, Wasserschloß
und Schrägstollen der Kraftwerksanlage Kaprun-Hauptstufe" von Dipl.-Ing. FRITZ
GSCHAIDER, S. 180—191.

gebrachten Verfüllung aus Preßmörtel. Dem Ersten obliegt die Sicherung der Stollenröhre gegen den Betriebsdruck und in Verbindung mit der bewehrten Torkretschale die Abdichtung gegen Wasserverluste. Die Mörtelverfüllung hat hingegen die Aufgabe einer Bettung zwecks Stabilisierung des äußeren Gleichgewichtes; wenn diese kraftschlüssig zustandekommt, zwingt sie die Gebirgshülle zur anteiligen Mitwirkung an der Aufnahme des Innendruckes.

Der Auskleidungsquerschnitt hat folgende Ausmaße: Lichter Durchmesser 3,20 m; Stärke der Torkretmanschette 2,5 cm und jene des Betonrohres 30 cm;

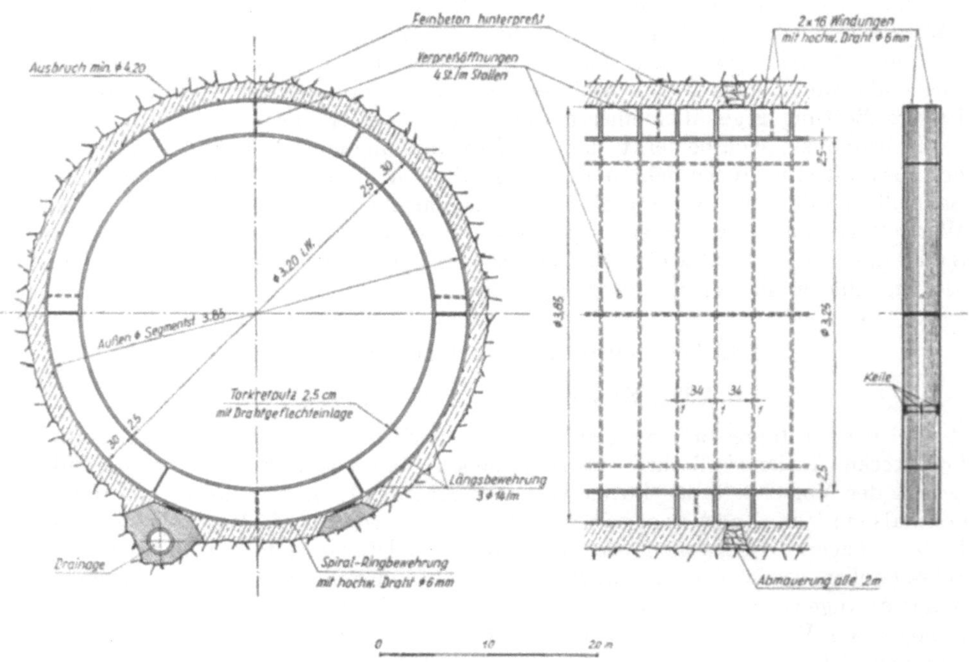

Abb. 56. Spannbetonauskleidung nach WAYSS & FREYTAG.
[Aus „Die Hauptstufe Glockner Kaprun", S. 185, Abb. 2.]

Mindestabstand vom Fels 15 cm; somit kleinster Durchmesser des Vollausbruches 4,15 m.

In nicht standfesten Strecken wurde die Stollenröhre vorgängig durch eine Vorausmauerung aus Bruchsteinen gesichert.

Bei den gegebenen Dimensionen kam der Einbau fabriksmäßig erzeugter Spannbetonrohre nicht in Frage, so daß sie an Ort und Stelle hergestellt und versetzt werden mußten. Dabei wurde wie folgt verfahren:

Nach Vollendung des Vollausbruches erfolgte zunächst, den weiteren Baumaßnahmen vorauseilend, der Einbau der Drainage und die Betonierung der beidseitigen Auflager-Längsschwellen. Dann wurde das Rohr aus 34 cm langen, 30 cm starken vorgespannten Betonringen zusammengebaut. Zur Herstellung der letzteren diente eine eigens für diesen Zweck konstruierte Wickel- und Versetzmaschine, der man den Namen „Teufelsrad" zulegte.

Die einzelnen Rohreinheiten bestehen aus je sechs, auf der Baustelle vorfabrizierten Segmentstücken. Diese wurden vor der Einbaustelle auf der erwähnten Spezialmaschine in waagrechter Lage zu Ringen zusammengefügt und mit einem aus legiertem Vorspannstahl hergestellten Draht von 6 mm Stärke in zwei nebeneinanderliegenden Spiralen umwickelt. Die Zahl der Windungen richtete sich nach dem jeweils geforderten Spannvermögen und betrug maximal 32. Der im Zuge der Wicklung an die Ringe anlaufende Draht war mittels eines durch ein Gewicht belastetes Ausgleichsgetriebe mit 7000 kg/cm² vorgespannt. Die Befestigung der Drahtenden erfolgte an den zu diesem Zwecke in den Segmenten verankerten Eisen durch Verkeilung.

Eine Aufnahme der Wickelmaschine mit einem in Kippung begriffenen vorgespannten Ring gibt die Abb. 57 wieder.

Abb. 57. Wickel- und Versetzmaschine (Teufelsrad).

Nach Absetzung des letzteren auf die Längsschwellen konnte mit der Herstellung des nächsten Ringes begonnen werden. Das Stollengleis wurde im Zuge der Rohrmontage stoßweise abgebaut.

Alle zwei Meter erfolgte eine Abmauerung des Hinterpreßhohlraumes. Dieser erhielt vor der Ringmontage im Umkreis des Rohrmantels zur Hintanhaltung von Ringrissen eine Längsbewehrung, bestehend aus je drei Rundeisen ⌀ 14 mm. Deren Enden wurden zu Rundhaken gebogen und mit entsprechenden Stoßübergriffen verlegt.

Die Auspressung des Hohlraumes erfolgte zonenweise auf pneumatischem Wege mit Mörtel der Körnung 0 bis 7 mm. Zu diesem Zwecke waren die Ringe in versetzter Folge mit vier Einpreßöffnungen je laufendem Meter versehen. Die Ringfugen wurden vorgängig vom Stolleninnern aus sorgfältig vermörtelt, um einen Arbeitsdruck von 6 atü ansetzen zu können.

Eine Aufbohrung der Einpreßöffnungen in der Firste und Sohle ermöglichte die Vornahme von Nachinjektionen. Das Aufnahmevermögen dieser Löcher war jedoch gering. Schließlich erfolgte an der Innenleibung die Aufbringung einer schwachen Baustahlmatte und eines geschliffenen Torkretputzes.

Im Schrägschacht des Wasserschlosses betrug der lichte Durchmesser 3,55 m.

In der angeführten Quelle ist erwähnt, daß ein Abpreßversuch in einem, in der Unterkammer des Wasserschlosses angelegten, 40 m langen Probestück keine zuverlässigen Aufschlüsse erbrachte; dessenungeachtet wurde die Ausführung der Spannbetonstrecke beschlossen, nachdem eine vorgängige Wiederholung des Versuches aus Termingründen nicht in Frage kam.

Die Berechnungsannahmen für die Bemessung der Spanndrähte sind dem Verfasser nicht bekannt. Eine Nachrechnung führt zu folgendem Ergebnis:

Einer 32-fachen Umschlingung mit 6 mm Draht auf 35 cm Achslänge entspricht eine verglichene Spannstahlstärke von $d_2 = 0,258$ cm. Die Halbmesser des Rohres sind: Innen $a_1 = 162,5$ cm; außen $a_2 = 192,5$ cm. Es sollen im übrigen für die Größen σ, d und E als Zeiger beim Beton ein Einser, beim Spannstahl hingegen ein Zweier gelten; ferner sollen die von der Vorspannung abhängigen Größen einmal und die vom Betriebsdruck abhängigen zweimal überstrichen werden.

Der radiale Spanndruck ist dann für eine Vorspannung von $\overline{\sigma_2} = 7000$ kg/cm²

$$\overline{p_2} = \frac{\overline{\sigma_2} \cdot d_2}{a_2} = \frac{7000 \cdot 0,258}{192,5} = 9,38 \text{ kg/cm}^2.$$

Daraus erhält man als tangentialen Spanndruck im Betonrohr:
Im Mittel

$$\overline{\sigma_1} = \frac{\overline{\sigma_2} \cdot d_2}{d_1} = \frac{7000 \cdot 0,258}{30} = 60,2 \text{ kg/cm}^2$$

und an der Innenleibung nach Gleichung (30)

$$\overline{\sigma_t}' = -\overline{p_2} \cdot \frac{2 a_2{}^2}{a_2{}^2 - a_1{}^2} = -9,38 \cdot \frac{2 \cdot 192,5^2}{192,5^2 - 162,5^2} = -65,1 \text{ kg/cm}^2.$$

Man ersieht daraus, daß von der Ringdruckfestigkeit, die man größer als 300 kg/cm² voraussetzen kann, nur der unterste Bereich zur Ausnützung gelangte und daher die Wandstärke der Rohre sehr reichlich bemessen ist.

Der Einfluß des Betriebsdruckes $\overline{\overline{p_1}}$ ergibt sich bei Vernachlässigung einer statischen Mitwirkung des Gebirges und des Torkretputzes aus folgenden Beziehungen:

Anteil Betonrohr　$\overline{\overline{p_1}}' = \alpha \cdot \overline{\overline{p_1}}$;

Anteil Spannstahl　$\overline{\overline{p_1}}'' = \beta \cdot \overline{\overline{p_1}}$.

Dabei ist

$$\alpha + \beta = 1. \tag{89}$$

Aus der Bedingung, daß die radialen Dehnungen am Rohrmantel für Rohr und Stahl gleich sein müssen, erhält man die Bestimmungsgleichung für α.

Es ist nach Gleichung (21) für das Rohr

$$\overline{\overline{u_2}}' = \alpha \cdot \overline{\overline{p_1}} \cdot \frac{2 a_1{}^2 \cdot a_2}{E_1 \cdot (a_2{}^2 - a_1{}^2)}; \tag{90}$$

ferner für den Spannstahl

$$\overline{\overline{u_2}}'' = \frac{\beta \cdot \overline{\overline{p_1}} \cdot a_1}{d_2 \cdot E_2} \cdot a_2. \tag{91}$$

Daraus erhält man mit $\beta = 1 - \alpha$

$$\alpha = \cfrac{1}{\cfrac{2\,a_1 \cdot d_2}{a_2^{\,2} - a_1^{\,2}} \cdot \cfrac{E_2}{E_1} + 1}. \qquad (92)$$

Bei Annahme von $E_1 = 250\,000$ kg/cm² und $E_2 = 1\,740\,000$ kg/cm² (wahrscheinlicher Wert für den Spannstahl), also

$$n = \frac{E_2}{E_1} = 6{,}96 \text{ wird}$$

$$\alpha = \cfrac{1}{\cfrac{2 \cdot 162{,}5 \cdot 0{,}258}{192{,}5^2 - 162{,}5^2} \cdot 6{,}96 + 1} = 0{,}948$$

und

$$\beta = 1 - \alpha = 0{,}052.$$

Nach Gleichung (17) ist die Zugspannung an der Innenleibung

$$\overline{\overline{\sigma}}_t{}' = \alpha \cdot \overline{\overline{p}}_1 \cdot \frac{a_1^2 + a_2^2}{a_2^2 - a_1^2} = \frac{162{,}5^2 + 192{,}5^2}{192{,}5^2 - 162{,}5^2} \cdot \alpha \cdot \overline{\overline{p}}_1 = 5{,}93 \cdot \alpha \cdot \overline{\overline{p}}_1. \qquad (93)$$

Mit $\alpha = 0{,}948$ und dem maximalen Betriebsdruck $\overline{\overline{p}}_1 = 11{,}3$ kg/cm² erhält man

$$\overline{\overline{\sigma}}_t{}' = 5{,}93 \cdot 0{,}948 \cdot 11{,}3 = 63{,}6 \text{ kg/cm}^2.$$

Als resultierende Spannung ergibt sich sonach

$$\sigma_t{}' = \overline{\sigma}_t{}' + \overline{\overline{\sigma}}_t{}' = -\,65{,}1 + 63{,}6 = -\,1{,}5 \text{ kg/cm}^2.$$

Die radiale Dehnung zufolge des Betriebsdruckes an der Innenleibung ist nach Gleichung (18)

$$\overline{\overline{u}}_1 = \alpha \cdot \overline{\overline{p}}_1 \cdot \frac{a_1}{E_1\,(a_2^2 - a_1^2)} \cdot \left[\frac{m-1}{m} \cdot a_1^2 + \frac{m+1}{m} \cdot a_2^2 \right].$$

Für $m = 6$ wird

$$\overline{\overline{u}}_1 = 0{,}948 \cdot 11{,}3 \cdot \frac{162{,}5}{250\,000 \cdot (192{,}5^2 - 162{,}5^2)} \cdot \left[\frac{5}{6}\,162{,}5^2 + \frac{7}{6}\,192{,}5^2 \right] = 0{,}0423 \text{ cm}.$$

Daraus ergibt sich:

Die Durchmesserdehnung mit

$$\varDelta\,\overline{\overline{D}}_1 = 2\,\overline{\overline{u}}_1 = 0{,}0846 \text{ cm},$$

die Umfangsdehnung

$$\varDelta\,\overline{\overline{U}}_1 = 2\,\pi \cdot \overline{\overline{u}}_1 = 0{,}266 \text{ cm}$$

und die Erhöhung des Spannzuges in den Drähten

$$\overline{\overline{\sigma}}_2 = \frac{\beta \cdot \overline{\overline{p}}_1 \cdot a_1}{d_2} = \frac{0{,}052 \cdot 11{,}3 \cdot 162{,}5}{0{,}258} = 370 \text{ kg/cm}^2.$$

Der Betriebsdruck steigert daher die Stahlspannung auf

$$\sigma_2 = \overline{\sigma}_2 + \overline{\overline{\sigma}}_2 = 7000 + 370 = 7370 \text{ kg/cm}^2.$$

Über die vor der Vollbelastung des Druckstollens in der Spannbetonstrecke vorgenommenen Abpreßversuche wird noch später kurz berichtet[1]. Zum Ver-

---

[1] Vgl. Abschnitt 5.

gleich mit den vorstehend errechneten Deformationsgrößen werden jedoch vorgreifend die Meßergebnisse dieser Versuche wie folgt angeführt: Bei einem Innendruck von 12 atü ergab sich eine Umfangsdehnung von 7,5 mm; davon sind bei der Entlastung 3,2 mm verblieben. Von zwei zueinander senkrecht stehenden, unter 45° geneigten Durchmessern zeigte der eine 2,4 mm, der andere aber nur 1 mm Verlängerung an.

Die Berechnung ergab dagegen für 11,3 atü Betriebsdruck eine Umfangsdehnung von 2,66 mm und eine Durchmesserdehnung von 0,846 mm; auf 12 atü Betriebsdruck umgerechnet wären das 2,82 und 0,90 mm. (Diese Werte gelten allerdings nur unter der Voraussetzung eines vollkommen elastischen Verhaltens des Betons in beiden Deformationsrichtungen mit $E_1 = 250\,000$ kg/cm², ohne Berücksichtigung irgendwelcher Nebeneinflüsse, wie thermischer Verformungen, Schwinden, Schwellen und Kriechen sowie bei Vernachlässigung einer Mitwirkung der Gebirgshülle.)

Die gemessenen Deformationen liegen sonach erheblich über den gerechneten. Von einem Versuch, diesen auffallenden Unterschied zu erklären, wird jedoch mangels Kenntnis der maßgebenden Einzelheiten und Zusammenhänge Abstand genommen.

Eine weitere Anwendung dieser Bauweise ist nicht bekannt geworden.

4,332. System DYCKERHOFF & WIDMANN

Eine grundsätzlich andere Lösung, bei der ebenfalls Stahl als Spannmittel Verwendung findet, stellt das von der Firma DYCKERHOFF & WIDMANN, Kommanditgesellschaft München entwickelte Spannbetonverfahren dar. Dieses ist

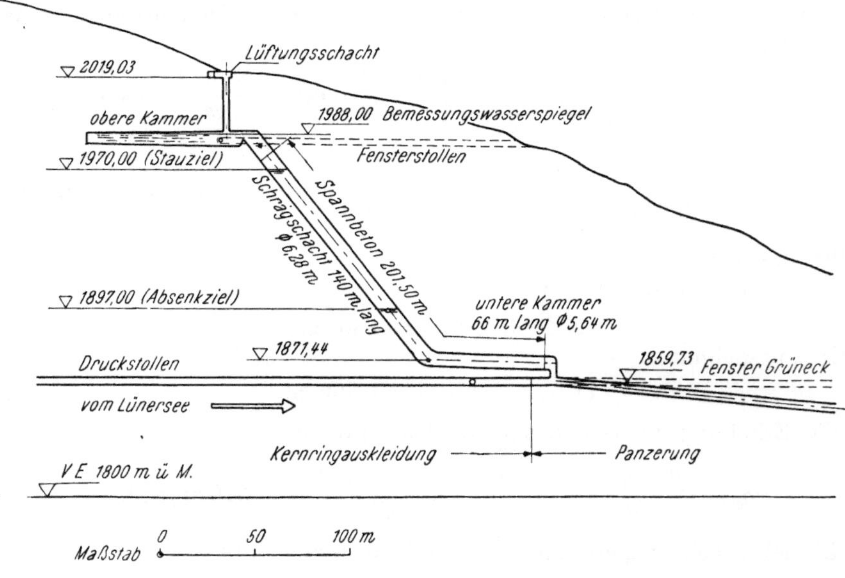

Abb. 58. Wasserschloß des Lünerseewerkes.

zufolge einer im Jahre 1951 beim Deutschen Patentamt eingereichten Anmeldung dadurch gekennzeichnet, „daß die vorzuspannenden, in Ring- oder Teilringform angeordneten Stahlstäbe in an sich bekannter Weise in Hüllrohren verlegt werden und daß an den sich überschneidenden und mit angerollten Gewinden versehenen Enden Aussparungen im Beton für das Ansetzen der Pressen vorgesehen werden, die nach dem Anspannen und dem Verankern der Stahlstäbe nach Erhärtung der Beton-Auskleidung und nach dem Auspressen der Hüllrohre mit Zementmörtel ausbetoniert werden."

Als weitere Kennzeichen waren angegeben: Die Länge eines Spannstabes solle einen Bruchteil des Rohrumfanges, vorzugsweise etwas mehr als ein Drittel des letzteren betragen, so daß dann ein Ring aus drei, sich etwa um einen halben Meter übergreifenden Stahlstäben besteht; daß ferner die Bewehrung in zwei zueinander versetzten Lagen angeordnet und der beim Spannen entstehende Spalt zwischen dem Betonring und der Felswand bzw. einer Gebirgsverkleidung mit Zementmörtel ausgepreßt wird; daß auf der Innen- oder Außenseite der Auskleidung oder auf beiden Seiten Baustahlgewebematten angeordnet werden und daß schließlich jede Ankerplatte schon vor dem Versetzen mit einem Holzzementklotz o. dgl. zu verbinden sei, der dann zur Gewinnung der Nischen für den Ansatz der Pressen herauszuspitzen ist.

Bei dieser Bauweise erfolgt also die Betonierung des vorzuspannenden Auskleidungsringes an Ort und Stelle, und zwar entweder direkt gegen das Gebirge oder gegen eine Vorauskleidung, wobei die Hüllrohre für die Spannstäbe wie eine Bewehrung mit einbetoniert werden. Der Bemessung sollte eine Vorspannung von etwa 4500 kg/cm² im Stahl und rund 60 kg/cm² im Beton zugrundegelegt werden.

Dieses System wurde im Wasserschloß des Lünerseewerkes auf Grund eines Vorschlages der mit der Bauausführung beauftragten Firma ED. AST & CO., Graz, nach deren Entwurf und Berechnung zur Auskleidung der unteren Kammer und des Schrägschachtes angewandt. Die räumliche Anordnung dieses Anlageteiles ist aus Abb. 58 zu entnehmen.

Das Gebirge besteht hier aus ungestörtem Phyllit. Mit Rücksicht auf die Oberflächennähe wurde jedoch die gegenständliche Bauweise mit Stahl als Spannmittel gewählt, um den Fels vom Innendruck weitgehend zu entlasten.

Die 201,5 m lange Spannbetonstrecke schließt an das gepanzerte Übergangsstück zwischen Druckstollen und Wasserschloß an und gliedert sich wie folgt:

	Länge	Durchmesser
Untere Kammer	51 m	5,64 m
Übergangsknie	15,5 m	5,64/6,28 m
Schrägschacht	135 m	6,28 m

Die Länge der Betonierzonen betrug in der ersteren 3,00 m, in letzterem 4,50 m.

Das Regelprofil für den Schrägschacht ist in Abb. 59 dargestellt. (Die gleiche Gestaltung — nur mit dem kleineren Durchmesser — erhielt die Auskleidung der unteren Kammer.)

Anstelle der in der Patentanmeldung beschriebenen Nischen bilden hier sechs unter 60° versetzt angeordnete Lisenen die Abstützung für die Spannvorrichtungen. Es sind dies zur Achse parallele, in das lichte Profil vorspringende Betonrippen, in deren Bereich eine entsprechende Armierung eingelegt wurde. Auch die dazwischen liegenden Segmente der Auskleidung erhielten an der Innenseite eine leichte Ring- und Längsbewehrung. Weitere im Fels verankerte Längseisen dienten als Stützgerüst für die Montage der Hüllrohre.

Die Abb. 60 gewährt einen Einblick in den Betonierraum nach Verlegung der letzteren; ferner zeigen die Abb. 61 und 62 Aufnahmen der unteren Kammer im Zuge der Betonierung und der fertig betonierten Schachtröhre.

Für die Spannstäbe wurden gewählt: Im Schrägschacht, von oben nach unten mit dem wachsenden Innendruck zunehmend, je Zone von 4,50 m Länge 16 bis 36 Ringe, $\varnothing$ 26 mm; in der unteren Kammer einheitlich je Zone von 3 m Länge 22 Ringe, ebenfalls $\varnothing$ 26 mm. Im Übergangsknie war die Anordnung der Spannringe — wie die Abb. 63 zeigt — etwas verwickelter. Der verwendete Spannstahl hatte eine Bruchfestigkeit von $\sigma_B = 10\,500$ kg/cm² und eine Streckgrenze von $\sigma_S = 8000$ kg/cm², wobei die letztere nicht genau abgrenzbar ist.

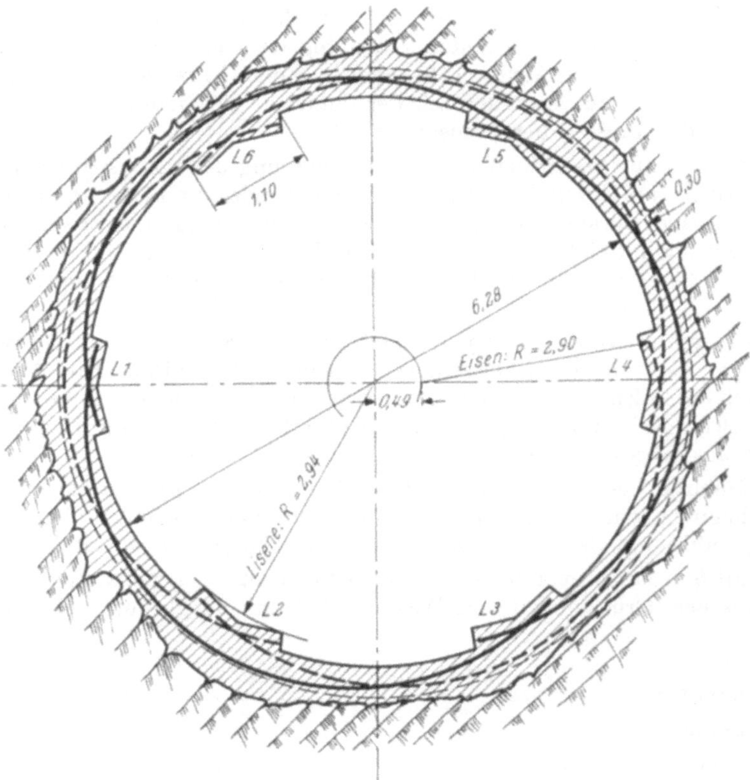

Abb. 59. Regelprofil für den Schrägschacht.

Für den Auskleidungsbeton waren vorgeschrieben: Eine Mindestfestigkeit von W 28 = 300 kg/cm², ein Zementgehalt von 350 kg/m³; eine Körnung 0,1—1, 1—3, 3—7 und 7—30 mm.

Die Bemessung der Spannringe erfolgte unter Zugrundelegung folgender Annahmen: Im Ausgangszustand vor Auflastung des Betriebsdruckes wird zwischen Beton und Fels trotz sorgfältiger Injektion der Kontaktfuge eine Klaffung von $\delta = a_1 : 7500$ unterstellt; sobald die Ausdehnung der Auskleidung dieses Maß erreicht, beginnt die Mitwirkung des Gebirges; dabei soll der Verformungsmodul mit dem Wert $E_G = 100\,000$ kg/cm² eingeführt werden; der Elastizitätsmodul wird für den Auskleidungsbeton mit $E_b = 300\,000$ kg/cm² und für den Spannstahl mit $E_e = 1\,740\,000$ kg/cm² in Rechnung gestellt; daraus ergibt sich $n = \dfrac{E_e}{E_b} = 5{,}8$; die zulässige Beanspruchung des Spannstahles ist mit 5770 kg/cm², entsprechend dem 0,72-fachen der bereits genannten Streck-

Abb. 60. Wasserschloß des Lünerseewerkes; Armierung und Hüllrohre der Spannstäbe in der unteren Kammer. (Aufgenommen am 1. 2. 1957.)

Abb. 61. Wasserschloß des Lünerseewerkes; Betonierung der unteren Kammer. (Aufgenommen am 1. 2. 1957.)

grenze von $\sigma_S = 8000$ kg/cm² zu begrenzen; bei Bemessung der Auskleidung auf Grund dieser Annahmen soll im belasteten Zustand eine Druckspannung von $\sigma_b = -\,5$ kg/cm² verbleiben; bei Unterstellung einer Rißbildung im Beton dürfe die Stahlspannung sich höchstens etwa dem 0,9-fachen der Streckgrenze nähern.

Schließlich war noch die Bedingung gestellt, daß in einem Katastrophenfall

Abb. 62. Wasserschloß des Lünerseewerkes: Auskleidung des Schrägschachtes.
(Aufgenommen am 4. 12. 1956.)

Abb. 63. Wasserschloß des Lünerseewerkes; Betonierraum mit montierten Hüllrohren
am Übergangsknie. (Aufgenommen am 14. 5. 1957.)

mit Anstieg des Wasserspiegels bis zum oberen Ende des Luftschachtes die Zugspannungen im Beton den Wert von 30 kg/cm² nicht überschreiten sollten.

Als Nebeneinfluß wurde das Kriechen, und zwar mit einer Endkriechzahl von $\varphi = 0{,}5$ berücksichtigt.

Unter diesen Voraussetzungen ergaben sich am Schachtfuß folgende Beanspruchungen:

	Beton kg/cm²	Stahl kg/cm²
Nach Vorspannung	— 72	+ 5400
Mit vollem Innendruck:		
Ohne Kriechverlust	— 8	+ 5770
Mit Kriechverlust	— 5	+ 5580

Das Wasserschloß des Lünerseewerkes steht seit über einem Jahr anstandslos in Betrieb, wobei allerdings das Stauziel noch nicht ganz erreicht ist.

4,333. System Roš

Das neueste Verfahren, bei dem Stahldrähte als Spannmittel dienen, wurde von dem Schweizer Dipl.-Ing. Roš vorgeschlagen und zum Patent angemeldet. Obzwar die primäre Zweckbestimmung dieses Verfahrens die Herstellung von vorgespannten Druckleitungen war, kommt es aber auch zur Auskleidung von Druckstollen in Betracht, wo dem Gebirge kein Innendruck aufgelastet werden darf und sonach die Voraussetzungen gegeben sind, allenfalls anstelle eines Stahlpanzers ein Vorspannrohr einzubauen.

In Abb. 64 ist eine Ausführungsart für ein solches Rohr nach System Roš einschließlich der Spannvorrichtung dargestellt.

Dazu diene folgende Erläuterung: Die Umrisse 1 des Betonrohres sind innen durch eine Schalung, außen hingegen durch die Leibung des Gebirges oder

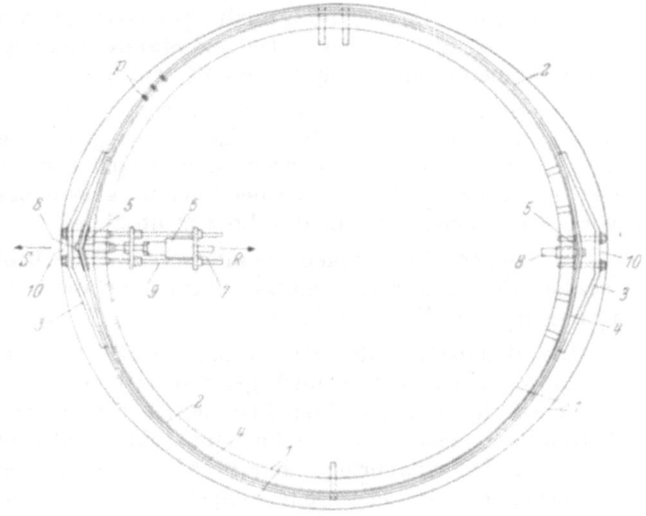

Abb. 64. Spannbetonauskleidung nach Roš.

einer entsprechend oval profilierten Gebirgsverkleidung gegeben. In den Betonierraum werden Ringe eingebaut, die sich aus den Hüllrohren 2 sowie den zwei diametral gegenüberliegenden, trompetenförmigen Erweiterungen 3 zusammensetzen und zur Aufnahme der etwa die innere Hälfte des Rohrquerschnittes ausfüllenden Drahtbündel 4 dienen. Die letzteren sind in der Mitte der Erweiterungen über die Unterlagsstücke 5 geführt, die im spannungslosen Zustand — wie im rechten Teil der Darstellung ersichtlich — an der stollenseitigen Wandung der Trompetenhülsen anliegen. Die besagten Ringe können dabei in der Form eines Kreises, einer Ellipse oder jeder anderen gewünschten Kurve gestaltet sein.

Hierauf wird das Rohr betoniert und nach einer entsprechenden Erhärtungsdauer vorgespannt. Diesem Zwecke dienen die im linken Teil des Querschnittes ersichtlich gemachten Pressen 6, die gegen die Platten 7 abgestützt sind und mittels der Stempel 8 die Unterlagsstücke 5 so weit radial nach außen drücken, bis die verlangte Drahtspannung erreicht ist. Bei diesem Vorgang wird die Reaktionskraft R über die Zuganker 9 auf die Stelle 10, also im Bereich des Angriffes der radialen Spannkraft S abgestützt. Sodann erfolgt die Auspressung des Hohlraumes in den Hüllrohren und Erweiterungen mit Zementmörtel. Nach dessen Erhärtung können die Pressen 6 entlastet und einschließlich der Stempel 8 für weitere Verwendung freigemacht werden, weil dann bereits die erstarrte Füllmasse die Übertragung der Spannkräfte auf das Betonrohr gewährleistet.

Schließlich ist noch die bei der Vorspannung sich öffnende Kontaktfuge zwischen dem Rohr und der Gebirgshülle bzw. der Vorauskleidung sorgfältig zu verpressen, damit die dadurch gebildete Längsdrainage beseitigt und wieder eine satte Bettung erzielt wird.

Vom System Roš wurde bei dem im Jahre 1959 fertiggestellten Lutzmündungskraftwerk der Vorarlberger Kraftwerke Aktiengesellschaft für die Auskleidung des rund 170 m langen Druckstollens und eines kurzen anschließenden Rohrstückes Gebrauch gemacht. Dieser Stollen durchfährt im Anschluß an die durch eine Sperre erzielte Wasserfassung einen das Ufer begleitenden Steilhang, um dann in eine längere, im Mündungsschuttkegel verlegte Triebwasserführung überzugehen, die im oberen Teil als Stahlrohrleitung und im weiteren Verlauf als Spannbetonrohrleitung ausgeführt wurde.

Der Stollen hat einen Durchmesser von 2,80 m, der größte Betriebsdruck beträgt nur etwa 2 atü. Trotz dieser geringen Belastung entschloß man sich zum Einbau eines Vorspannrohres, weil sich beim Vortrieb herausstellte, daß der durchörterte Hang aus einer Sackungsmasse besteht, die sich offenbar in vorgeschichtlicher Zeit in das Lutztal absetzte.

In einigen Teilstrecken konnte die Ausbruchröhre unverkleidet belassen werden, der Rest wurde mittels Formsteinmauerwerk mit elliptischer Verbreiterung in den Ulmen gesichert.

Die Wandstärke des Betonrohres beträgt in der Sohle und Firste 15 cm; von dort wächst sie allmählich gegen die Ulmen auf 30 cm an. Das kreisförmige, konzentrisch mit der inneren Leibung ($\varnothing$ 2,80 m) verlegte Hüllrohr weist einen Mittendurchmesser von 3,00 m auf und beinhaltet 12 Stück Spanndrähte $\varnothing$ 6 mm. Die Spannringe sind in Abständen von etwa 1 m angeordnet. Das Betonrohr erhielt weiters eine doppelte Stahlbewehrung, bestehend aus: Innen, Ring- und Längseisen $\varnothing$ 10 mm, Abstand der ersteren 13,5 cm und der letzteren 17,5 cm, außen, Ringeisen $\varnothing$ 12 mm im Abstand von 25 cm, Längseisen $\varnothing$ 14 mm mit einem Abstand von 17,5 cm im Sohlen- und Firstbereich, ferner von 33 cm in den Ulmensektoren.

Als Spannmittel wurde Spannbetondraht DELTA 100 der Firma FELTEN & GUILLEAUME verwendet. Für diesen garantiert die Lieferfirma bei $\varnothing$ 6 mm folgende Güteeigenschaften: Zugfestigkeit σ_B mind. = 165 mm²; 0,2%-Streckgrenze $\sigma_{0,2}$ mind. = 140 kg/mm²; technische Kriechgrenze σ_K mind. = = 95 kg/mm²; Bruchdehnung für $l = 10\,d$ mindestens 4%.

Je Ring soll die tangentiale Spannung rund 32 t und der normale Stempeldruck bei einem radialen Spannweg von 6,4 cm 18 t betragen. In den schwächsten Teilen des Rohres, also in der Firste und Sohle errechnet sich daraus eine mittlere tangentiale Vorspannung von rund 21 kg/cm².

Über die Bewährung einer solchen Spannbetonauskleidung liegen noch keine Erfahrungen vor.

4,34. Verfahren mit Abstützung auf das Gebirge

4,341. System JAUCH

Dieses System beruht auf der bei der Besprechung der theoretischen Spannmöglichkeiten in Betracht gezogenen Lösung der Aufgabe durch Kraftansatz in Radialfugen des Kernringes[1].

Zufolge einer im Jahre 1951 beim österreichischen Patentamt erfolgten Anmeldung, die sich auf eine beim Deutschen Patentamt begründete Priorität vom Jahre 1950 stützt, handelt es sich dabei um ein „Verfahren zur Herstellung einer unter Vorspannung stehenden Auskleidung für Stollen u. dgl., insbesondere für Druckstollen in tragfähigem Gebirge, dadurch gekennzeichnet, daß im Innern der Auskleidung zweckmäßig an einer oder mehreren Stellen ihres ringförmigen Querschnittes in der Längsrichtung des Stollens sich erstreckende Pressen eingesetzt werden, die nach dem Erhärten der Auskleidung unter Druck gesetzt werden." Weitere Patentansprüche der Anmeldung bezogen sich: Auf das dadurch gekennzeichnete Verfahren, „daß bei rauher Oberfläche des Gebirgsausbruches zwischen der Auskleidung und dem Gebirge eine Gleitschicht, z. B. aus Sand, eingebracht wird"; ferner auf Pressen, „gekennzeichnet durch biegsame, mit einer hydraulischen Pumpe verbundene Rohre, die linsenförmigen Querschnitt aufweisen und so in der Auskleidung angeordnet sind, daß die Längsachse ihres Querschnittes radial zur Stollenachse verläuft".

Dieses Verfahren kam erstmals im Umlaufstollen des Lechspeichers Roßhaupten versuchsweise in drei Variationen zur Anwendung. Einer einschlägigen Veröffentlichung können hierüber folgende Einzelheiten entnommen werden[2]:

Der Umlaufstollen hat eine Länge von 259 m und einen Durchmesser von 2,20 m. 75 Meter vom Einlauf entfernt befindet sich ein senkrechter Verschlußschacht für eine Rollkeilschütze mit einem Durchmesser von 2,60 m. Das Stauziel liegt 32 m über der Einlaufsohle. Das Gebirge besteht aus Mergel und Sandstein in saigerer Schichtung, etwa parallel zum Tallauf.

In einem den Verschlußschacht übergreifenden 84 m langen Abschnitt erhielt der Stollen eine 30 cm starke Betonauskleidung ohne Sandhinterfüllung mit je einem Druckkissen im Scheitel und in der Sohle. Vom Mündungsportal einwärts wurde hingegen auf rund 140 m Länge eine Auskleidung aus 30 cm Beton mit 5 cm Sandhinterfüllung und drei radialen Schlitzen zur Aufnahme der Druckkissen (davon einer im Scheitel und die übrigen zwei dazu um 120° versetzt) ausgeführt. Schließlich erhielt der Verschlußschacht eine 30 cm starke Betonauskleidung ohne Sandbettung mit vier in je zwei zueinander senkrecht stehenden Radialebenen angeordneten Schlitzen.

Nach der erwähnten Veröffentlichung hat sich bei dieser Versuchsausführung gezeigt, „daß eine Verformung des Stollens mit Hilfe eines Drucks bis etwa 50 atü in den Kissen möglich war und daß nach Ausbetonierung der schwalbenschwanzförmigen Aussparungen der Schlitze eine Druckvorspannung in die Zylinderabschnitte überging." Eine Besonderheit des Verfahrens sei die Möglichkeit, den Abpreßvorgang beliebig oft wiederholen zu können, um damit ein allenfalls später auftretendes plastisches Verhalten des Gebirges wieder auszuschalten.

---

[1] Vgl. a) Abschnitt 4,312,13; b) ferner die in der Fußnote zu Abschnitt 1,531 erwähnte Dissertationsarbeit des Verfassers „Die Lösung der Druckstollenfrage" 1946, Kapitel D, S. 20 und 21.

[2] Vgl. „Der Speicher Roßhaupten als Hauptglied für den Rahmenplan des Lechs", ein Bericht der Bayerischen Wasserkraftwerke A. G. München, erstattet von Dr.-Ing. JOSEF FROHNHOLZER in „Die Wasserwirtschaft" H. 7 und 8, 1953.

Die besagte Quelle enthält keine Angaben über den Dichtungseffekt und die Bewährung dieser Auskleidungsmethode in den erwähnten Variationen. Die Hinterfüllung des Betonrohres mit Sand scheint indessen keine geeignete Maßnahme zu sein, um die angestrebte Druckverteilung zu erreichen, abgesehen davon, daß dadurch eine bedenkliche Längsdrainage geschaffen wird.

Professor TÖLKE hat die beschriebene Bauweise in einer seiner Veröffentlichungen ebenfalls, und zwar unter der Bezeichnung „Kunz-Verfahren", erwähnt[1]. Daraus geht hervor, daß die Druckkissen aus sehr dünnen Blechen, die etwa $2/_{10}$ mm auseinanderliegen, bestünden und an den Übergangsstellen zur Herabsetzung der Kerbspannungen gut ausgerundet seien. Da der Betonring fest gegen den Felsen betoniert werden müsse, habe dieses Verfahren aber nur dann einen Zweck, wenn mindestens vier Druckkissen über den Umfang verteilt würden. Es stehe zu erwarten, daß der Beton im Zuge der Vorspannung in den Preßfugen durchlaufende Längsrisse bekommt, die wegen des dichten Abschlusses der Kissen nach dem Stollenhohlraum hin einwandfrei verpreßt werden könnten. Den Hauptvorteil dieses Verfahrens erblickt Professor TÖLKE darin, daß der Preßdruck, und später der Auspreßdruck, auf eine große Länge gleichzeitig zur Wirkung kommen.

Beim Bau des Pumpspeicherwerkes Reisach-Rabenleite der Energieversorgung Ostbayern A. G. wurde der Druckstollen nach der Jauchschen Methode ausgekleidet. Den Veröffentlichungen über diese interessante Triebwasserführung sind folgende einschlägige Einzelheiten zu entnehmen[2]:

Vom Hochspeicher Rabenleite (oberer Betriebswasserspiegel 586,15, unterer 570,15 m ü. M.) führt ein senkrechter rund 150 m tiefer Schacht bis zur Kote 415,04 m ü. M. und dann ein etwa 1200 m langer, schwach geneigter Stollen zu dem über Tag angeordneten Krafthaus. Der Schacht und die ersten 1030 m des Stollens erhielten eine unbewehrte Betonauskleidung. Die restlichen rund 170 m wurden gepanzert, davon die inneren 90 m erst auf Grund der Ergebnisse der Probefüllung. Die Gestaltung der Betonauskleidung ist der Abb. 65 zu entnehmen.

Der Durchmesser des Stollens beträgt 4,90 m, die Ausbauwassermenge 67,5 m³/s und somit die größte Geschwindigkeit rund 3,60 m/s.

Das Gebirge besteht überwiegend aus tektonisch gestörtem Gneis. Der Wasserzudrang war gering und betrug nur insgesamt 3 l/s. Vom Sohlstollen mußten rund 25%, vom Kalottenausbruch rund 80% abgestützt werden. Im allgemeinen wurde ein Schutzgewölbe von 30 bis 50 cm ausgeführt; zum Teil erfolgte die Bergsicherung durch Torkretierung unmittelbar nach dem Ausbruch.

Der Auskleidungsbeton (Stärke in den Ulmen 35 cm, in der Sohle und Firste 65 cm) wurde gepumpt; dabei fand eine fahrbare Stahlschalung Verwendung. Die Sohle konnte erst am Schluß eingebracht werden, weil das Gleis zunächst wegen der noch im Gange befindlichen Ausbrucharbeiten nicht unterbrochen werden konnte. Die Betonbereitung erfolgte mit Brechmaterial und einem Zementzusatz von 330 kg/m³. Nach Erhärtung des Betons wurde die Kontaktfuge mit Mörtel auf pneumatischem Wege unter einem Druck von 5 bis 6 atü verpreßt. An Druckkissen waren im Stollen zwei (je eines in der Sohle und im

<hr>

[1] Vgl. „Neue Mittel- und Hochdruck-Wasserkraftanlagen" von Prof. Dr.-Ing. F. TÖLKE in „Zeitschrift des Vereines Deutscher Ingenieure", Nr. 8 von 1953, S. 230.

[2] Vgl. a) „Der Druckstollen des Pumpspeicherwerkes Reisach-Rabenleite an der Pfreimd" von Dipl.-Ing. FRITZ HAUTUM in „VDI Zeitschrift" Nr. 5 von 1957; b) „Das Pumpspeicherwerk Reisach-Rabenleite", herausgegeben von der Energieversorgung Ostbayern A.G. mit den darin enthaltenen Aufsätzen: 1. „Überblick über die Bauwerke" von Dipl.-Ing. F. HAUTUM, Abschnitt 3.32 Reisachstollen, S. 99—118; 2. „Der Bau des Reisachwerkes und des Reisachstollens" von Obering. J. BAIER, S. 352—372.

Scheitel), im Schacht hingegen vier angeordnet. Deren Spannung erfolgte mit einem Enddruck von 80 atü. Nach dem Ausbetonieren der Druckkeile wurden schließlich Hochdruckinjektionen durch systematisch angelegte Bohrlöcher mit Drücken bis zu 40 atü vorgenommen.

Über das Ergebnis dieser Maßnahme ist in der zuerst erwähnten Quelle folgendes gesagt: „Mit diesem Verfahren, das nur einen verhältnismäßig schmalen Bereich beeinflußt und in den Ulmen die Hilfe des nachdrückenden Gebirges voraussetzt, gelang es, einen Vorspannungsdruck von 40 bis 60 kg/cm² im First und in der Sohle hervorzurufen und aufrecht zu halten. Nach einer Probefüllung des Stollens bis 14 atü im November 1954 ergab sich, daß die Druckkissen ihre Aufgabe, Risse im First und in der Sohle zu vermeiden, erfüllten. Die Probefüllung mußte aber abgebrochen werden, weil in einem nur 10 m langen Abschnitt aus nicht ganz aufgeklärten Gründen Risse entstanden waren, die zu einem Wasserverlust von rund 250 l/s führten."

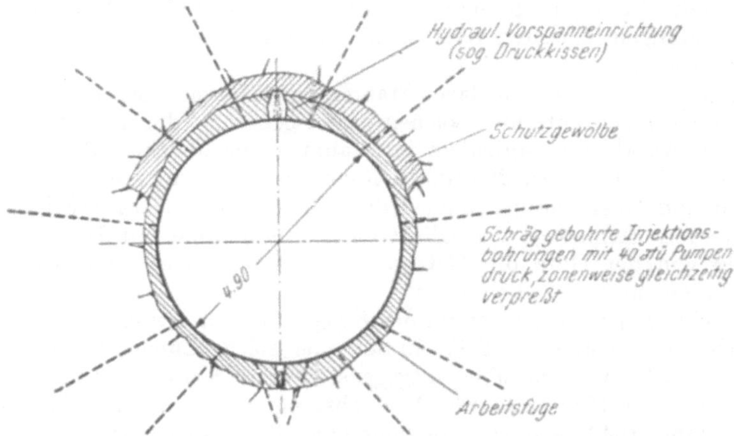

Abb. 65. Druckstollen des Pumpspeicherwerkes Rabenleite (Reisachstollen).
[Nach „Das Pumpspeicherwerk Reisach — Rabenleite", Tafel 14.]

Aus den anläßlich der Probefüllung gewonnenen Erkenntnissen wurde geschlossen, daß die bisher getroffenen Maßnahmen, insbesondere hinsichtlich der Dichtheit des Stollens noch nicht ganz genügten. Man entschloß sich daher außer einer Verlängerung des Panzers zu folgenden Nacharbeiten: Die rund 100 Ringfugen, die mit hydraulisch aufgepreßten Plastikschläuchen ausgestattet waren, erhielten nachträglich eine zusätzliche Dichtung durch eingestemmte Teerstricke mit Bitumenverstrich sowie durch kreuzweise Zementinjektionen. Weiters wurde angestrebt, die Druckvorspannung in der Betonauskleidung im gesamten Querschnitt zu erhöhen. Diesem Zwecke dienten bis zu 30 in 9 m langen Zonen entsprechend verteilte etwa 4 m tiefe Bohrlöcher. Letztere wurden zunächst zwecks Ausschwemmung von Tonadern sowie Freimachung neuer Injektionswege mit Soda und Pril gespült und sodann gleichzeitig mit einer Suspension von besonders fein gemahlenem Hochofenzement ausgepreßt. Die dabei beobachteten Durchmesserverkürzungen betrugen bis zu 3 mm. Für diese zusätzlichen Injektionen, die sich auf den ganzen Stollen und auf den Schacht erstreckten, betrug der Zementaufwand je m² Leibungsfläche rund 35 kg.

Im Juli 1955 konnte schließlich das Werk anstandslos in Betrieb gehen; die Triebwasserführung hat sich dabei als praktisch dicht erwiesen, so daß den Nacharbeiten ein voller Erfolg beschieden war.

4,342. Kernring-Auskleidung

4,342,1. Einführende Erläuterungen

Der Verfasser wurde im Jahre 1943 durch eine Aufgabe, bei der ein Druckstollen mit einem Betriebsdruck von 10 atü in Erwägung stand, angeregt, für die Auskleidung eine Lösung zu suchen, die keinen Stahl erfordert und dennoch ausreichende Sicherheit gegen Wasserverluste verbürgt. Dabei war von vornherein klar, daß der angestrebte Zweck nur erreichbar sei, wenn gleichzeitig sowohl den theoretischen als auch den ausführungstechnischen Erfordernissen hinreichend entsprochen wird. Nachdem aber die damals bekannten Methoden diese Bedingung nicht erfüllten, mußte ein vollkommen neuer Weg beschritten werden, um die gesuchte Lösung zu finden.

Das Ergebnis der angestellten Überlegungen war der Erfindungsgedanke, auf dem das System der *Kernring-Auskleidung* beruht. (Diese Benennung ist inzwischen bereits durch eine Reihe von Veröffentlichungen[1] und durch die praktischen Anwendungen in weiten Kreisen der Fachwelt des In- und Auslandes ein Begriff geworden.)

Das Verfahren ist in verschiedenen Staaten durch Patente geschützt und durch einige Verbesserungen auf einen solchen Stand gebracht, daß mit ihm auch die schwierigsten Auskleidungsaufgaben im Rahmen der üblichen Belastungen in Druckstollen, also bis etwa 20 atü, zu lösen sind. Bei entsprechender Felsbeschaffenheit und Überlagerung können darüber hinaus auch höhere Drücke beherrscht werden. Schließlich ermöglicht eine Kombination mit Blechpanzerung unabhängig von der Güte des Gebirges eine stahlsparende Auskleidung von Druckschächten für größte Fallhöhen[2].

Da sich eine Erprobung während des Krieges und in den ersten Nachkriegsjahren nicht bewerkstelligen ließ, mußte eine solche zunächst aufgeschoben werden. Nach Überwindung aller entgegenstehenden Schwierigkeiten gelang es aber dann im Jahre 1947 ein großes Versuchsprogramm zum Anlauf zu bringen, das erst im Jahre 1949 nach Verausgabung eines Betrages von rund einer halben Million Schilling damaliger Kaufkraft seinen Abschluß fand. Dieses Programm umfaßte Vorversuche in der Materialprüfanstalt der Vorarlberger Illwerke Aktiengesellschaft, die Ausführung eines Proberinges in einem ehemaligen Luftschutzstollen in Rodund sowie eines 28 m langen, eigens zu diesem Zwecke angelegten Versuchsstollens in Muleritsch; der letztere wurde zur Vornahme aller einschlägigen Messungen und Beobachtungen den ganzen Winter 1948/49 hindurch unter Hochdruck gehalten. Über diese Erprobungen und ihre Ergebnisse wird noch gesondert berichtet[3].

Nachdem damit auf überzeugende Weise der Nachweis erbracht war, daß die *Kernring-Auskleidung* die in sie gesetzten Erwartungen erfüllt und keine ausführungstechnischen Schwierigkeiten entgegenstehen, waren die wesentlichen Voraussetzungen für ihre praktische Verwertung beim Bau von Druckstollen und Druckschächten geschaffen. Seither sind bereits über 45 000 m² Stollenverkleidung nach diesem bewährten Vorspannverfahren hergestellt worden.

4,342,2. Darlegung des Konstruktionsprinzipes

Bei der *Kernring-Auskleidung* ist von der bei der Aufzählung aller theoretischen Spannmöglichkeiten erwähnten hydraulischen Spannmethode mit Ab-

---

[1] Vgl. Anhang „Verzeichnis von einschlägigem Schrifttum".

[2] Vgl. Abschnitt 4,35.

[3] Vgl. Kapitel 5 „Versuche und Erprobungen".

stützung auf das Gebirge Gebrauch gemacht[1]. Ihre verfahrensmäßige Gliederung ergibt sich aus den Abb. 66 und 67.

Ein unentbehrlicher Bestandteil der Konstruktion ist die sogenannte Gebirgsverkleidung *a*. Diese hat eine Reihe wichtiger Aufgaben, und zwar: Zunächst einen kreisförmigen, standfesten und trokkenen Arbeitsraum für den nachfolgenden Einbau des Kernringes *b* zu schaffen; dem letzteren als stabiles Widerlager zu dienen sowie eine wirksame Zonenabgrenzung *c* und die Aussparung eines entsprechend engen Hinterpreßraumes *d* zu ermöglichen.

Die Abgrenzung der meist 5 m langen Zonen erfolgt in einer verbesserten Ausführung mittels mehrteiliger Stahlringe, die nach außen in die Gebirgsverkleidung und nach innen in den Kernring einbinden. Auf diese Weise erzielt man eine verläßliche Sperre gegen Durchbrüche des Injektionsgutes in die noch nicht verpreßte Nachbarzone, ferner zwischen den Blechen einen lückenlosen Umschluß des Kernringes durch den Hin

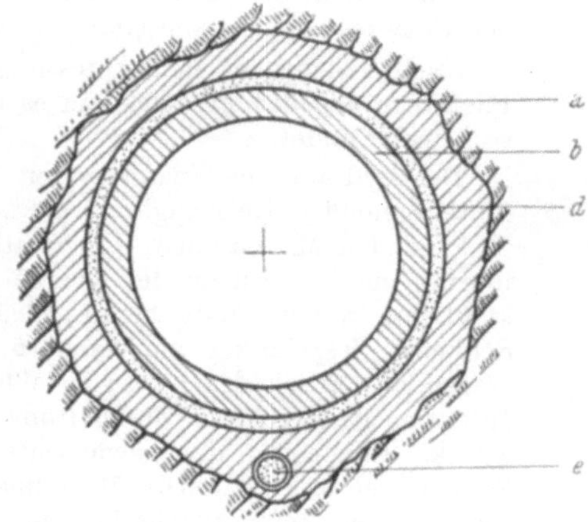

Abb. 66. Kernring-Auskleidung; Querschnittschema.

a Gebirgsverkleidung   *d* Hinterpreßring
b Kernring   *e* Drainage

terpreßring *d* sowie gleichzeitig ganz automatisch eine befriedigende Abdichtung der an den Zonengrenzen im Zuge der Vorspannung entstehenden Scherrisse.

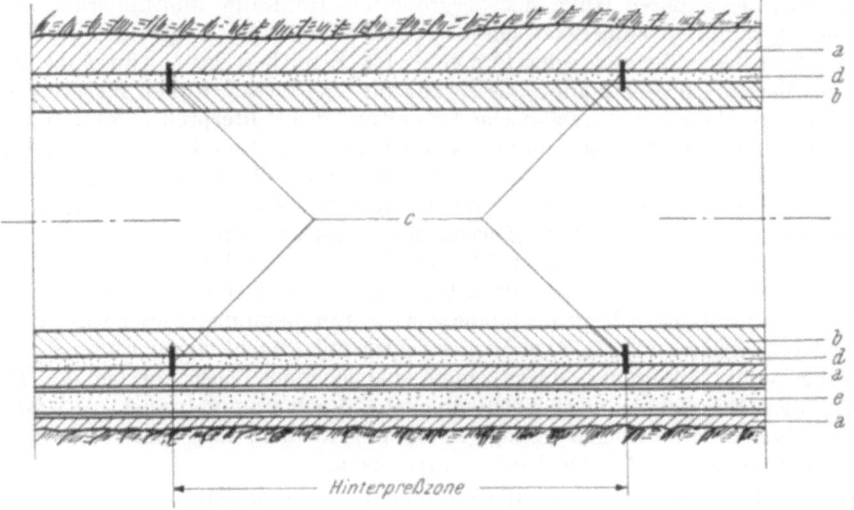

Abb. 67. Kernring-Auskleidung; Längsschnittschema.
a Gebirgsverkleidung   *b* Kernring   *c* Zonenabgrenzung   *d* Hinterpreßring   *e* Drainage

Der zwischen dem Kernring und der Gebirgsverkleidung ausgesparte, zonenweise allseits umgrenzte Hohlring dient nach der Füllung mit Preßmörtel dem von Zone zu Zone fortschreitenden Ansatz des hydraulischen Druckes. Für dieses

---

[1] Vgl. Abschnitt 4,312,4.

neuartige Spannverfahren wurde vom Verfasser die Bezeichnung „Kernring-hinterpressung" oder kurz „Hinterpressung" geprägt.

Die Drainage *e* wird der letzteren vorauseilend, pneumatisch mit Mörtel verfüllt und damit als Vorfluter und kommunizierende Röhre zwischen dem System der Entwässerungskanäle endgültig ausgeschaltet.

Nach vollzogener Hinterpressung ist das Bergwasser wieder in seine alten Fließwege abgedrängt, nachdem es in die abgedichtete Stollenröhre keinen Zutritt mehr findet.

Der hydraulische Spannvorgang führt erst durch die Anwendung der verfahrensgemäßen Kernringhinterpressung zum praktischen Erfolg. Diese besteht in folgenden Maßnahmen: Pneumatische Füllung des Hohlringes mit Zementmörtel, bis das sich an der Oberfläche ansammelnde Wasser durch einen Ausstoßhahn in der Firste herausgedrückt ist und guter Mörtel ausfließt; dann Schließen des Hahnes und Nachdrücken mit dem üblicherweise 5 bis 6 atü betragenden Arbeitsdruck der Preßluftleitung; anschließend Abschaltung des Injektionsgerätes und Zuschaltung von Hochdruck-Zementinjektionspumpen zwecks Erzeugung des gewünschten Spanndruckes durch Nachpumpen von Zementbrei in die weiche Mörtelmasse. Die Pumpenstöße wecken durch den fortgesetzten Zementnachschub in dem allseits abgegrenzten Hinterpreßraum einen Drang zur Ausdehnung und bewirken damit darin zwangsläufig einen allmählichen Druckanstieg; die Folge davon ist eine Ausscheidung des Überschußwassers, dessen Ansammlung in verästelten Gängen und Auspressung durch Abfilterung in das Gebirge sowie in die Stollenröhre und in den Hohlring der noch nicht hinterpreßten Nachbarzone. Dabei wird der vom entweichenden Wasser freiwerdende und infolge der Ausweitung des Hinterpreßringes sowie der Rißbildung in der äußeren Hülle sich vergrößernde Hohlraum kontinuierlich durch den nachgepumpten Zement ausgefüllt. Der Preßmörtel erlangt auf diese Weise bei Eintritt des Stillstandes der Pumpen nach Erreichen des gewünschten Enddruckes bereits die Befähigung, als Zwangsbettung zwischen dem Kernring und der Gebirgsverkleidung die elastische Aufweitung des Hinterpreßringes und damit die dadurch erzielte Vorspannung im wesentlichen zu halten. Im Zuge der Hinterpressung erfolgt sonach ganz automatisch eine Umwandlung des anfangs flüssigen Mörtels in eine fest gepreßte Masse, in der bereits alle Komponenten vom gröbsten bis zum feinsten Korn gegenseitig elastisch so verspannt sind, daß keine nennenswerte Kompression mehr möglich ist. Lediglich die nach Beendigung des Pumpvorganges von den Reaktionskräften bewirkte Ausquetschung der letzten Reste an Überschußwasser bedingt noch eine gewisse Entspannung. Dieser wird, ebenso wie allen sonstigen, allenfalls zu berücksichtigenden nachteiligen Einflüssen, wie Kriechen und Abkühlung, durch einen ausreichenden Zuschlag bei der Festlegung des Pumpenenddruckes entsprechend Rechnung getragen. Auf Grund der bisherigen Erfahrungen genügt es im allgemeinen, den letzteren mit dem $1\frac{1}{2}$ fachen Wert des Betriebsdruckes anzusetzen.

Die hydraulische Pressung, die bei einem an der unteren Grenze liegenden Pumpenenddruck von z. B. 10 atü die Leibung in der ganzen Zone schon mit 100 t/m² beansprucht, bewirkt selbsttätig die Überwindung aller in diesem Rahmen vorhandenen bleibenden Nachgiebigkeiten der Hülle und darüber hinaus die Weckung elastischer Deformationen, auf denen schließlich die Haltung der Vorspannung und das weitere daraus resultierende Kräftespiel beruht. Die Beständigkeit der elastischen Reaktion des Gebirges wird dabei durch sein Eigengewicht gewährleistet, das, vom Zeitablauf unbeeinflußt, unablässig auf der Stollenröhre lastet und einem Zurückweichen dauernden Widerstand entgegensetzt.

Nach vollzogener Hinterpressung kann die Auskleidung sofort in Benützung genommen werden.

Der Umstand, daß bei diesem Verfahren die Vorspannung ohne Verwendung von Stahl als Spannmittel auf einfachste Weise ganz automatisch durch den Ansatz von Zementinjektionspumpen zustandegebracht wird und gleichzeitig eine zuverlässige Auspressung aller Hohlräume und aufgehenden Risse im Umkreis der Gebirgsverkleidung erfolgt, begründet die technische und wirtschaftliche Überlegenheit der *Kernring-Auskleidung* in allen jenen Fällen, in denen eine wasserdichte Stollenröhre verlangt wird und eine ausreichende Überdeckung eine Gebirgsbruchgefahr ausschließt.

4,342,3. Ausführungstechnische Einzelheiten

Die Gebirgsverkleidung wird — abgesehen von etwaigen Sonderausführungen — üblicherweise nach den für gewöhnliche Betonprofile geltenden Grundsätzen hergestellt. Zunächst ist daher bei Bergwasserandrang eine Drainage einzubauen

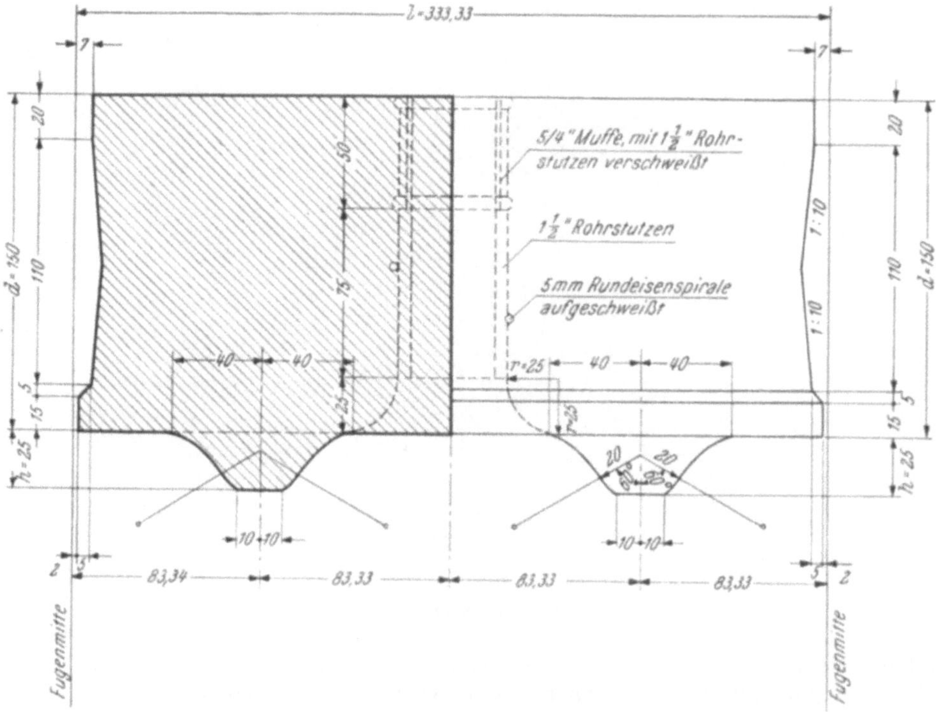

Abb. 68. Kernringsteine; Schnitt und Ansicht einer Radialfuge.

und durch Schächte im Abstand von 20 bis 30 m zugänglich zu halten[1]. Die Stahlringe für die Zonenabgrenzungen können mit der Schalung montiert und dann einbetoniert werden; es steht aber auch frei, sie nachträglich in ausgesparten oder ausgeschrämten Ringschlitzen zu versetzen.

Die Absetzspalten hinter der Gebirgsverkleidung sind nach ausreichender Erhärtung des Betons, insbesondere im Bereich der Zonengrenzen, vor Einbau des Kernringes durch Injektionen sorgfältig zu verfüllen, um im Zuge der Hinter-

---

[1] Vgl. Abschnitt 4,12.

pressung Zementbreidurchbrüche durch diese Fließwege in die noch hohlen Nachbarzonen zu unterbinden. Dieser Zweck wird am zuverlässigsten erreicht, wenn man schon bei den Vorausinjektionen Zementpumpen mit einem entsprechend bemessenen Enddruck ansetzt[1].

Um jedoch den für eine satte Verfüllung der Kontaktfuge nötigen Preßdruck auflasten zu können, muß die Gebirgsverkleidung eine solche Stärke aufweisen. daß sie dabei nicht eingedrückt wird. Zu dünne Schalen sind dieser Aufgabe nicht gewachsen. Das geringste Maß sollte bei kleinen Durchmessern 12 bis 15 cm, bei großen Stollen entsprechend mehr betragen, damit die Gewölbe zumindest einen Injektionsdruck von 5 bis 6 atü vertragen. Die Betonverkleidung ist daher für eine äußere Pressung in dieser Höhe zu bemessen, es sei denn, daß ein all-

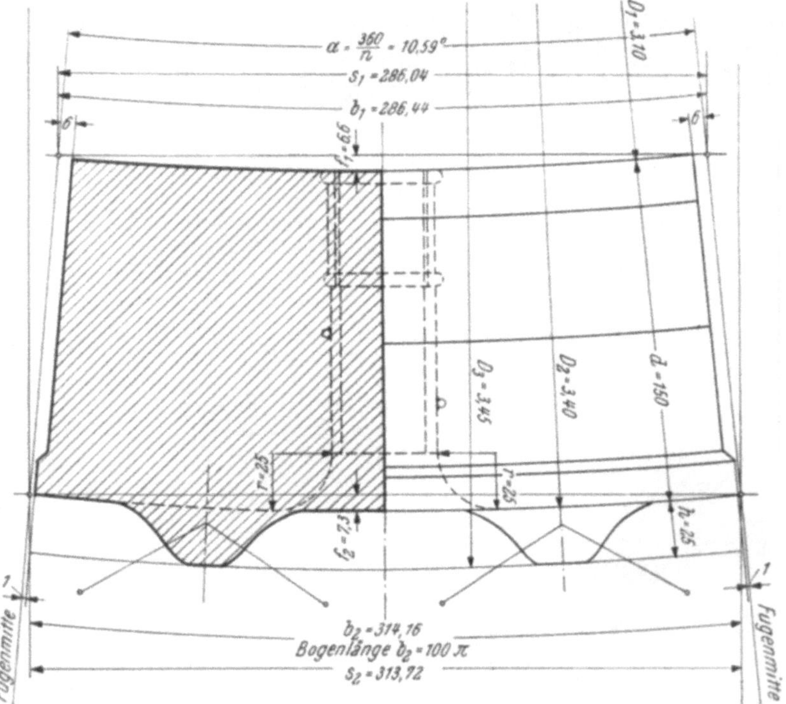

Abb. 69. Kernringsteine; Schnitt und Ansicht einer Ringfuge.

fälliger Gebirgsdruck eine größere Wandstärke verlangt. Danach hat sich auch die Betongüte zu richten. Üblicherweise wird für die Gebirgsverkleidung ein Mindestzementzusatz von 220 kg/m³ vorgeschrieben.

Für die Aussparung des Hinterpreßraumes und Ausführung des Kernringes bestehen verfahrensgemäß verschiedene Möglichkeiten. In der Praxis wurde bisher von zwei Variationen, die sich gut bewährt haben, Gebrauch gemacht. Bei der einen wird der Kernring aus vorfabrizierten Höckersteinen gemauert, bei der zweiten hingegen an Ort und Stelle betoniert, wobei die Abstandhaltung mittels Höckerplatten, die dem Beton als äußere Schalung dienen, erfolgt[2].

---

[1] Vgl. Abschnitt 4,221.

[2] Die letztere Konstruktion wurde von Dr.-Ing. HERMANN BERGER, Regierungsbaumeister a. D., Waldshut, vorgeschlagen und von der Deutschen Tunnel-Bau Ges.-K. G. Sänger & Lanninger beim Bau des Schluchseewerkes erstmals ausgeführt.

Die Konstruktionseinzelheiten der ersten Auskleidungsart des Kernringes ergeben sich aus den Abb. 68 bis 73, jene der zweiten aus den Abb. 74 bis 79.

Die Abb. 68 und 69 zeigen Schnitte und Ansichten eines Kernringsteines mit Einpreßloch. Es werden jeweils drei Sorten benötigt, und zwar: Normale Ringsteine, normale Ringsteine mit Einpreßloch oder sogenannte Lochsteine und Zonenrandsteine. Die letzteren unterscheiden sich von den erstgenannten lediglich dadurch, daß eine der beiden Ringfugenbegrenzungen plan ausgeführt ist.

Die Steine sind typisiert. Es entfallen der Länge nach drei Stück auf einen laufenden Meter Stollen. Ferner ist bei allen Dimensionen die Bogenlänge des Steinrückens gleich π in dm. Die Steinzahl in einem Ring ist daher gleich dem

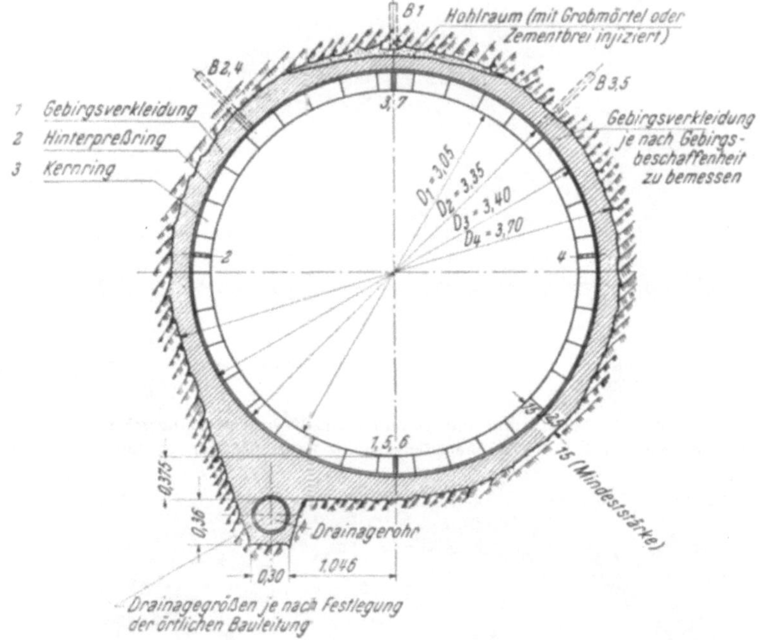

Abb. 70. Ausführung mit gemauertem Kernring; Querschnitt.
B 1—5 Bohrlöcher 1, 2, 3, 4, 5 Einpreßöffnungen 6 Kontrollöffnung 7 Entlüftungsöffnung

äußeren Durchmesser D_2, ausgedrückt in Dezimetern. Die Keilfugen in den Ringebenen verhindern ein Hereindrücken des Fugenmörtels in die Stollenröhre im Zuge der Hinterpressung.

Die erforderliche Steinstärke d ergibt sich aus der Bemessung[1]. Nach der Typisierung ist sie, bei 10 cm beginnend, von $2\frac{1}{2}$ zu $2\frac{1}{2}$ cm gestaffelt. Bisher wurden $12\frac{1}{2}$, 15 und 25 cm starke Steine verwendet. Die ersteren haben ein sehr handliches Gewicht von rund 30 kg, die letzteren wiegen etwa 60 kg und erfordern beim Versetzen bereits zwei Mann.

Die Radial- und Ringfugen sind durchlaufend angeordnet, weil auf diese Weise nicht nur die Mauerung erleichtert wird, sondern auch Nebenspannungen einen besseren Ausgleich finden. Alle Fugen sind mit Zementmörtel sorgfältig zu stopfen. Die am Steinrücken angeordneten Anlehnungsrippen verhindern das Eindringen des Füllmörtels in den durch die Höcker ausgesparten Hinterpreßraum.

---

[1] Vgl. 4,342,5.

Vor Beginn des Kernringeinbaues sind noch die aus den Abb. 70 und 71 ersichtlichen Löcher B_1 bis B_5 zu bohren, um bei der Hinterpressung den

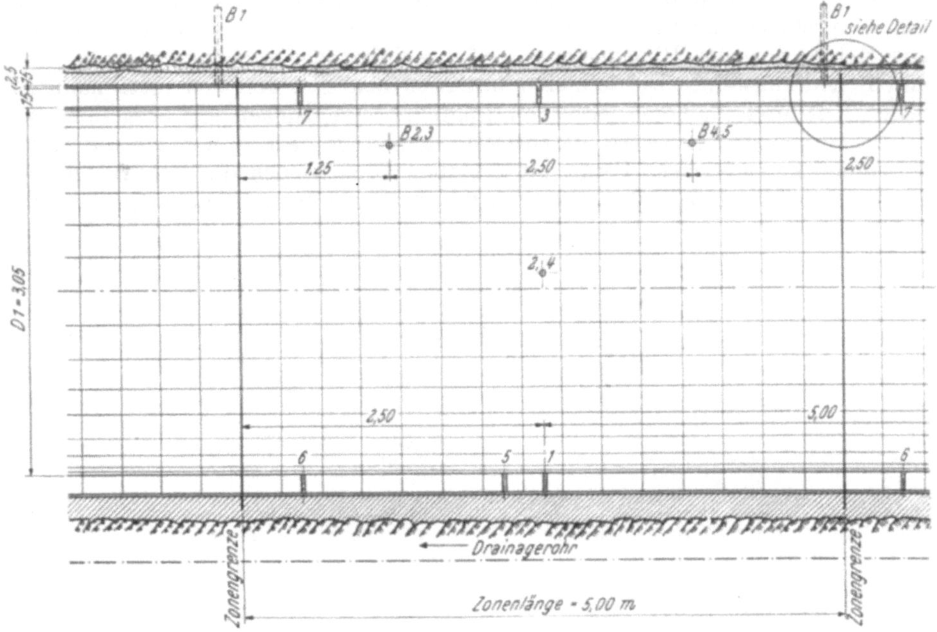

Abb. 71. Ausführung mit gemauertem Kernring; Längsschnitt.
B 1—5 Bohrlöcher   1, 2, 3, 4, 5 Einpreßöffnungen   6 Kontrollöffnung   7 Entlüftungsöffnung

Abb. 72. Fahrbarer Rüstring für die Mauerung des Kernringgewölbes. (Aufgenommen am 18. 6. 1948.)

Zementfluß in die verbliebenen Hohlräume im Bereiche der Kontaktfuge zu erleichtern.

Die Kernringmauerung beginnt sodann in der Sohle, indem 5 Steinscharen vorauseilend versetzt werden, um dann das Gleis wieder schließen zu können.

Hierauf folgt die Aufmauerung bis zu den Ulmen und schließlich mit Hilfe einer
Rüstung und Schalung der Einbau des Gewölbes. Der Firstschluß wird mit

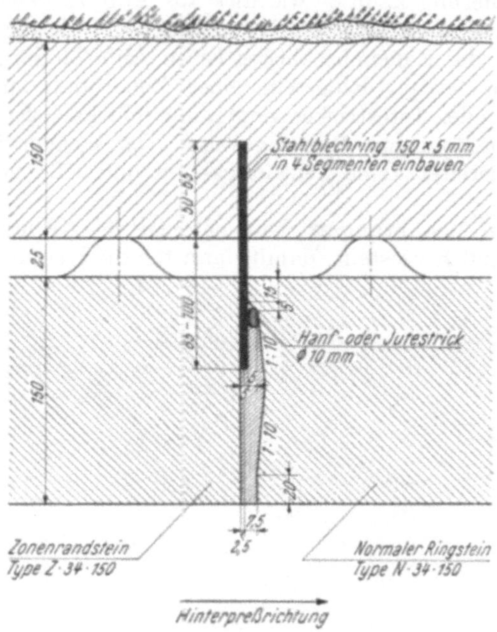

Abb. 73. Ausführung mit gemauertem Kernring; Detail des Zonenabschlusses.

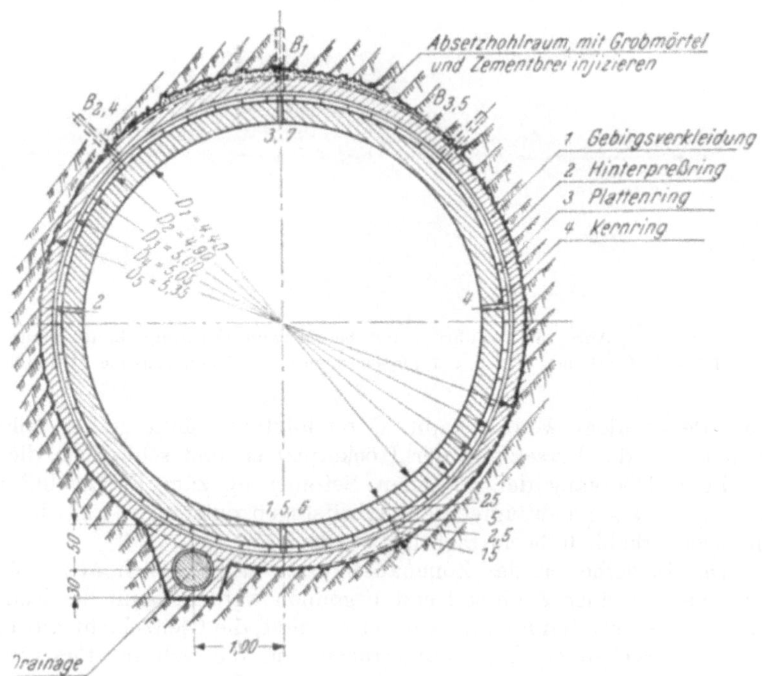

Abb. 74. Ausführung mit betoniertem Kernring; Querschnitt.
B 1—B 5 Bohrlöcher   1, 2, 3, 4, 5 Einpreßöffnungen   6 Kontrollöffnung   7 Entlüftungsöffnung

Paßsteinen, die nach der verbliebenen Lücke behauen werden, von Kopf aus bewerkstelligt[1].

Die Gewölbemauerung kann — wie dies aus Abb. 72 ersichtlich ist — auch ringweise unter Verwendung eines fahrbaren Rüstbogens ausgeführt werden.

Die Ausbildung des Zonenabschlusses ist in Abb. 73 dargestellt. Die Keilfuge zwischen dem letzten Ringstein einer Zone und dem Blechring wird mittels eines Hanf- oder Jutestrickes verstemmt und nach Einsetzen des Randsteines der nächsten Zone mit Mörtel gestopft. Der sachgemäße Einbau dieser Zonenabgrenzung bereitet keine Schwierigkeiten und läßt sich übrigens leicht überwachen.

Bei der zweiten Ausführungsart mit betoniertem Kernring wird ebenfalls die Sohle vorauseilend hergestellt, damit dann für die weiteren Arbeiten wieder

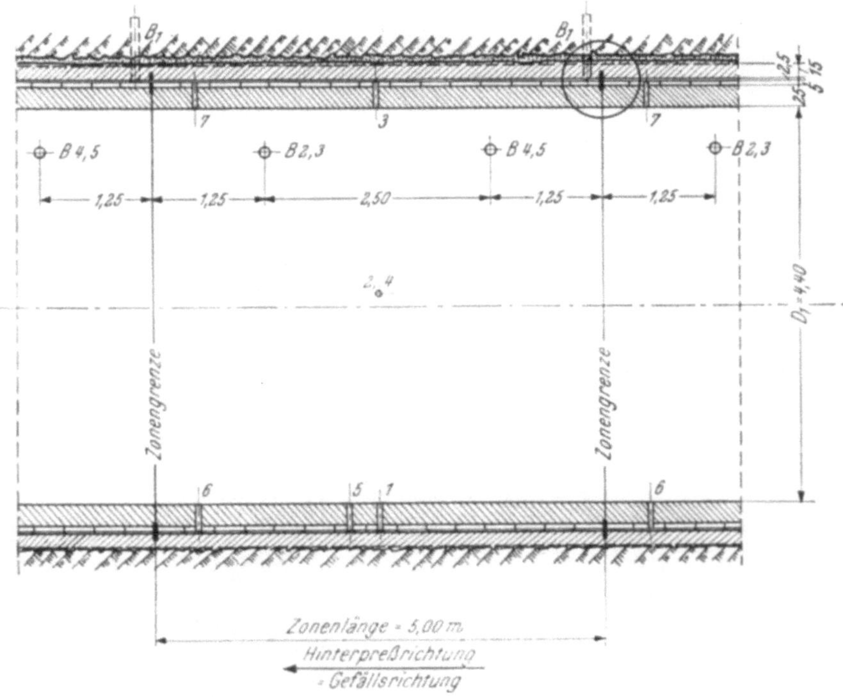

Abb. 75. Ausführung mit betoniertem Kernring; Längsschnitt.
B 1—B 5 Bohrlöcher   1, 2, 3, 4, 5 Einpreßöffnungen   6 Kontrollöffnung   7 Entlüftungsöffnung

das Gleis verlegt werden kann. Dann folgt die Montage der Rüstung, hierauf zonenweise die Versetzung der Höckerplatten und schließlich die Betonierung.

Beim Übergang der normalen Betonierung zum Firstschluß ist darauf zu achten, daß keine waagrechten Arbeitsfugen entstehen, weil die Ringfestigkeit dadurch erheblich beeinträchtigt würde.

Die Einzelheiten des Zonenabschlusses ergeben sich aus Abb. 76. Mit der Betonierung einer Zone soll erst begonnen werden, wenn die Endfugen an den Blechringen verstemmt und vermörtelt sind, die Gleitschicht auf der Stirnfläche der vorhergehenden Zone aufgetragen und die sich im Firstbereich zwischen

---

[1] Vgl. Abbildungen in Abschnitt 4,342,6.

Beton und Platten allenfalls bildende Absetzfuge durch den aus Abb. 77 ersichtlichen zusätzlichen Stahlblechbogen überdeckt ist.

Die Abb. 78 zeigt weiters die Einzelheiten für den sachgemäßen Einbau der Einpreßstutzen.

Schließlich unterrichtet noch die Abb. 79 über die Maßnahmen zur Ausschaltung der Drainage, die bei der *Kernring-Auskleidung* verfahrensgemäß dem Spannvorgang vorauseilend bewerkstelligt werden muß[1]. Nach erfolgtem

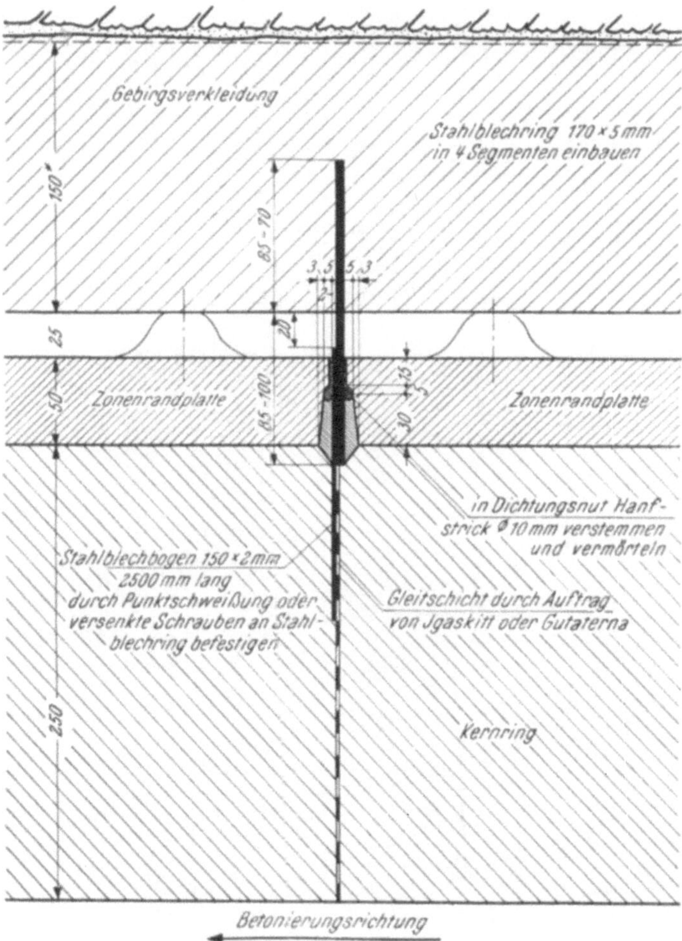

Abb. 76. Ausführung mit betoniertem Kernring; Detail des Zonenabschlusses.

Einbau des Kernringes ist die Drainage bereits entbehrlich. Ihr Abschluß ist deshalb notwendig, damit im Zuge der Kernringhinterpressung der allenfalls in das Entwässerungssystem einbrechende Zementbrei die Vorflut versperrt findet.

Die Drainageverpressung wird durch die in Bild 1 ersichtliche Ausbetonierung der bis dahin offenen Schächte eingeleitet. Die eingesetzten Rohre 1 und 2 ermöglichen die nachfolgende systematische, von Schacht zu Schacht fortschrei-

---

[1] Vgl. auch Abschnitt 4,12.

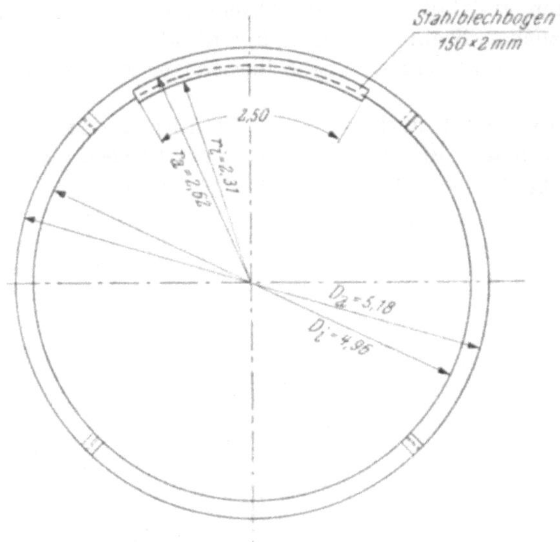

Abb. 77. Ausführung mit betoniertem Kernring; Stahlring für den Zonenabschluß.

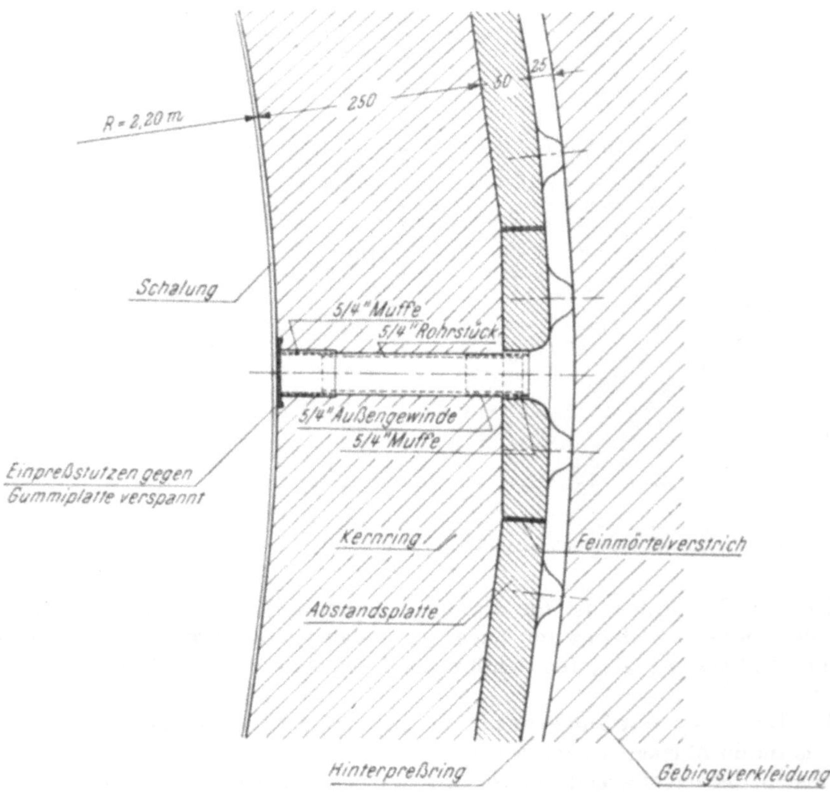

Abb. 78. Ausführung mit betoniertem Kernring; Detail für den Einbau der Einpreßrohre.

tende Auspressung des Rohrkanales mittels pneumatischer Arbeitsgeräte. Am Schluß wird die im Kernring belassene Lücke geschlossen.

Die Abb. 79 bezieht sich auf die Ausführungsart mit betoniertem Kernring. Wenn dieser aus vorfabrizierten Formsteinen gemauert wird, ist der Lückenschluß sinngemäß auf gleiche Weise auszuführen. Es ist dann lediglich der letzte Stein so zu behauen, daß er von oben eingesetzt werden kann.

Im übrigen kann die *Kernring-Auskleidung* den jeweiligen Erfordernissen und Voraussetzungen angepaßt werden. Es sind schon verschiedene Spezialkonstruktionen für Sonderzwecke entwickelt und z. T. auch ausgeführt worden. So z. B. Auskleidungen in Gips und Anhydrit oder in ganz schlechtem Fels. In

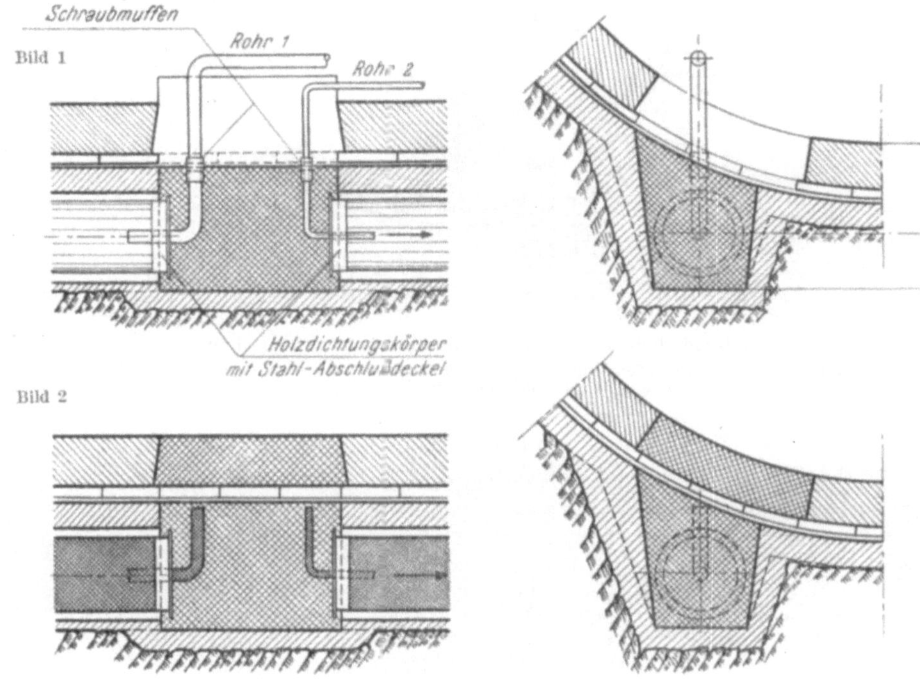

Abb. 79. Vorkehrungen für die Drainageverpressung.

letzterem Falle kommt allenfalls eine Bewehrung der Gebirgsverkleidung in Frage, die nach Maßgabe der Nachgiebigkeit der Hülle im Zuge der Hinterpressung vorgespannt wird und dann die Haltung des Spanndruckes übernimmt. Eine weitere Maßnahme bei ungünstigen Voraussetzungen oder sehr hohen Drücken besteht darin, daß der Hinterpreßraum jeder Zone durch achsparallele Längsbleche in 4 Ringteile aufgegliedert wird, denen man bei der Hinterpressung je eine eigene Pumpe zuordnet. Auf diese Weise kann eine nachteilige Auswirkung stärkerer Nachgiebigkeiten des Gebirges unterbunden und trotz widriger Umstände ein befriedigender Spanneffekt erzielt werden.

Es würde indessen zu weit führen, im Rahmen dieses Buches auf alle diese Einzelheiten näher einzutreten.

4,342,4. *Einrichtungen für die Hinterpressung*

Der als Kernringhinterpressung bezeichnete hydraulische Spannvorgang erfordert den Einsatz bestimmter Einrichtungen und Geräte sowie die Ein-

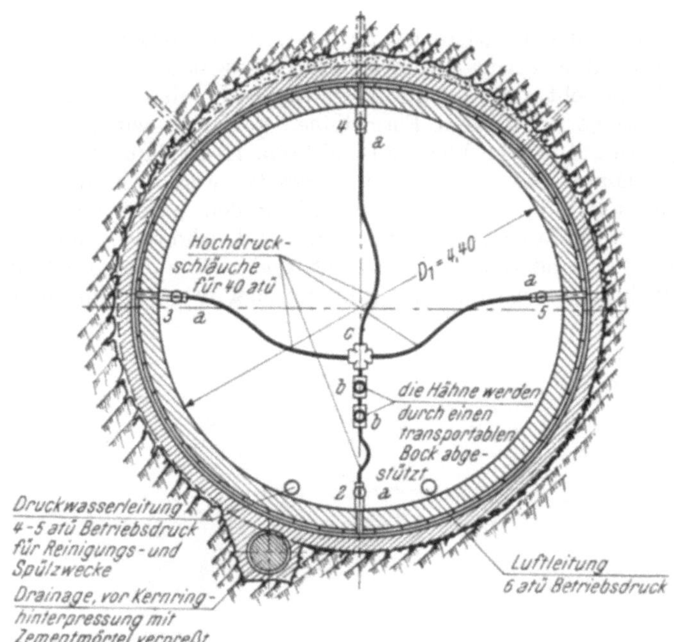

Abb. 80. Beispiel für ein Installationsschema; Querschnitt.

a Durchgangshähne mit vollem Durchgang $^5/_4''$ *b* Dreiweghähne mit vollem Durchgang $^5/_4''$
c Kreuzstück mit vollem Durchgang $^5/_4''$

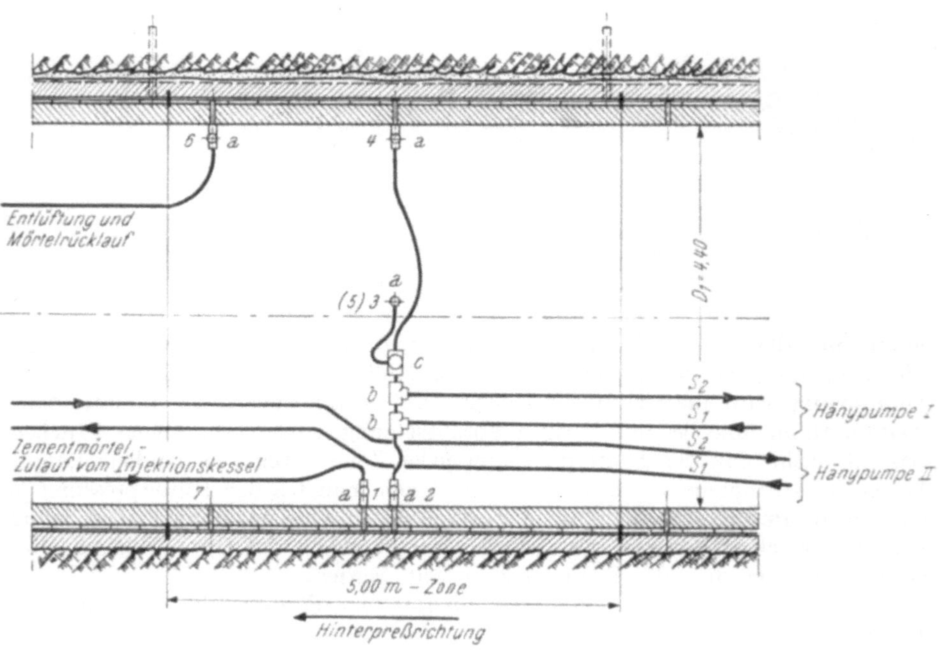

Abb. 81. Beispiel für ein Installationsschema; Längsschnitt.

a Durchgangshähne mit vollem Durchgang $^5/_4''$ *b* Dreiweghähne mit vollem Durchgang $^5/_4''$
c Kreuzstück mit vollem Durchgang $^5/_4''$
S_1 Zementbrei — Zulaufschlauch (für Hochdruck 40 atü)
S_2 Zementbrei — Rücklaufschlauch (drucklos)

haltung der Verfahrensregeln, um den angestrebten Effekt zu erzielen. Diese Spezialarbeit sollte daher nur von sachkundigem Personal geleitet und durchgeführt werden.

Die erforderliche Installation umfaßt: Die Anschluß- und Verteilarmaturen sowie die dazugehörigen Füll- und Hochdruckschläuche; die Geräte für die Bereitung, Zufuhr und pneumatische Einbringung des Hinterpreßmörtels; schließlich die Hochdruck-Zementinjektionspumpen mit den Mischern und Behältern für den Zementbrei.

Die Anordnung der Einpreßlöcher und des Schlauchsystems richtet sich nach der zu lösenden Aufgabe und den gegebenen Voraussetzungen, so u. a. nach dem Stollendurchmesser und Pumpenenddruck. Bei einer Zonenlänge von 5 m kommen ein bis zwei Einpreßquerschnitte mit je vier Einpreßlöchern in Frage. Weitere Löcher sind für die

Abb. 82. Anschluß- und Verteilergarnitur für die Zementpumpen. (Aufgenommen am 19. 6. 1957.)

sonstigen, bei der Hinterpressung nötigen Manipulationen vorzusehen.

In den Abb. 80 und 81 ist als Beispiel ein Installationsschema einfachster

Abb. 83. Pumpgarnitur für einen Einpreßquerschnitt. (Aufgenommen am 19. 6. 1957.)

Art dargestellt, wie es derzeit üblicherweise bei

Abb. 84. Fahrbare Injektionskessel. (Aufgenommen am 19. 6. 1957.)

Abb. 85. Fahrbare Pumpanlage; Mischer, Behälter und Zementvorratswagen. (Aufgenommen am 19. 6. 1957.)

Vorliegen normaler Bedingungen angewandt wird. Daraus sind die notwendigen Fließwege, Schlauchverbindungen und Armaturen ersichtlich. Für die letzteren ist ein voller Durchgang von $^5/_4''$ vorgeschrieben, um Verstopfungen hintanzuhalten. Hähne anderer Bauart sind für den vorliegenden Zweck nicht geeignet.

Durch das Loch 1 wird der Mörtel zugeführt, die vier Löcher 2 bis 5 dienen für den Anschluß der Hochdruck-Zementinjektionspumpen, das Loch 6 wird für die Entlüftung sowie den Ausstoß von Überschußwasser und schließlich das Loch 7 zu Kontrollzwecken benötigt. Das letztere läßt sofort allfällige Zementdurchbrüche aus der Nachbarzone erkennen und ermöglicht dadurch die rechtzeitige Veranlassung entsprechender Maßnahmen. Vor Beginn der Mörtelfüllung in der betreffenden Zone wird das Kontrolloch durch einen Pfropfen verschlossen.

Die in den Abb. 82 und 83 wiedergegebenen Aufnahmen veranschaulichen diese Einrichtungen.

Die Kernringhinterpressung erfolgt in der Regel in der Fallrichtung des Stollens in der Weise. daß für die Zonenfüllung mit Mörtel und für den anschließenden Spannvorgang mittels der Pumpen je ein eigener Arbeitstrupp eingesetzt wird. Diese zwei Partien sind räumlich voneinander unabhängig, weil der Mörteltrupp in der Hinterpreßrichtung vorne arbeitet, während der Pumpentrupp rückwärts nachfolgt.

Die Mörtelbereitung erfolgt zweckmäßigerweise außerhalb des Stollens. Für den Transport ab Mischer haben sich fahrbare, mit Rührwerk ausgerüstete Injek-

Abb. 86. Zementinjektionspumpen-Paar zu Abb. 85. (Aufgenommen am 19. 6. 1957.

tionskessel bewährt, die je nach Bedarf einzeln oder zugsweise eingesetzt werden.

Die Abb. 84 zeigt zwei solche Geräte mit 300 und 500 l Inhalt.

Das Eindrücken des Mörtels von den Injektionskesseln in den Hinterpreßraum erfolgt jeweils in wenigen Minuten pneumatisch mit dem in der Preßluftleitung verfügbaren Arbeitsdruck von 5 bis 6 atü. Die Füllung wird von Zone zu Zone fortschreitend dem Aufpumpen vorangehend bis zum Ende der Tagschicht vollzogen. (Die anschließende Nachtschicht wird üblicherweise für das Reinigen der freiwerdenden Hähne und deren Vorausmontage in den weiteren Zonen benützt.)

Die Pumpeinrichtung ist fahrbar angeordnet. Eine Einheit besteht aus einer Mischanlage für die Bereitung des Zementbreies, einem Behälter, aus zwei HÄNY-Pumpen[1] sowie aus den Zementvorratswagen für einen

---

[1] Vgl. Abschnitt 4,221.

Abb. 87. Fahrbare Pumpanlage; Zementinjektionspumpen-Paar.

10*

Tagesbedarf. Bei großen Stollen und für Sonderzwecke werden zwei derartige Misch- und Pumpenanlagen hintereinander gekuppelt eingesetzt.

Die Abb. 85 zeigt einen pneumatisch angetriebenen Zementbreimischer samt Behälter und Zementwagen, die Abb. 86 das zugehörige Pumpenpaar. Weitere Aufnahmen solcher Einrichtungen sind durch die Abb. 87, 88 und 89 wiedergegeben.

Abb. 88. Pumpeinrichtung im Stollen Roßhaupten (⌀ 8,35 m); Rüstwagen mit 2 Pumpenpaaren.

Vor Entlastung der Pumpen werden die Anschlußhähne gesperrt. In der Regel wird die Demontage frühestens 6 Stunden nach vollzogener Hinterpressung der betreffenden Zone vorgenommen.

Abb. 89. Verteiler- und Schlauchsystem zu Abb. 88.

Die Kernringhinterpressung beschließt als letzte Arbeitsphase die Bauarbeiten in der betreffenden Stollenstrecke. In einer 10- bis 11-stündigen Tagschicht konnten in großen Stollen (6,00 und 8,35 m ⌀) 20 lfd. m, in anderen mit Durchmessern bis etwa 3 m rund 40 lfd. m hinterpreßt werden.

Ergänzende Ausführungen über eine wirksamere Methode des Pumpvorganges folgen im Zusammenhang mit der Erörterung der in einem Versuchsstollen in Frankreich gewonnenen Erfahrungen[1].

---

[1] Vgl. Abschnitt 5,224.

4,342,5. Statische Berechnung und Bemessung

Der Effekt der *Kernring-Auskleidung* beruht auf der radialen Spannwirkung aus dem Hinterpreßring. Dieser scheidet den Querschnitt in den nach statischen Grundsätzen zu bemessenden inneren Teil (Kernring) und in die als Widerlager dienende äußere Hülle (Gebirgsverkleidung und Fels). Der erste stellt die eigentliche Konstruktion dar, die dem Pumpenenddruck entsprechend gewachsen sein muß, die zweite hat lediglich die Bestandsicherheit durch Haltung des äußeren Gleichgewichtes zu gewährleisten. Sie darf im übrigen aber Risse bekommen und komprimiert werden, bis sie dem radialen Andruck durch elastischen Widerstand begegnet; dies geschieht aber vollkommen selbsttätig und bedarf keiner Berechnung.

Als Pumpenenddruck p_e wird, wie schon erwähnt wurde[1], der $1\frac{1}{2}$-fache Wert des größten Betriebsdruckes p_1 gewählt. Man kann dann bei sachgemäßer Hinterpressung damit rechnen, daß der gehaltene radiale Bettungsdruck p_2 mindestens gleich p_1 ist. Bei der *Kernring-Auskleidung* wird ferner im Gegensatz zu den sonst üblichen Kompromissen von vorneherein ganz schlechtes Gebirge unterstellt und vorausgesetzt, daß es zwar den Spanndruck p_e bzw. p_2 zu halten vermag, einem nach außen gerichteten Deformationsdrang jedoch keinen wachsenden Widerstand entgegensetzt, wie dies bei Zuordnung eines Verformungsmoduls von $E_G = 0$ der Fall wäre. Auf diese Weise gelangt man zu einer einfachen und überzeugenden Bemessungsregel.

Unter Benützung der Kesselformel ergibt sich die Stärke d des Kernringes wie folgt:

$$d = \frac{p_e \cdot D_2}{2 \cdot s_d}; \tag{94}$$

darin bedeuten:

D_2 den Außendurchmesser des Kernringes,

s_d die zulässige Ringdruckspannung des letzteren[2].

(Bei betoniertem Kernring wird dabei der Plattenring als nichttragend vernachlässigt und d dem Beton zugeordnet.)

Auf Grund der Erfahrungen kann man ansetzen:

Bei betoniertem Kernring $s_d = 0{,}6\,W_{28}$;

bei gemauertem Kernring $s_d = 0{,}8\,W_{28}$.

Ein genauer Spannungsnachweis läßt sich für diesen Belastungsfall mit Hilfe der Gleichungen (29), (30), (32) und (33) führen. Die elastischen Deformationen errechnet man mittels der Gleichungen (31) und (34).

Solange $p_2 \geqq p_1$ ist, kann auch bei ungünstigsten elastischen Eigenschaften des Gebirges der Innendruck p_1 keine Zugrisse hervorrufen. Mit zunehmendem Verformungsmodul des Gebirges vermindert sich die Entspannung unter dem Einfluß der Betriebsbelastung und damit auch die Gefahr einer Rißbildung[3].

Durch die bisherigen Ausführungen ist erwiesen, daß man mit einer auf dieser Grundlage bemessenen und vorgespannten *Kernring-Auskleidung* den angestrebten Effekt auch in schlechtem Gebirge tatsächlich erzielt und daß damit alle nachteiligen Nebeneinflüsse hinreichend kompensiert werden.

---

[1] Vgl. Abschnitt 4,342,2.

[2] Vgl. Abschnitt 1,61.

[3] Vgl. Abschnitt 3,22.

4,342,6. Anwendungsbeispiele

4,342,61. Druckstollen Kops-Vallüla der „Vorarlberger Illwerke Aktiengesellschaft Bregenz"

In Österreich erfolgte die erste Anwendung der *Kernring-Auskleidung* im Jahre 1950 im Zuge des Ausbaues der „Bachüberleitungen nach Vermunt".

Abb. 90. Druckstollen Kops-Vallüla, Kernringstrecke; Steinerzeugung in Vallüla.
(Aufgenommen am 5. 8. 1950.)

Das künftige Staubecken Kops verbindet ein 6 km langer, durch einen Düker in zwei Hälften geteilter Druckstollen mit dem Vermuntstausee. Im ersten

Abb. 91. Druckstollen Kops-Vallüla, Kernringstrecke; Steintransport.
(Aufgenommen am 5. 8. 1950.)

Abschnitt wurde anschließend an die gepanzerte Unterfahrung der Sperrstelle, wo die Überdeckung das geplante Stauziel unterschneidet, eine 390 m lange

Kernringstrecke eingeschaltet. Der Betriebsdruck beträgt derzeit nur rund 3 atü; er sollte aber später nach einem in Erwägung gestandenem weiteren Ausbau auf 10 atü ansteigen.

Abb. 92. Druckstollen Kops-Vallüla, Kernringstrecke; Mauerung des Gewölbes.
(Aufgenommen am 20. 9. 1950.)

Der Stollen weist in diesem Bereiche einen Durchmesser von 2,68 m auf. Der für einen Pumpenenddruck von 15 atü bemessene gemauerte Kernring erhielt eine Stärke von 12,5 cm. Die Formsteine wurden auf der in rund 1700 m ü. M. gelegenen Baustelle hergestellt.

Nähere Einzelheiten über diese Erstausführung mit gemauertem Kernring können der einschlägigen Literatur entnommen werden[1]. Eine Vorstellung vom Bauvorgang vermitteln die Abb. 90 bis 93.

[1] Vgl. „Die Kernring-Auskleidung im Druckstollen Kops-Vallüla der Vorarlberger Illwerke Aktiengesellschaft" vom Verfasser in „Österreichische Wasserwirtschaft„ 1951, H. 10 und 11, sowie „Schriftenreihe des Österreichischen Wasserwirtschaftsverbandes" H. 21.

Abb. 93. Druckstollen Kops-Vallüla, Kernringstrecke; hinterpreßte Stollenröhre.
(Aufgenommen am 9. 11. 1950.)

**4,342,62. Kraftwerk Waldshut der „Schluchseewerk A. G., Freiburg i. B."
(Deutschland)[1]**

Bei dieser bedeutenden Wasserkraftanlage (dritte Stufe der Schluchseegruppe)
erhielten sowohl ein 480 m langes, im Triasbereich gelegenes Teilstück des rund
9 km langen Druckstollens (Rheintalstollen) vor dem Wasserschloß Eschbach
als auch der Schacht des letzteren auf 124 m Steighöhe eine *Kernring-Auskleidung*.
Es waren dies die Erstausführungen mit betoniertem Kernring. Diese Arbeiten
wurden in den Jahren 1949 bis 1951 durchgeführt.

Der Stollen hat einen Durchmesser von 6,00 m, der Schacht einen solchen
von 14,00 m; der größte Betriebsdruck am Schachtfuß beträgt 13,6 atü.

Abb. 94. Rheintalstollen; Kernringbetonierung.
(Aufgenommen am 6. 6. 1950.)

Die Aussparung des 2,5
bis 3 cm weiten Hohlringes
erfolgte im Stollen und
oberen Teil des Schachtes
mittels Höckerplatten von
5 cm Stärke. Im unteren
Bereich des Schachtes wurden zu diesem Zwecke in
Anlehnung an die Gebirgs-
verkleidung, der Beton-
einbringung vorauseilend,
Ringe aus 10 cm starken
Höcker-Radialsteinen ge-
mauert, die gleichzeitig als
äußere Wandung des Kern-
ringes und für die Veran-
kerung der inneren Scha-
lung dienten. Die Ring-
stärken betragen: Im Stollen, Beton 30 cm, Kern-
ring einschließlich Platten
und Mörtelring 38 cm;
im Schacht, Beton unten
47,5 cm, oben 22 cm,
Kernring insgesamt unten
60 cm, oben 30 cm. Die
Länge der Zonen beträgt
im Stollen 5,00 m, im
Schacht wegen des großen
Durchmessers jedoch nur
2,25 m. Die Gebirgsverkleidung wurde mit einer den
jeweiligen Erfordernissen
der Bergsicherung entsprechenden Stärke ausgeführt.

Der Schacht ist nicht nur wegen seiner ungewöhnlichen Dimensionen (14 m ⌀
und 160 m Gesamthöhe einschließlich des gepanzerten Übergangsstückes über
dem Stollen von 6 m ⌀), sondern auch wegen der abnormalen geologischen
Verhältnisse besonders bemerkenswert. Die letzteren waren durch das Vorhanden-

---

[1] Vgl. „Das Schluchseewerk" von Dr.-Ing. e. h. OTTO HENNINGER und JOSEF DORER
in „Die Wasserwirtschaft" 1951, H. 9 und 10, S. 238, 239, 259 und 260.

sein von rund 35 m mächtigen Gips- und Anhydritschichten gegeben, deren
schädliche Einflüsse auf den Beton zu unterbinden waren. In diesem Bereich

Abb. 95. Rheintalstollen; radial abgeschalte Firstlücke. (Aufgenommen am 6. 6. 1950.)

mußten daher besondere Schutzmaßnahmen getroffen werden. Dazu gehörten:
Ausführung der Gebirgsverkleidung in Klinkermauerwerk mit Verwendung von
Bitumenmörtel und Durchführung
der Kernringhinterpressung mit
Tonerde-Schmelz-Zement (Lafarge).
Die letztere erfolgte übrigens zur
Entlastung der Zonenfugen von
oben nach unten. Der Spanndruck
wurde dabei in Anpassung an den
zunehmenden Innendruck bis 17 atü
gesteigert. Einer solchen Pressung
entspricht auf 1 m Schachtröhre
eine radiale Belastung von über
8000 t und im Kernring einschließlich der Abstandsteine eine mittlere
Ringdruckspannung von rund 220
kg/cm².

Diese schwierige, wegen der beachtlichen Kraftentfaltung besonders verantwortungsvolle Hinter-
preßaufgabe konnte jedoch ohne
störenden Zwischenfall programmgemäß und mit vollem Erfolg gelöst
werden.

Im Druckstollen erfolgte die
Vorspannung mit einem Pumpenenddruck von 18 atü. Diesem entspricht bei Vernachlässigung einer
Mitwirkung der Platten im Kernring eine mittlere Ringdruckbean-
spruchung von rund 200 kg/cm².

Abb. 96. Wasserschloßschacht Eschbach mit Fahr-
stuhl und Arbeitsbühne in der Tiefe.
(Aufgenommen am 20. 2. 1951.)

Über die vorgängige Erprobung der Bauweise für den Stollendurchmesser von 6 m wird noch gesondert berichtet[1].

Abb. 97. Wasserschloßschacht Eschbach, Kernringhinterpressung; Arbeitsbühne mit 2 von 4 Häny-Pumpen. (Aufgenommen am 20. 2. 1951.)

Abb. 98. Wasserschloßschacht Eschbach, Kernringhinterpressung; Druckschreiber, Kontrolle des Spannvorganges. (Aufgenommen am 20. 2. 1950.)

Einige Ausbauphasen der beschriebenen Stollen- und Schachtauskleidungen sind in den Abb. 94 bis 98 festgehalten.

Seit 1951 stehen diese Bauwerke anstandslos in Betrieb. Eine im Frühjahr 1956 vorgenommene Revision ergab keinerlei Anstände.

4,342,63. Lechspeicherkraftwerk Roßhaupten der „Bayerischen Wasserkraftwerke A. G., München" (Deutschland)

Die Baudispositionen für diese Anlage wurden so getroffen, daß der 358 m lange Druckstollen, der einen Durchmesser von 8,35 m aufweist, während der Bauzeit des Talsperrendammes und des Maschinenhauses für die Lechumleitung mitbenützt werden konnte. Zu diesem Zwecke erfolgte etwa 108 m vor seinem Ende eine provisorische Abriegelung und die Rückleitung des Wassers in den Lech durch einen an dieser Stelle abzweigenden Stichstollen.

---

[1] Vgl. Kapitel 5 „Versuche und Erprobungen".

Abb. 99. Druckstollen Roßhaupten; Betonierung des Kernringes.

Das Stollengebirge besteht aus oligozäner Molasse mit annähernd senkrecht fallenden Schichten. Die Überlagerung über der Stollenfirste besteht nur aus 19 m Fels und darüber aus 10 m Kiesauffüllung. Sie ist damit gerade zureichend, um der maximalen dynamischen Beanspruchung in Höhe von 5,1 atü zu widerstehen. Der größte statische Druck erreicht 3,6 atü.

Dieser Stollen wurde mit Ausnahme der Einlaufstrecke, des Stichstollenabzweiges und der gepanzerten Endstrecke vor dem Krafthaus auf eine Länge von 245 m (50 Zonen zu meist 5 m) nach dem Kernringverfahren, und zwar in der gleichen Ausführungsart, wie sie im Rheintalstollen Verwendung fand[1], ausgekleidet.

Der Kernring weist eine Stärke von 35 cm Beton innerhalb der 5 cm dicken Abstandsplatten auf. Die Hinterpressung erfolgte mit einem Pumpenenddruck von 8 atü, und zwar in den Zonen 39 bis 50 vom 19. bis 22. Februar und in den restlichen Zonen vom 10. bis 19. März 1952.

Für den Bau des Stollens stand die Zeit vom Februar 1951 bis März 1952 zur Verfügung.

Abb. 100. Druckstollen Roßhaupten; fertige Stollenröhre.

---

[1] Vgl. Abschnitt 4,342,62.

Vom Juni 1952 bis Oktober 1953 wurde er als Umlaufstollen benützt. Ab August 1954 steht er als Bestandteil der Triebwasserleitung in Betrieb. Die feierliche Eröffnung fand im Juni 1955 statt.

Der Verfasser hatte Gelegenheit, den Stollen im September 1956 anläßlich einer Entleerung zu besichtigen. Es ergab sich dabei ein sehr guter Befund der Kernringstrecke, so daß sie ihre Aufgabe bestens erfüllt hat.

Die Meßeinrichtungen zur Kontrolle der Vorspannung und die Ergebnisse der damit ermöglichten Dauerbeobachtungen bleiben späteren Ausführungen vorbehalten[1].

Die Abb. 99 und 100 vermitteln eine Vorstellung von der Größe des Druckstollens Roßhaupten und von der nicht alltäglichen Bauaufgabe, die hier zu bewältigen war[2].

4,342,64. Lana-Kraftwerk der „Società Trentina di Elettricità, Mailand" (Italien)

Bei dieser Anlage wurde sowohl eine 100 m lange Teilstrecke des Umlaufstollens der Talsperre, als auch eine 500 m lange Phyllitstrecke des Druck-

Abb. 101. Druckstollen des Lana-Kraftwerkes; Hinterpressung.

stollens nach dem Kernringsystem ausgekleidet. Beide Stollen weisen einen Durchmesser von 3,40 m auf.

---

[1] Vgl. Kapitel 5 „Versuche und Erprobungen".
[2] Vgl. auch die Abb. 88 und 89.

Die Beanspruchung des Umlaufstollens durch den Geschiebeschliff bedingte eine Sonderausführung. Der Abstandhaltung dienten 4,5 cm dicke Höckerplatten; die innere 25 cm starke Schale besteht hier im Sohlenbereich aus Granithausteinmauerwerk, während der restliche Ring betoniert wurde.

Im Druckstollen ist der Kernring dagegen aus 12,5 cm starken Betonformsteinen gemauert; deren Erzeugung erfolgte beim nächsten Fenster mit einer Spezialmaschine der Firma Rosacometta (Mailand).

Der Kernringbemessung liegt in beiden Fällen ein Pumpenenddruck von 10 atü zugrunde; diesem entspricht eine mittlere Ringspannung von 80 kg/cm²

Abb. 102. Druckstollen des Lana-Kraftwerkes; Mörtelmischer und Einpreßgeräte.

im Umlaufstollen und von 146 kg/cm² im Druckstollen. Der maximale Betriebsdruck beträgt etwa 5 atü. Im Druckstollen wurden 10 m lange Zonen mit je zwei Querschnitten zu vier Löchern für den Anschluß der Pumpen angeordnet. Die Hinterpressung erfolgte einschichtig wobei täglich leicht drei Zonen bewältigt werden konnten. Die *Kernring-Auskleidung* hat sich auch in diesem Stollen trotz des schlechten Gesteins (mylonitisierter Phyllit), das ohne Sprengung ausgebrochen werden konnte, im Betrieb gut bewährt. Diese Spezialarbeiten waren im Umlaufstollen im Mai 1951 und im Druckstollen im April 1953 abgeschlossen. Die Abb. 101 und 102 zeigen zwei Aufnahmen von der Kernringhinterpressung des letzteren.

4,342,65. Lünerseewerk der „Vorarlberger Illwerke Aktiengesellschaft, Bregenz"

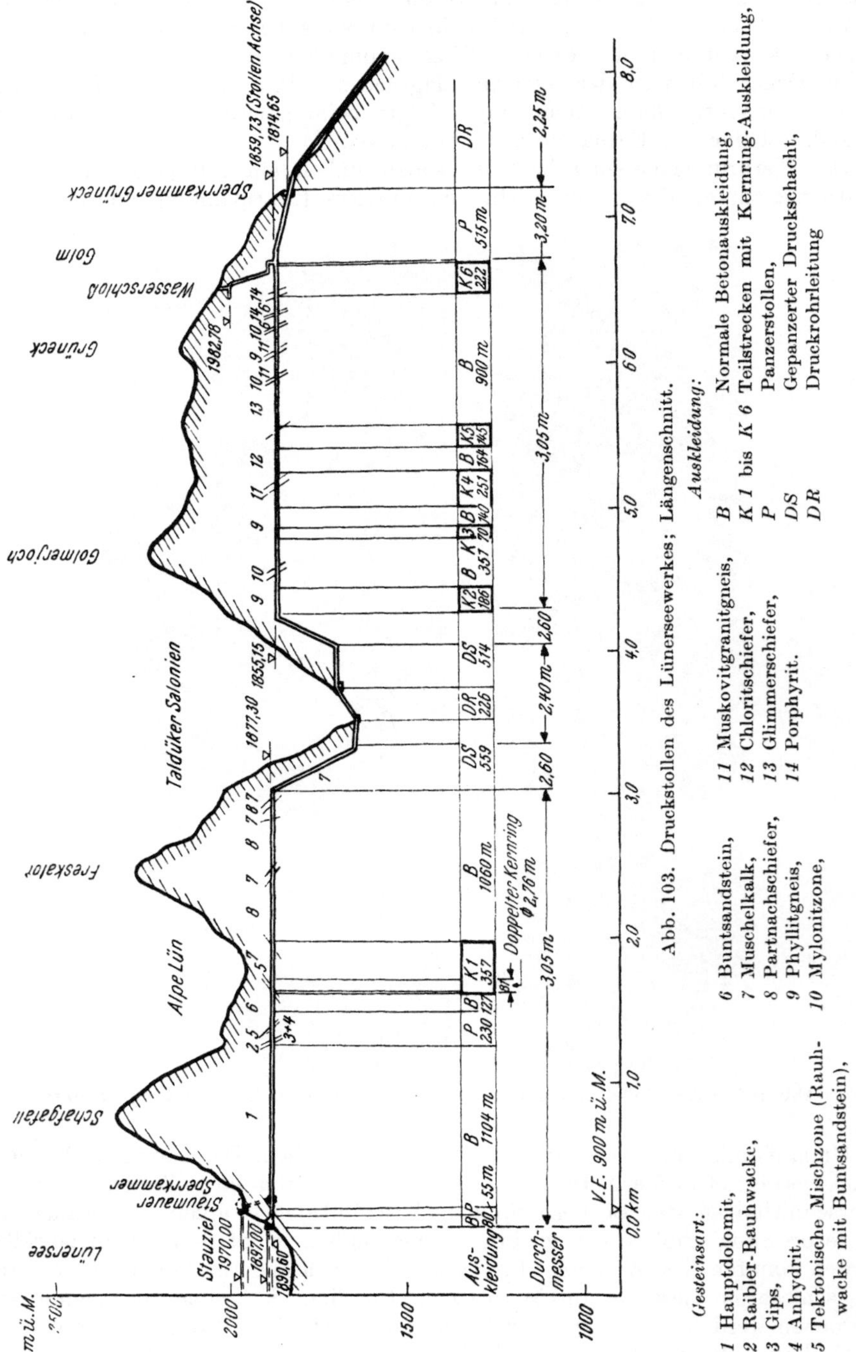

Abb. 103. Druckstollen des Lünerseewerkes; Längenschnitt.

Auf Grund der guten Bewährung des Kernringverfahrens wurden auch in dem 5530 m langen, durch den Taldüker Salonien in zwei Abschnitte unter-

Abb. 104. Lünerseewerk, Golmerjochstollen; kombinierte Holz-Stahlschalung für die Betonierung der Gebirgsverkleidung. (Aufgenommen am 4. 7. 1956.)

teilten Druckstollen des Lünerseewerkes 1231 m oder 22% nach diesem System ausgekleidet. Seine Anwendung erfolgte in allen jenen Strecken, in denen wegen der ungünstigen Gebirgsbeschaffenheit eine gewöhnliche Betonauskleidung nicht in Frage kam. Gepanzert wurden lediglich die Übergangsstrecken an den Stollenenden im Bereiche ungenügender Überdeckung sowie ein 230 m langes Zwischenstück des ersten Stollenabschnittes Lünersee—Salonien, wo eine Gips- und Anhydritzone durchfahren ist. Die *Kernring-Auskleidung* verteilt sich auf die sechs aus Abb. 103 ersichtlichen Teilstrecken.

Hievon weist die erste einen Durchmesser von 3.05 m auf, während die übrigen fünf auf einen Durchmesser von 3,10 m erweitert sind. Der 3056 m lange Stollenabschnitt vor dem Düker liegt in Triasgestein (Hauptdolomit, Gips- und Anhydrit, Buntsandstein, Muschelkalk, Partnachschiefer), der 2474 m lange Abschnitt zwischen Düker und Wasserschloß hingegen vorwiegend im Kristallin (Phyllite, Glimmerschiefer, Muskovitgranitgneis) sowie in Buntsandstein.

Abb. 105. Lünerseewerk, Stollen Lünersee-Salonien; Armierung der Gebirgsverkleidung im Bereich der tektonischen Mischzone. (Aufgenommen am 29. 1. 1957.)

In der im Stollenabschnitt vor dem Düker ausgeführten 357 m langen Kernringstrecke wurden die ersten 95 m der Gebirgsverkleidung wegen der schlechten
Gebirgsbeschaffenheit (stark gestörte tektonische Mischzone aus Raiblerschichten

Abb. 106. Lünerseewerk, Stollen Lünersee-Salonien; Gebirgsverkleidung mit Zonenabschlußringen.
(Aufgenommen am 29. 1. 1957.)

und Buntsandstein) bewehrt, um für den Spanndruck eine sichere elastische
Hülle zu schaffen. Nachdem aber in diesem Teilstück die aufgetretenen First-

Abb. 107. Lünerseewerk, Golmerjochstollen; Mauerung der Ulmen des Kernringes. (Aufgenommen
am 29. 1. 1957.)

einbrüche wegen der durch besondere Umstände bedingten, z. T. unzulänglichen
Betonstärke im Zuge der Vorausinjektionen nicht ausreichend verfüllt werden

konnten, traten dort bei der Kernringhinterpressung Durchbrüche in die verbliebenen Hohlräume auf, so daß der vorgesehene Spanndruck in einer Reihe von Zonen nicht erreichbar war. Auf einer Länge von 81 m wurden daher im Schutze des Kernringes durch neue Bohrlöcher systematisch Nachinjektionen vorgenommen, bis die Hohlräume hinter der Gebirgsverkleidung beseitigt waren. Hierauf erfolgte der Einbau eines zweiten Kernringes und dessen Hinterpressung mit 10 atü, die dann anstandslos vonstatten ging. Die dadurch bedingte Durchmesserverringerung auf 2,76 m konnte in dieser kurzen Strecke wegen der Geringfügigkeit der Einbuße an Fallhöhe ohne weiteres in Kauf genommen werden.

Abb. 108. Lünerseewerk, Golmerjochstollen; Zonenabschluß mit Hanfstrick zum Verstemmen der Endfuge am Blechring. (Aufgenommen am 1. 2. 1957.)

Abb. 109. Lünerseewerk, Golmerjochstollen; Mauerung des Kernringgewölbes. (Aufgenommen am 29. 1. 1957.)

Die Konstruktion der Auskleidung entspricht der in den Abb. 70, 71 und 73 dargestellten Ausführungsart mit gemauertem Kernring. Die Zonenlänge wurde mit 5 m gewählt. Die Steinstärke beträgt 15 cm, die Weite des Hinterpreßringes 2,5 cm. Lediglich bei dem erwähnten zweiten Kernring wurde die erstere auf 12,5 cm und die letztere auf 2 cm reduziert. In den Normalstrecken erfolgte die Hinterpressung mit einem Pumpenenddruck von 18 atü, entsprechend dem größten Betriebsdruck von rund 12 atü beim tiefsten Punkt des Druckstollens nach dem Düker.

Die größte Betriebswassermenge von 31,5 m³/s (Vollast-Turbinenbetrieb mit 6 Maschinengruppen; davon sind derzeit 5 eingebaut) wird in den Kernringstrecken bei den drei vorkommenden Durchmessern von 3,10, 3,05 und 2,76 m Geschwindigkeiten von 4,20, 4,32 und 5,30 m/s verursachen. Die Ergebnisse der

Abb. 110. Lünerseewerk, Stollen Lünersee-Salonien; Mauerung des Kernringgewölbes. (Aufgenommen am 14. 3. 1957.)

im Jahre 1957 bei einer Beaufschlagung von 27,9 m³/s vorgenommenen Rauhigkeitsmessungen sind der Zahlentafel 1 zu entnehmen[1]. Für das verfugte Kernringmauerwerk errechnete sich dabei nach STRICKLER ein $k = 74,3$.

Die Stollenarbeiten wurden im Herbst 1954 vergeben. Die Kernringstrecken liegen in drei von verschiedenen Unternehmern erstandenen Baulosen. Dadurch ergaben sich bei der Ausführung aber keine Schwierigkeiten. Mit der Mauerung konnte im Jänner 1957 begonnen werden. Die Hinterpressung erfolgte mit Ausnahme der nachträglich eingebauten Strecke mit doppeltem Kernring in der Zeit vom 3. April bis 20. Juni 1957, wobei arbeitstäglich meistens etwa 8 Zonen bewältigt werden konnten. Der Stollen wurde in der Zeit vom 1. bis 10. Oktober 1957 gefüllt. Ende Dezember 1957 waren be-

Abb. 111. Lünerseewerk, Golmerjochstollen; Kernringstrecke mit Bergwasseraustritt vor der Hinterpressung. (Aufgenommen am 9. 5. 1957.)

---

[1] Vgl. Abschnitt 1,422.

reits drei und Ende Jänner 1958 alle fünf Maschinengruppen mit einer installierten Leistung von 224 MW der Turbinen und 252 MW der Pumpen in Betrieb. Die feierliche Eröffnung des Lünerseewerkes fand am 28. März 1958 statt.

Abb. 112. Lünerseewerk, Golmerjochstollen, Kernringhinterpressung; pneumatische Füllung des Hohlringes mit Mörtel. (Aufgenommen am 19. 6. 1957.)

Die für die Kernringstrecken typischen Arbeitsvorgänge sind aus den in den Abb. 104 bis 112 abgedruckten Aufnahmen ersichtlich[1].

4,35. Blechpanzer in vorgespannter Hülle

Dieser Ausführungsvorschlag des Verfassers unterscheidet sich von den bekannten Einbaumethoden eines Panzers dadurch, daß die Ausbruchröhre zunächst eine *Kernring-Auskleidung* erhält, in die sodann die Stahlrohre mittels einer sogenannten Vorspannbettung eingebaut werden. Damit wird nicht nur eine beträchtliche Vergütung der Umhüllung des Panzers hinsichtlich ihres Widerstandsvermögens gegen radiale Deformation erreicht, sondern auch ein vollkommener Kraftschluß zwischen dem Stahlrohr und dem schon vorher komprimierten Gebirge erzwungen.

Diese beiden Effekte rechtfertigen bei Einhaltung einer ausreichenden Sicherheit gegenüber der üblichen Bettungsart eine erhebliche Verminderung der Blechstärke.

Bis zur Erschöpfung der Kernringvorspannung hemmt diese, unterstützt durch die verstärkte Mitwirkung des Gebirges die radiale Deformation und damit die Beanspruchung des Panzers vom Anbeginn seiner Belastung durch den Innendruck nach Maßgabe des statischen Zusammenwirkens dieser drei Bestandteile des Druckraumumschlusses. Aber auch nach der Aufzehrung der Vorspannung im Kernring bleibt der Panzer durch die zunehmende Mitwirkung des inzwischen weiter komprimierten Gebirges entlastet.

---

[1] Vgl. auch Abschnitt 4,342,4, Abb. 82 bis 86.

11*

Eine Berechnung für einen Druckschacht mit 2,15 m $\varnothing$ ergab z. B., daß ein Kernring mit 2,40 m $\varnothing$, 15 cm Stärke und $E_b = 300\,000$ kg/cm² sich so auswirken würde, wie folgende Verbesserung des Gebirgsmoduls:

Von $E_G = 100\,000$ kg/cm² auf $E_G{}' = 133\,000$ kg/cm² oder
von $E_G = 50\,000$ kg/cm² auf $E_G{}' = 87\,000$ kg/cm².

Dabei müßte im ersten Fall der gehaltene Spanndruck 11,8 atü, im zweiten 15,5 kg/cm² betragen.

Ein entscheidender Effekt der Hinterpressung des Kernringes und des Panzers ist aber schon darin begründet, daß der Fels in seiner jeweiligen Güte sofort zum Mitwirken gezwungen wird und nicht erst ein toter Gang der Bettung überwunden werden muß, bis der hiefür nötige Kraftschluß zustandekommt.

Die Ausführungsart einer solchen vorgespannten Panzerauskleidung mit gemauertem Kernring ist in Abb. 113 durch einen schematischen Querschnitt veranschaulicht.

Der definitive Ausbau beginnt auch hier mit der Drainage, soferne sich diese nicht erübrigt. Dann folgt die Betonierung der Gebirgsverkleidung, die Versetzung der Abstandsplatten im Bereiche des Montagegleises, die Verlegung und Einbetonierung des letzteren im Zuge der Herstellung der Kernringsohle und die Mauerung des restlichen Kernringes. Hierauf wird — und zwar in der Fallrichtung fortschreitend — nach pneumatischer Verfüllung der Drainage die Kernringhinterpressung vollzogen, wobei ein möglichst hoher Spanndruck anzustreben ist.

Damit sind dann die Vorarbeiten für den Einbau des Panzers beendet.

Die Lichtweite des Kernringes ist so groß zu wählen, daß die Einfahrt der Rohre nicht behindert wird. Hiefür ist ein Zwischenraum von mindestens 8 bis 10 cm vorzusehen. Die Richtung der Montage und deren Anfang bestimmen die Möglichkeiten für den Antransport. Bei Druckschächten beginnt sie immer am Fußpunkt. Soferne die Fördereinrichtungen dies zulassen, können allenfalls je zwei Rohre vor der Einfahrt zu Montageschüssen zusammengebaut werden. Deren Verbindung an Ort und Stelle erfolgt dann durch elektrische Schweißung vom Rohrinnern gegen Decklaschen.

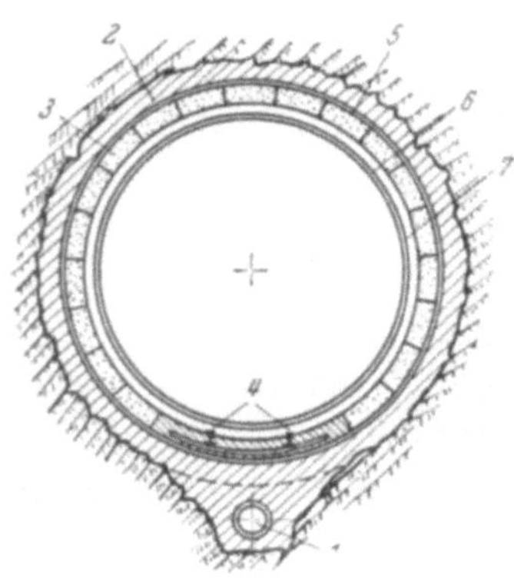

Abb. 113. Vorgespannte Panzerauskleidung; schematischer Querschnitt.

 1. Drainage,
 2. Gebirgsverkleidung,
 3. Kernring,
 4. Montagegleis,
 5. Hinterpreßring,
 6. Panzer,
 7. Vorspannbettung

Sobald eine Rohreinheit fertig montiert und mit der vorhergehenden verschweißt ist, wird in einem eigenen Arbeitstakt sofort die Verfüllung und Auspressung des Hohlraumes um den Panzer nach dem bewährten hydraulischen Spannverfahren der *Kernring-Auskleidung* vorgenommen. Dabei sind nur mäßige Drücke, etwa in der Größenordnung von 4 bis 8 atü anzuwenden. Die Höhe des Pumpenenddruckes für diese Vorspannbettung der Rohre ist mit ihrer Belastbarkeit auf Außendruck im leeren Zustand abzustimmen. Der Spanndruck muß andererseits so groß sein, daß sich der Panzer nach Abkühlung durch kaltes Betriebswasser bei Entleerung von der Bettung nicht ablöst und das Bergwasser keine Möglichkeit findet, den Blechmantel direkt zu belasten. Wenn diese Bedingung erfüllt wird, ist jegliche Einbeul- und Rostgefahr an der Außenseite gebannt.

Dem Abschluß des Hohlringes am jeweiligen Panzerende zwecks Ermöglichung der Hinterpressung dienen zusammensetzbare Spezialringe, die mit dem Rohr zu verbinden und gegen die Kernringwandung so zu dichten sind, daß die Preßmasse an der Stirnseite keinen Austritt findet. Diese Ringe werden nach dem Abbinden der letzteren zur Verwendung beim nächsten Stoß wieder frei gemacht. Jeder Rohrschuß ist mit mindestens zwei Einpreßquerschnitten zu 8 Löchern auszurüsten.

Nachdem die innere und äußere Wandung des Preßraumes dicht hält, werden dem Überschußwasser unter Zwischenschaltung von Regulierhähnen durch Filterrohre, die im Scheitelbereich der Zonenabschlußringe einzusetzen sind, ausreichende Abflußwege eröffnet.

Diese kombinierte Auskleidungsmethode schafft die Voraussetzung, bei den Ermittlungen über die Mitwirkung des Gebirges von einer jeweils ungünstigen Annahme in bezug auf seine elastischen Eigenschaften auszugehen. Wenn man dazu in der Lage ist, abschnittsweise den in diesem Bereich zu erwartenden kleinsten Verformungsmodul E_G der Felshülle als idealisierten Vergleichswert einzuschätzen, so verfügt man bereits über eine reale Grundlage für die Bemessung der Panzerstärke. Die statische Berechnung kann dann unter Zuhilfenahme der einschlägigen Rohrformeln erfolgen[1]. Dabei sind der Panzer und der Kernring mathematisch erfaßbare Konstruktionsglieder, während nur die radiale Komprimierbarkeit des Gebirges im Sinne vorsichtiger Annahmen geschätzt bleibt. Daraus lassen sich für jede E_G-Zone jene Wandstärken ermitteln, bei denen die größte Stahlbeanspruchung $\sigma = 0{,}545\,\sigma_S$ wird, das heißt also, bei denen im Panzer die gleiche Sicherheit vorherrscht, wie in einem frei liegenden Rohr[2].

Für das beschriebene Verfahren ist sonach kennzeichnend, daß die hydraulische Hinterpressung des Kernringes und der Panzerrohre automatisch alle Unsicherheiten in bezug auf den Kraftschluß zwischen letzteren und dem Gebirge, die den üblichen Einbaumethoden anhaften, beseitigt und daß die einschlägigen Formeln erst dadurch zu brauchbaren Behelfen für die Bemessung werden.

Auf eine detaillierte Nachweisung der technischen und wirtschaftlichen Vorteile einer vorgespannten Panzerauskleidung kann aber wegen des Umfanges der hiefür nötigen Ableitungen im Rahmen dieser Veröffentlichung nicht eingetreten werden. Der Verfasser muß sich daher mit dem Hinweis auf einschlägige Vergleichsrechnungen begnügen, die zu dem schlüssigen Ergebnis führten, daß, vor allem bei Hochdruckschächten, ohne Beeinträchtigung der Sicherheit eine beträchtliche Einsparung an Stahl möglich ist, wenn man sich auch bei Panzerauskleidungen den Effekt der Vorspannung zunutze macht und das statische Zusammenwirken des Stahles mit dem Gebirge nicht dem Zufall überläßt, sondern verfahrensgemäß in der angestrebten Weise erzwingt.

Die nachstehenden Ausführungen mögen noch der Abklärung einiger für das Verständnis der Zusammenhänge wichtiger Detailfragen dienen.

Die Mitwirkung des Gebirges an der Aufnahme des Innendruckes ist primär nicht vom Maß der Überdeckung, sondern von der Art der Bettung des Panzers abhängig, solange die zusätzliche Belastung der Hülle durch den Betriebsdruck deren Bestandsicherheit nicht gefährdet. Nachdem aber der Panzer den Austritt von Druckwasser und damit eine fortschreitende hydraulische Sprengwirkung verhindert, bleiben die auf das Gebirge einwirkenden Kräfte im Vergleich zur Auflast und deren Komponente senkrecht zur Achse auch bei Hochdruckschächten

---

[1] Vgl. Kapitel 3 „Einschlägige Formeln und Ableitungen".
[2] Vgl. Abschnitt 1,66.

verhältnismäßig unbedeutend. Die bei der Besprechung der Gebirgsbruchgefahren erörterten Wirkungen des Spaltwasserdruckes brauchen daher hier nicht in Betracht gezogen werden[1]. Allfällige Aufspaltungen der Gebirgshülle bleiben vielmehr — weil sie nur statischer Natur sein können — auf den engeren Umkreis der Stollen- oder Schachtröhre beschränkt. Im allgemeinen ist das Gebirge schon bei geringer Überlagerung imstande, den ihm zufallenden Anteil des Innendruckes aufzunehmen. Dessenungeachtet wird man die Achse jeweils möglichst tief in den Berg legen, weil sich dadurch nicht nur eine größere Sicherheit ergibt, sondern weil eine reichliche Überdeckung und die damit verbundene Zunahme der natürlichen Vorspannung auch eine Erhöhung des Verformungsmoduls der Hülle erwarten läßt.

Eine weitere Frage erster Ordnung bildet bei den üblichen Bettungsmethoden die Ausschaltung der Klaffungen in den Kontaktfugen zwischen Panzer und Bettung sowie der letzteren und dem Gebirge. Man versucht dieser durch möglichst satte Verfüllung (z. B. mittels Prepaktbeton) und durch nachträgliche Injektionen der verbliebenen Hohlräume zu begegnen.

Wenn man unterstellt, daß es gelänge, auf diese Weise alle Hohlräume hinter dem Panzer zu verfüllen (was durchaus fragwürdig bleibt), so wären damit noch nicht die Voraussetzungen dafür gegeben, daß er sich später bei Druckentlastungen oder Entleerungen nicht von der Bettung ablöst und allenfalls von Bergwasserdruck eingebeult wird. Hiefür sind in erster Linie folgende zwei Ursachen gegeben.

Wenn sich der Panzer bei der erstmaligen Auflastung des maximalen Betriebsdruckes so stark ausweitet, daß auch das Gebirge zur Mitwirkung gezwungen wird, so sind dessen radiale Eindrückungen nur z. T. elastischer Art, weil die bleibenden Nachgiebigkeiten mangels einer Vorbelastung erst bei diesem jungfräulichen Deformationsspiel überwunden werden können. Diese hinterlassen aber zwangsläufig bei der Entlastung des Panzers eine Klaffung in der Kontaktfuge.

Die zweite Ursache ist die Kontraktion des Panzers und seiner Bettung infolge Einwirkung von kaltem Betriebswasser. Unterstellt man eine vollkommen elastische Hülle unendlicher Ausdehnung, so würde ihre innere Leibung dabei in ihrer Ausgangslage verharren[2]. Da aber eine Abkühlung gleichzeitig eine Schrumpfung der Auskleidung bewirkt, schwindet dadurch die Mitwirkung des Gebirges zu Lasten der Beanspruchung des Panzers. Eine Wegnahme des Innendruckes und die dabei eintretende Rückbildung der Spanndehnung führt ebenfalls zu einer Lockerung der Kontaktfugen zwischen Panzer, Bettung und Gebirge.

Eine Vorstellung von der Größenordnung dieser Verformungen möge das nachstehende Beispiel vermitteln: Gegeben sei ein Panzer mit einem äußeren Halbmesser $a_2 = 1,00$ m. Seiner Bemessung liege eine Streckgrenze von $\sigma_S = 2400$ kg/cm[2] und eine zulässige Beanspruchung von $s_z = 0,80\,\sigma_S$ bei gedachter freier Lagerung zugrunde[3]. Es sei ferner im Sinne der üblichen Annahmen unterstellt, daß hievon $0,545\,\sigma_S$ auf den Panzer (68,1%) und der Rest von $(0,80—0,545)\,\sigma_S$ auf das Gebirge (31,9%) entfallen. Die Spanndehnung ist dann, bezogen auf den Rohrmantel

$$u_2' = \frac{0,545\,\sigma_S}{E} \cdot a_2 = \frac{0,545 \cdot 2400}{2\,100\,000} \cdot 1000 = 0,623 \text{ mm}$$

---

[1] Vgl. Kapitel 2 „Gebirgsbruchgefahr".

[2] Vgl. Abschnitt 3,34 und Abb. 20.

[3] Vgl. Abschnitt 1,66.

und die Temperaturkontraktion bei einer Abkühlung um $\Delta t = 10°$

$$u_2'' = -\beta \cdot \Delta t \cdot a_2 = 12 \cdot 10^{-6} \cdot 10 \cdot 1000 = 0{,}12 \text{ mm}.$$

Daraus erhält man das Verhältnis

$$\frac{u_2''}{u_2'} = 0{,}194 \text{ oder rund } 20\%.$$

Mit Rücksicht auf die relative Kleinheit der Spanndehnung besteht bei einer normalen Bettung wohl keine Gewähr, daß die angenommene Mitwirkung des Gebirges schon in diesem Deformationsbereich eintritt und daß der Stahl nicht über das unterstellte Sollmaß beansprucht wird. Andererseits bildet schon die geringste Ablösung des Panzers eine Beeinträchtigung seiner Sicherheit gegen Einbeulung, wo die Voraussetzungen für die Anreicherung von Bergwasserdruck gegeben sind. Alle diese Gefahrenmomente werden durch eine Vorspannbettung in zuverlässiger Weise ausgeschaltet.

Die Wandstärke der Panzerrohre richtet sich nach den Erfordernissen des Innendruckes und des Pumpenenddruckes bei der Hinterpressung, den man anwenden muß, um ihre Ablösung im abgekühlten Zustand bei Entleerungen zu verhindern. Von den nach diesen Gesichtspunkten errechneten Werten ist der jeweils größere zu wählen.

Die Ermittlung der notwendigen Wandstärke zur Ermöglichung der Hinterpressung kann nach der Formel

$$d = D_1 \sqrt[3]{p_e \cdot \frac{m^2 - 1}{2E \cdot m^2}} \qquad (95)$$

erfolgen[1]. Darin bedeuten: D_1 den Rohrdurchmesser, p_e den Pumpenenddruck, m die POISSONsche Zahl und E den Elastizitätsmodul des Stahles. Diese Formel gibt allerdings reichliche Werte. Über die wirkliche Belastbarkeit der Rohre mit Außendruck kann man nur durch Versuche Aufschluß erhalten.

Eine vorgespannte Panzerauskleidung ist bisher noch nicht ausgeführt worden. Sie wurde jedoch schon für den Druckschacht des Lünerseewerkes in Erwägung gezogen und dort wahlweise der Ausschreibung zugrundegelegt. Wegen der komplizierten geologischen Verhältnisse konnte man sich aber nicht entschließen, von der neuen, stahlsparenden Methode Gebrauch zu machen.

Die technische und wirtschaftliche Überlegenheit einer vorgespannten Panzerauskleidung läßt sich erst dann überzeugend nachweisen, wenn sich die Möglichkeit bietet, einen Versuchsstollen auszuführen und alle einschlägigen Messungen vorzunehmen.

4,4. Sonstige Verfahren

4,41. Vorschlag HAMANN

Gegenstand des vom Österreicher HAMANN gemachten Vorschlages ist nicht eine Auskleidungsbauweise, sondern ein Verfahren zur Abdichtung von Stollen- und Schachtröhren im Bereiche von wasserdurchlässigem Gebirge mit nackter Felswandung oder mit einer der üblichen Auskleidungen (z. B. aus Spritzbeton, Beton o. dgl.), die nicht imstande sind, Rißbildung und Wasserverluste zu verhindern. Dieses Verfahren besteht darin, daß man ein Stück Stollenröhre unter Wasserdruck setzt und die unter dessen Einwirkung klaffenden Verlustspalten

---

[1] Vgl. „Beitrag zur Theorie und Konstruktion gepanzerter Druckschächte" von A. HUTTER und A. SULSER in „Wasser- und Energiewirtschaft", Zürich 1947, H. 11 und 12.

vermittels eines fahrbaren Dichtungswagens, der im Wasser verschoben werden kann, so lange einer Infiltration mit Dichtungsmitteln aussetzt, bis sich die Fließwege selbsttätig geschlossen haben[1].

Eine schematische Darstellung des Dichtungsvorganges zeigt die Abb. 114.

Die Länge der Arbeitsabschnitte richtet sich nach den verfügbaren mechanischen Einrichtungen für die Wagenverstellung und für den Nachschub des Dichtungsmaterials. Nach Angaben von HAMANN käme für das letztere unter normalen Verhältnissen eine Aufschlämmung aus quellfähigen, feinvermahlenen Bindemitteln, allenfalls mit Zusätzen, die das Eindringen in die Spalten erleichtern, in Betracht. Der Nachschub zum Dichtungswagen könne mittels eines Schlauches, einer Rohrleitung oder eines im wassergefüllten Stollen fahrbaren Zubringerwagens erfolgen. Im übrigen sei die Wahl der geeigneten

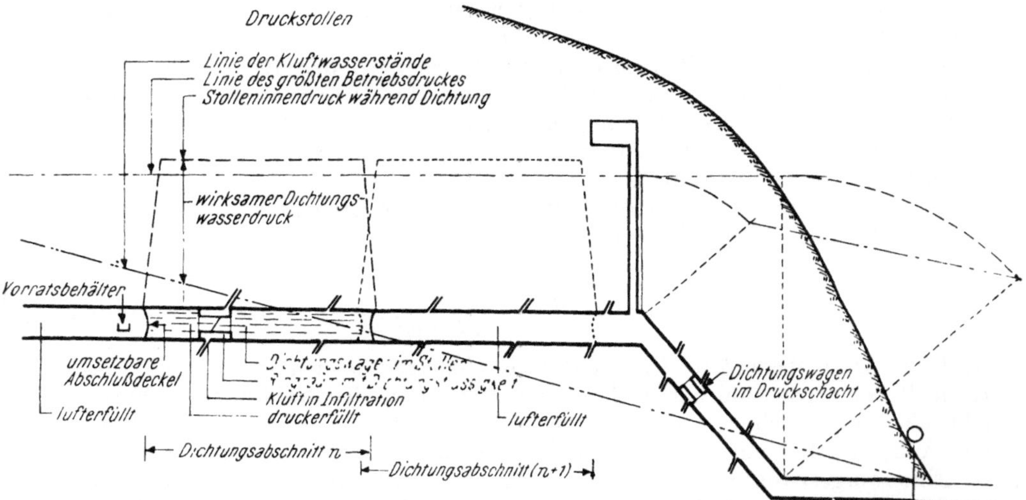

Abb. 114. Dichtungsverfahren nach HAMANN; schematische Darstellung des Dichtungsvorganges.

Dichtungsmittel der Wasserdurchlässigkeit des betreffenden Stollenabschnittes anzupassen. Verluststellen mit konzentrierten Wasseraustritten wären durch Plomben vorzudichten, damit dann eine Infiltration wirksam wird.

Bei diesem Verfahren soll keine Verschwendung an Dichtungsmitteln eintreten, weil das Druckwasser selbst die zu dichtenden Wasserwege aufsucht.

Es liegen nun allerdings noch keine Erfahrungen darüber vor, ob man auf dem beschriebenen Wege den beabsichtigten Zweck in nützlicher Frist auf wirtschaftliche Weise erreicht.

Zunächst müßten besondere Vorkehrungen getroffen werden, um die Abschlüsse der jeweiligen Dichtungsabschnitte auf einfache Art so einbauen zu können, daß sie dem Betriebsdruck statisch standhalten und leicht zu dichten sind. (Bei Hochdruckstollen mit großem Durchmesser ist der vom Abschluß im Gleichgewicht zu haltende Achsialschub schon recht beträchtlich.) Für diesen Zweck sind wohl in entsprechenden Abständen in die Leibung versenkte Profileisenringe oder Abpreßnischen, wie sie z. B. im Druckstollen des Vermunt-

---

[1] Vgl. „Eine neue Baumaßnahme bei Druckstollen und Druckschächten" von Dipl.-Ing. HAMANN in „Geologie und Bauwesen" 1957, H. 1.

werkes eingebaut wurden, erforderlich. Im unverkleideten Stollen wäre an diesen
Stellen auch die Ausführung von kurzen Verkleidungsringen unerläßlich.

Wenn der zu dichtende Stollenabschnitt im gespannten Zustand große
Wasserverluste aufweist, könnte es u. U. ein sehr langwieriger Prozeß sein, bis
es gelingt, die aufgehenden Spalten nachhaltig zu verpfropfen. Würde man mit
der Arbeit bei vollem Betriebsdruck beginnen, so muß man damit rechnen,
daß das in Form einer dünnen Brühe zugeführte Dichtungsmaterial wirkungslos
durch die Abflußwege abgespült wird. Man hätte daher in solchen Fällen wohl
so vorzugehen, daß man den Druck nur allmählich steigert und den Dichtungswagen an jeder Stelle wiederholt ansetzt.

Einen ersten Versuch mit dem HAMANN-Verfahren hat die Bayerische Wasserkraftwerke A. G. beim Bau des Lechspeichers Roßhaupten ermöglicht[1]. Hiefür

Abb. 115. Dichtungsverfahren nach HAMANN. Rohrversuche Roßhaupten; Wasseraustritt bei
Teilfüllung des Rohres (85 l/min).

stand ein 30 m langer Abschnitt im Umlaufstollen[2] und in dem an letzteren an-
schließenden Stahlbetondruckrohrstrang ein Teilstück von 20 m Länge zur
Verfügung. Beide Bauwerke weisen einen Durchmesser von 2,20 m auf. Das
Druckrohr war stellenweise wasserdurchlässig. Schließlich wurden auch Dichtungsversuche an 1 m langen Rohren aus Einkornbeton mit 50 cm $\varnothing$ und 30 cm
Wandstärke vorgenommen. Die Länge des verwendeten Dichtungswagens betrug
3 m; die Zufuhr der Infiltrationsstoffe erfolgte durch Rohre, die auch der
Umstellung des Wagens dienten. Als Dichtungsmittel wurden wahlweise verwendet: Zementbrühe mit Betonitzusatz, Romankalkmilch mit Wasserglas-
zusatz und Zementmilch mit Tixotonzusatz.

---

[1] Vgl. „Der Speicher Roßhaupten als Hauptglied für den Rahmenplan des Lechs“, ein
Bericht der Bayerischen Wasserkraftwerke A. G., München, erstattet von Dr.-Ing. JOSEF
FROHNHOLZER in „Die Wasserwirtschaft“ 1953, H. 7 und 8.

[2] Vgl. auch Abschnitt 4,341.

Die Ergebnisse dieser Erprobung hat die Bauherrschaft im Versuchsbericht wie folgt zusammengefaßt[1]: „Der ursprüngliche Plan, das HAMANN-Verfahren im Südstollen des Lechspeichers Roßhaupten zu erproben, ist an der Undurchlässigkeit des Gebirges in der Probestrecke, die sich selbst bei 10 atü Innendruck als nicht dichtungsfähig erwies, gescheitert. Dagegen verliefen die Dichtungsversuche an dem anschließenden Stahlbetonrohr und an den porösen Betonrohren erfolgreich und vermittelten anschaulich den Vorgang des Verfahrens. Wenn auch unsere Versuche dessen abschließende Beurteilung noch nicht ermöglichen, so lassen die gemachten Feststellungen doch annehmen, daß das HAMANN-Verfahren eine brauchbare Möglichkeit bietet, Stollen zu dichten und in einem

Abb. 116. Dichtungsverfahren nach HAMANN. Rohrversuche Roßhaupten; Zustand nach erfolgter Dichtung bei 1,8 atü Wasserdruck im Rohr (tropfweiser Wasseraustritt).

gewissen Sinne auch vorzuspannen. Es wäre wünschenswert, wenn die in Roßhaupten begonnenen Versuche bei passender Gelegenheit weitergeführt und vervollkommnet werden könnten."

Die Abb. 115 und 116 veranschaulichen die abdichtende Wirkung bei den erwähnten Rohrversuchen.

4,42. Vorschlag NEUMEISTER

Die Auskleidung nach NEUMEISTER besteht in ähnlicher Weise wie bei dem schon beschriebenen System der Siemens-Bauunion Ges. m. b. H. Kdtges. Berlin[2] aus einer äußeren Verkleidung, einer an deren Leibung aufgebrachten Dichtungsschicht aus Bitumen, Asphalt oder ähnlichen Stoffen und einem inneren Betonring zur Abstützung der letzteren. Diese ist aber dadurch gekennzeichnet, daß sie mit einer elektrischen Heizvorrichtung ausgerüstet wird, um nach dem Abklingen des Schwindens im Innenring den dabei entstehenden Spaltraum

---

[1] Nach einer Mitteilung des Erfinders.
[2] Vgl. Abschnitt 4,25.

in der Kontaktfuge wieder mit flüssigem Bitumen auspressen zu können. Die Beheizung der Dichtungsmasse könne durch ein Spiralband aus leitfähigem Material erfolgen, wobei die Einpreßrohre für den Anschluß der Leitungen dienen. Es sei aber auch möglich, der Dichtungsschicht metallisches Material beizumischen und dieses durch Wirbelströme, die mittels geeigneter, im Stolleninnern aufgestellter Vorrichtungen erzeugt werden, aufzuheizen.

Nach Verflüssigung des Bitumens mit Hilfe der beschriebenen Heizvorrichtungen ließen sich durch die im Innenring angeordneten Rohre mittels einer Einpreßmaschine die Hohlräume zwischen den beiden Betonringen bei Anwendung eines entsprechend hohen Druckes satt verfüllen.

Eine Ausführung nach dem Vorschlag NEUMEISTER ist nicht bekannt geworden.

Die nachträgliche Ergänzung der Dichtungsschicht ist indessen keine geeignete Maßnahme, um eine Rißbildung in den beiden Betonringen zu verhindern. Die Aufheizung wirkt sich übrigens insoferne ungünstig aus, als die spätere Abkühlung auf die Betriebstemperatur wieder eine Lockerung der Kontaktflächen und damit eine Verminderung der Kraftschlüssigkeit bedingt. Eine nach dem Vorschlag NEUMEISTER nachbehandelte Auskleidung läßt daher kaum einen wesentlich besseren Effekt als eine solche mit einer „elastischen Dichtung" nach Siemens-Bauunion erwarten. Dies wäre nur dann der Fall, wenn man mit dem Nachpressen von Bitumen, wie bei der *Kernring-Auskleidung*, eine Vorspannung anstreben und erzielen würde. Diese Absicht ist aber in der Erfindungsbeschreibung nicht erwähnt.

4,5. Begehbare Rohrstollen

Eine im Berg liegende Triebwasserführung kann man schließlich auch als Druckrohrleitung ausführen, die in einem Stollen oder Schacht auf Sockel gelagert frei verlegt wird. Obwohl Bauwerke dieser Art eigentlich nicht mehr als Druckstollen anzusprechen sind, sollen sie der Vollständigkeit halber doch auch im Zusammenhang mit den einschlägigen Verfahren kurz beschrieben werden.

Nicht standfeste Strecken solcher Stollen und Schächte sind vor Einbau der Druckrohre entsprechend zu sichern. Die Bemessung und Verlegung der letzteren hat im übrigen nach den für freiliegende Rohrleitungen geltenden Regeln zu erfolgen.

Von dieser Bauweise haben die österreichischen Bundesbahnen beim Ausbau ihrer Kraftwerke wiederholt Gebrauch gemacht. So wurde zuerst auf Grund der unbefriedigenden Ergebnisse der angestellten Versuche mit verschiedenen Auskleidungen der 1894 m lange Druckstollen des im Jahre 1925 in Betrieb genommenen Spullerseewerkes aufgegeben und durch einen Druckrohr-Stollen (für $Q = 6\ \mathrm{m^3/s}$) ersetzt[1]. Ferner wurde bei dem vier Jahre später fertiggestellten Stubachwerk die 1750 m lange Falleitung (für $Q = 8\ \mathrm{m^3/s}$) in einem begehbaren Schrägschacht frei verlegt[2]. In gleicher Weise erfolgte der Einbau der 479 m langen Falleitung ($\varnothing$ 2100/1600 mm, für $Q = 12\ \mathrm{m^3/s}$) bei dem seit 1953 in Betrieb befindlichen Kraftwerk Braz.

Der Querschnitt der beiden zuerst genannten Triebwasserführungen ist in den Abb. 117 und 118 dargestellt.

---

[1] Vgl. a) Das „Spullersee-Kraftwerk" von Oberbaurat Ing. RAIMUND GEILHOFER, Sonderabdruck aus den Schriften des Vereines für Geschichte des Bodensees und seiner Umgebung, 1925, 53. Heft, Aktiengesellschaft Oberbadische Verlagsanstalt in Konstanz; b) Das „Spullerseewerk" von Ministerialrat Dr. ARTUR HRUSCHKA in „Elektrotechnische Zeitschrift" 1933, S. 929.

[2] Vgl. „Das Stubachwerk" der Österreichischen Bundesbahnen von Baurat Ing. Dr. HANS ASCHER in „Wasserkraft und Wasserwirtschaft" 1929, H. 11.

Eine ältere Anlage dieser Art findet sich in Vorarlberg auch beim Alvierwerk, wo die letzten 80 m der Druckrohrleitung ebenfalls in einem begehbaren Schrägschacht verlegt sind.

Bei einem solchen Rohrstollen oder -schacht wird nur ein Bruchteil des Felsausbruches für die Durchleitung des Triebwassers genutzt. Die damit verbundene Einengung des Durchflußquerschnittes bedingt dauernden Energieverlust im Vergleich zu einer Ausführung als Druckstollen oder Druckschacht. Beim Spullerseewerk beträgt der Rohrquerschnitt z. B. nur rund 29 v. H. des lichten Stollenquerschnittes.

Dieser Umstand beeinträchtigt aber die Wirtschaftlichkeit einer solchen Lösung erheblich. Dazu kommt noch die Notwendigkeit der Einführung einer geringeren zulässigen Beanspruchung bei der Rohrbemessung im Vergleich zu einem gepanzerten Stollen. Eine frei verlegte Rohrleitung im Berg ist daher

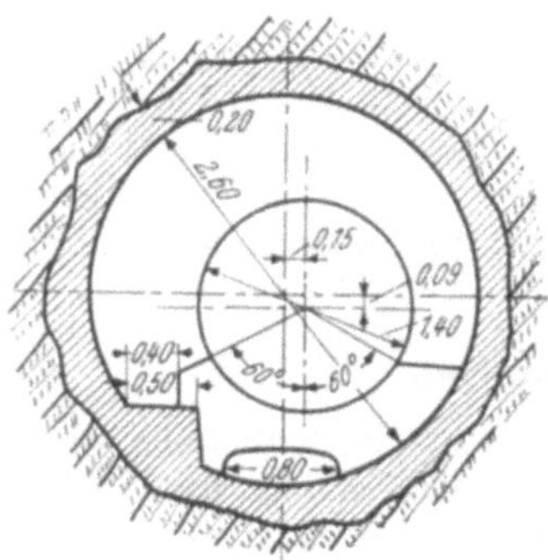

Abb. 117. Druckrohr-Stollen des Spullersee-werkes. [Nach RAIMUND GAILHOFER: „Das Spullerseewerk" Abb. 17.]

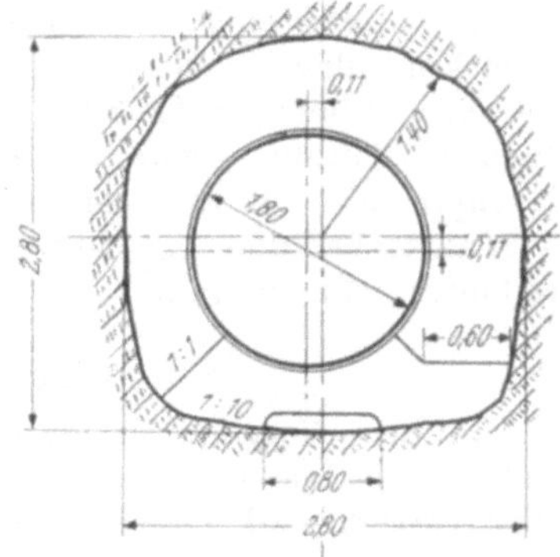

Abb. 118. Druckrohr-Schacht des Stubachwerkes; Schnitt senkrecht zur Achse im mittleren Teil des Schachtes. [Nach „Wasserkraft und Wasserwirtschaft" 1929, H. 11, Abb. 12.]

nur bei kleinen Betriebswassermengen und in solchen Fällen vertretbar, bei denen auf diese Weise gleichzeitig eine unentbehrliche Wegverbindung geschaffen wird.

Die Anlage von Druckrohr-Stollen kommt ferner dann in Betracht, wenn im Zuge einer Rohrleitung vereinzelt Stollen oder Schächte zur Durchstoßung von Felsnasen oder als Sicherung gegen Lawinen- und Murgänge notwendig werden. Ein solcher Rohrstollen von 230 m Länge wurde z. B. bei dem im Jahre 1942 angelaufenen Obervermuntwerk (Vorarlberg) im Bereiche einer Flachstrecke der Rohrleitung, die an dieser Stelle einen Durchmesser von 2,30 m aufweist, ausgeführt.

Druckrohr-Stollen sind ferner im Anschluß an Druckschächte bei Kavernenkraftwerken für die Verteilleitung üblich.

An Stelle von Stahlrohrleitungen kommen allenfalls auch vorgespannte Stahlbeton- oder Holzrohrleitungen in Frage. So wurde z. B. beim Rodundwerk das Ende einer Beileitung, die als Düker das Haupttal quert, durch ein 204 m langes Fenster vermittels einer auf Sockeln frei verlegten Spannbetonrohrleitung mit 1200 mm ⌀ an die als Freispiegelstollen ausgebaute Oberwasserführung der Anlage angeschlossen.

4,6. Kombinationen mit Bergsicherungen

Wo sich das Gebirge beim Ausbruch als nicht standfest erweist, muß der Arbeitsraum durch entsprechende Maßnahmen gegen Verbruch der Felsröhre so lange gesichert werden, bis die definitive Auskleidung die Abstützung übernimmt. Diesem Zwecke dient der vorläufige Ausbau. Nachdem aber letzterer, gleichwie der Vortrieb und Vollausbruch, nicht zum Gegenstand der vorliegenden Arbeit gehört[1], wird auf ihn im folgenden nur insoweit eingegangen, als er einen Bestandteil der endgültigen Verkleidung bildet und damit deren Gestaltung beeinflußt.

Während für den vorläufigen Ausbau früher vorwiegend Holz- oder Stahlrüstungen, die im Zuge der Auskleidung wieder entfernt wurden, Verwendung fanden, haben sich in neuerer Zeit mehr und mehr andere Methoden eingebürgert, die darauf abzielen, möglichst rasch eine endgültige Stabilisierung des gestörten Gleichgewichtes zu erreichen und jede spätere Umrüstung zu vermeiden. Als solche sind zu erwähnen: Der schon beschriebene Spritzbetonbewurf der Ausbruchwandung[2], eine Felsankerung (Nagelung) oder ein Stahlstreckenausbau. Diese drei Möglichkeiten eignen sich — allenfalls in kombinierter Anwendung — am besten für die Absicherung des Arbeitsraumes. Wenn es die Umstände erlauben, kann ein Stahlstreckenausbau im Zuge des Einbringens der Auskleidung wiedergewonnen werden; sonst wird er mit einbetoniert oder eingemauert und — so wie die beiden anderen erwähnten Sicherungsmaßnahmen — ein Bestandteil des definitiven Ausbaues. Damit erübrigt sich aber bei drückendem Gebirge eine Verstärkung der Auskleidung, weil die daraus resultierenden Kräfte bereits durch die vorgängige Bergsicherung abgefangen sind.

Die Felsverankerung erfolgt in der Weise, daß man zunächst im Grunde von meist radial angeordneten, etwa 1 bis 3 m tiefen Bohrlöchern Stahlbolzen verkeilt oder verspreizt. Mit diesen sind die Anker verschraubt, deren freie Enden sodann tunlichst pneumatisch mittels Muttern gegen Stahlplatten oder Profileisen angezogen werden. Die letzteren liegen an der Felswandung an und verteilen den Andruck der Schrauben auf einen entsprechenden Oberflächenbereich. Die Absicherung kann durch alte Drahtseile oder Stahlnetze ergänzt werden. Bei genügender Zahl von Felsankern dieser Art erzielt man einen Gewölbeverband, der einen Zusammenbruch der Leibung verhindert. In jüngster Zeit haben anstelle der beschriebenen Verbolzung auch sogenannte Eisenbetonanker Verwendung gefunden. Bei letzterer wird der Anker im Bohrloch in Mörtel satt gebettet und auf diese Weise die Verbundwirkung erzielt.

Weitere Einzelheiten der Bergsicherung mittels Felsankerung können der einschlägigen Literatur entnommen werden[3].

Die Abb. 119 zeigt eine Aufnahme einer solchen Felsankerung im Wasserschloß des Lünerseewerkes.

Wo das Gebirge von so schlechter Beschaffenheit ist, daß es bis zum Aufbringen einer Spritzbetonschicht oder bis zum Einbau einer Ankerung nicht standhält, führt der Stahlstreckenausbau zum Erfolg. Bei stärkerem Druck

---

[1] Vgl. Abschnitt 1,32.

[2] Vgl. Abschnitt 4,21.

[3] Vgl. a) „Der Durchstich Isère-Arc des Kraftwerkes Randens". Übersetzung eines Vortrages von H. KOBILINSKY in „Schweizerische Bauzeitung" 1955, S. 811; b) „Sicherung des Stollenvortriebes" von Dipl.-Ing. OTTO FREY-BÄR in „Schweizerische Bauzeitung" 1956. S. 567ff.; c) „Die Ankerung im Tunnelbau ersetzt bisher gebräuchliche Einbaumethoden" von Prof. Dr. techn. L. V. RABCEWIECZ in „Schweizerische Bauzeitung" 1957, S. 123ff.

werden zweckmäßigerweise geschlossene Ringe eingebaut. Für den Verzug
können z. B. vorgespannte Betonbretter oder entsprechend profilierte Stahlplatten Verwendung finden.

Von verschiedenen Firmen wurden sowohl für die Bogen als auch für den
Verzug eines solchen Stahlstreckenausbaues Spezialprofile auf den Markt gebracht. Die ersteren sind für geschlossene Ringe meist vierteilig ausgebildet.
Wenn diese gleichzeitig als Armierung gegen Innendruck wirken sollen, werden
die Verbindungen zugfest hergestellt. Für Streckenbogen findet Stahl von 50
bis 80 kg/mm² Festigkeit und 20% Mindestdehnung Verwendung.

Eine Bergsicherung mittels solcher Stahlringe ergänzt durch Spritzbeton
zeigt die Abb. 52[1]. Nähere Angaben über die Methode enthält der bereits erwähnte Aufsatz von FREY-BÄR[2].

Abb. 119. Wasserschloß des Lünerseewerkes; Bergsicherung durch Felsankerung. (Aufgenommen
am 7. 8. 1956.)

Die beschriebenen Maßnahmen zur Sicherung des Arbeitsraumes lassen sich
mit allen Bauweisen für die Auskleidung von Druckstollen zu definitiven Ver-
bundkonstruktionen kombinieren.

5. Versuche und Erprobungen

Die nachstehenden Ausführungen zu diesem Thema beinhalten die Beschreibung einiger bemerkenswerter Versuche und Erprobungen, die in der ersten
Entwicklungsperiode nach dem Mißerfolg beim Ritomwerk und in weiterer
Folge beim allmählichen Übergang auf Hochdruckstollen zwecks Abklärung
der Eignung der in Betracht gezogenen Auskleidungsmethoden und zur Erforschung der maßgebenden Zusammenhänge durchgeführt wurden. Insoweit
hierüber schon Berichte anderer Autoren vorliegen, beschränkt sich der Verfasser dabei auf Literaturhinweise und eine kurze Orientierung über den Zweck
sowie die Anordnung und Ergebnisse der getroffenen Maßnahmen.

---

[1] Vgl. Abschnitt 4,264,4.

[2] Vgl. Literaturhinweis letzte Fußnote unter b).

5,1. Mit Auskleidungen ohne Vorspannung

5,11. In Niederdruckstollen (bis 6 atü)

5,111. Amsteg

Erstmalige und grundlegende Versuche dieser Art wurden in den Jahren 1920 bis 1922 von der Druckstollenkommission veranlaßt, die im Auftrage der Schweizerischen Bundesbahnen nach dem Versagen des Ritomstollens[1] dessen Ursachen aufklären und entsprechende Vorschläge für die Auskleidung des damals im Bau begriffenen Druckstollens Amsteg erstatten sollte. In dieser Stollenanlage wurden vier Versuchsstrecken mit folgenden Längen angeordnet: 555 m in Augengneis (unverkleidet); 350 m in Biotitgneis (unverkleidet); 87 m in Serizitschiefer, der als undicht beurteilt war (davon vier Teilstücke mit injizierter Stampfbetonverkleidung und einem fünften, das in drei Zuständen, zuletzt mit armiertem Torkretverputz zur Abpressung gelangte); schließlich 104 m in gutem Serizitschiefer der Wasserschloßkammer.

Die Versuche bezweckten vor allem die Feststellung der Deformationen und des Grades der Wasserdurchlässigkeit. Für die erste Aufgabe fand ein von der Firma ALFR. AMSLER & CIE. Schaffhausen gebauter Dehnungsmesser Verwendung. Der Abschluß der Versuchsstrecken erfolgte mittels kegelförmiger Stahltore, die sich auf Betonringe abstützten.

Diese bereits wiederholt beschriebenen Versuche[2] hatten folgendes Ergebnis.

Die Deformationen betrugen bei 40 m Innendruck: Im unverkleideten harten Biotitgneis 5/100 mm; im gebrächen Serizitschiefer (mit einer dünnen Betonschicht verkleidet) bei der ersten Belastung 80/100 mm. Die Deformationen folgen ohne merkbare zeitliche Verzögerung den Druckänderungen. Die Nachgiebigkeit des Gesteins ist teils bleibender (plastischer), teils elastischer Art. Bei wiederholten Versuchen bleibe immer noch ein Rest der ersteren, der nach und nach kleiner werde. Die Nachgiebigkeit sei bei hartem Gestein, z. B. Biotitgneis zum größten Teil elastisch, bei gebrächem Gestein, z. B. Serizitschiefer seien indessen davon etwa 30% bleibender Art. Die Versuche hätten ferner gezeigt, daß die Abkühlung durch kaltes Stollenwasser eine merkliche Erweiterung des Stollendurchmessers verursacht.

Für die Wasserdurchlässigkeit wurden aus den Messungen bei 35 m Innendruck, bezogen auf 1000 m² Stollenausbruchfläche, folgende Richtwerte abgeleitet:

In Biotitgneis . . . . 0,5 bis 3 l/s,
in gutem Serizitschiefer der Wasserschloßkammer . . . . 2 bis 7 l/s,
in schlechtem Serizitschiefer . . . . 12 bis 23 l/s.

Diesen Zahlen käme jedoch schon im Hinblick auf den Einfluß einzelner Spalten und Klüfte keine allgemeine Gültigkeit zu.

Auf Grund der Versuchsergebnisse wurde schließlich in den letzten $2\frac{1}{2}$ Kilometern des 7536 m langen Druckstollens das Kreisprofil gewählt und die Betonverkleidung mit Ausnahme eines unbewehrt gebliebenen Teilstückes von 453 m Länge durch eine armierte Gunitmanschette von 2,80 m Durchmesser verstärkt.

Bei der Probefüllung des Stollens, der dabei in drei Abschnitte aufgegliedert war, ergaben sich folgende Verluste: Im obersten Teilstück bei 25 m Wasserdruck,

---

[1] Vgl. Abschnitt 2.31.

[2] Vgl. a) „Kurzer Bericht über die Druckstollenversuche der SBB" nach einem Referat von Ing. A. SCHRAFL, Generaldirektor der S. B. B. in „Schweizerische Bauzeitung" 1924, Bd. 83, S. 7ff.; b) WALCH. „Die Auskleidung von Druckstollen und Druckschächten", S. 41 bis 49.

in der ersten Versuchshälfte von 8 auf 4 l/s, in der zweiten von 7 auf 3 l/s abnehmend. (Diesen Werten entsprechen 0,55, 0,27 bzw. 0,48 und 0,20 l/s je 1000 m²
Stollenausbruchfläche.) In der zweiten Versuchsstrecke ging die Verlustmenge
während einer achttägigen Haltung des Druckes auf 27 m von 5 l/s auf Null
zurück. Im untersten Teilstück sank der Verlust während einer dreitägigen
Druckhaltung mit 25 bis 30 m von 8 auf 2 l/s (entsprechend 0,23 und 0,06 l/s
auf 1000 m².) Bei einer Steigerung des Druckes bis 34 m erhöhten sich die Verluste auf 27 l/s; bei einer nachfolgenden Verminderung auf 30 m gingen sie
wieder auf 17 l/s zurück.

Die Fachwelt verdankt den Schweizerischen Bundesbahnen auf Grund der
Veröffentlichung der Versuchsergebnisse von Amsteg die Vermittlung der ersten
Erkenntnisse über das Druckstollenproblem und der Schwierigkeiten, eine
Stollenröhre wasserdicht auszukleiden sowie die wertvolle Anregung der Lösung
dieser Aufgabe mittels einer armierten Gunitmanschette.

5,112. Schwarzenbach

Die Versuche bei dem in den Jahren 1922 bis 1924 erbauten Schwarzenbach-
werk (Baden) wurden von der Siemens-Bauunion G. m. b. H. Kdtges., Berlin,
in einem seitlichen Abzweig des Schwarzenbachstollens ausgeführt[1]. Die Probestrecke hatte eine Länge von 61 m, ihre Überlagerung betrug im Mittel 36 m.
Der Stollen liegt in Granit von fester und gesunder Struktur. Zwei Teilstücke
von zusammen 36 m Länge blieben unverkleidet. Dazwischen befand sich eine
6½ m lange betonierte Zone, während die Enden vor den Toren an der einen
Seite auf 2 m, an der anderen auf 23 m Länge nach dem System der „elastischen
Dichtung"[2] ausgekleidet waren.

Gemessen wurden die Felsdeformationen in zwei Querschnitten der unverkleideten Strecken und die Wasserverluste. Für die Registrierung der Durchmesserdehnung fanden die gleichen Geräte, wie bei den Versuchen in Amsteg,
Verwendung.

Bei 5,8 atü Druck ergab sich als größte Durchmesserverlängerung ein Maß
von 87/1000 mm. Davon waren etwa 30/1000 mm bleibender Art, die restlichen
57/1000 mm jedoch elastisch. Bei der Wiederholung der Belastung und stoß-
weisen Drucksteigerung blieben die Durchmesseränderungen hinter den zuerst
gemessenen um etwa 20/1000 mm zurück.

Die Wasserverluste betrugen beim ersten Versuch nach rund 16 stündiger
Druckbelastung (mit anfänglich langsamer Steigerung und anschließender
Haltung auf 5,8 atü während 9 Stunden) einschließlich der Torverluste rund
1,1 l/s. Beim zweiten Versuch stiegen sie im Zuge stoßweiser Belastung bis
6½ atü auf 6 l/s, um nach einer Stunde auf 3½ l/s zurückzugehen.

Diese Versuche führten zur Erkenntnis, daß für den Schwarzenbachstollen
mit Rücksicht auf die gute Gebirgsbeschaffenheit eine einfache, sorgfältig injizierte Betonauskleidung genüge. Im übrigen ergaben sich daraus in bezug auf
das Druckstollenproblem keine bemerkenswerten neuen Erkenntnisse.

5.113. Spullersee

Während die Versuche in Amsteg noch im Gange waren, mußten u. a. auch
die Entscheidungen für die Ausgestaltung des ursprünglich als Druckstollen in
Aussicht genommenen horizontalen Teiles der Triebwasserführung des Spuller-

---

[1] Vgl. WALCH, Die „Auskleidung von Druckstollen und Druckschächten", S. 49 ff.
[2] Vgl. Abschnitt 4,25.

seewerkes getroffen werden. Das Gebirge besteht im wesentlichen aus Kreide-
schiefer, Kreidekalk, Fleckenmergel, Kössener Schichten, Plattenkalk und Hauptdolomit.

Die vom Elektrisierungsamt der Österreichischen Bundesbahnen durchgeführten Versuche bezweckten die Abklärung der Eignung verschiedener, damals neben einer Blechpanzerung in Betracht gezogenen Auskleidungsmethoden[1].
Die Probestrecken wurden jeweils auf einer Seite durch einen vollen Betonklotz,
auf der anderen jedoch mittels eines durch einen Stahldeckel verschließbaren
Torblockes abgeriegelt und sodann bei gleichzeitiger Messung der Wasserverluste
einer Druckprobe unterzogen.

Zuerst erfolgten Versuche mit dem WOLFSHOLZschen Zementeinpreßverfahren.
Man glaubte, durch Injektion von Zementmörtel hinter die Zimmerung in einem
nicht standfesten Gebirge dieses so verfestigen zu können, daß es dann möglich
wäre, vor Beginn der Betonierung den vorläufigen Einbau zu entfernen. Die
Versuchsstrecke wurde in eine sehr zermürbte und zerklüftete Zone des Haupt-
dolomites verlegt. Es zeigte sich jedoch, daß der angestrebte Zweck trotz des
Verbrauches erheblicher Zementmengen auf diese Weise nicht erreichbar sei.

Dann wurde eine Versuchsstrecke in Preßbeton bei Verwendung eines Schotter-
gerüstes aus sortiertem und gereinigtem Steinschlag von 3 bis 5 cm Korn sowie
zum Vergleich unmittelbar anschließend eine zweite mit Sohle und Widerlager
aus Stampfbeton und einem aus Betonformsteinen gemauerten Gewölbe ausgeführt. Dabei erfolgte die Verfüllung des Resthohlraumes mit gereinigtem Steinschlag und durch Einpressen von Zementmörtel. In der ersten Versuchsstrecke
mit fugenlosem Preßbeton wurde bei der Probebelastung ein Druck von 4,8 atü,
in der zweiten ein solcher von nur 2 atü erreicht. In beiden Fällen betrug der
Wasserverlust dabei etwa 1 l/s. (Die Länge der Versuchsstrecken ist in der angegebenen Quelle nicht genannt; sie dürfte etwa 6 m betragen haben.) Auf Grund
dieser Ergebnisse gelangte man zur Erkenntnis, daß es nicht möglich sei, beim
Spullerseewerk den Betriebsdruck (4,8 atü) mit einer nicht armierten Betonauskleidung zu beherrschen.

Weiters wurden im Auftrag des Elektrisierungsamtes auch von der Siemens-
Bauunion Versuche zwecks Erprobung der von ihr vorgeschlagenen Auskleidung
mit „elastischer Dichtung" durchgeführt, die aber ebenfalls mit einem Mißerfolg
endeten[2].

Die in einem Blindstollen angeordnete Versuchskammer hatte eine Länge
von 5,85 m und einen Durchmesser von 1,44 m. Das Gebirge bestand aus zer-
mürbtem Hauptdolomit, so daß der Stollen starker Zimmerung bedurfte. Das
Holz mußte stellenweise hinter der Auskleidung, die dann einmal mit Zement
hinterpreßt wurde, belassen werden. Die Asphaltdichtung wurde in vier Lagen
aufgebracht und der innere Schutzring in Klinkermauerwerk ausgeführt.

Bei der Unterdrucksetzung versagte diese Auskleidung bei 1,8 atü.

Hierauf entschloß man sich, den Versuch in der Weise zu wiederholen, daß
man nach Entfernen des Schutzringes und der Dichtung in den gerissenen Außen-
beton zunächst eine armierte Torkretmanschette von 5 cm Stärke einzog, darauf
die vierfache Dichtung klebte, diese mit einer Rohpappe belegte und dann wieder
den Schutzring einbaute.

---

[1] Vgl. „Über das Druckstollenproblem, Entwicklung und gegenwärtiger Stand in Theorie
und Praxis" von Ing. Dr. EFFENBERGER in „Zeitschrift des Österreichischen Ingenieur-
und Architektenvereines" 1923, H. 42/43.

[2] Vgl. auch Abschnitt 4,25.

Bei der Abpressung fiel der Druck nach Erreichen eines Höchstwertes von 4,4 atü trotz vermehrter Wasserführung auf Null ab.

Nach Entfernen der Schutzschicht konnte festgestellt werden, daß die Dichtung zerstört und der armierte Torkretring durchgehend gerissen war.

Diese unbefriedigenden Ergebnisse der Versuche veranlaßten das Elektrisierungsamt, den Druckstollen aufzugeben und durch einen begehbaren Rohrstollen zu ersetzen.

5,114. Vermunt

Um die Erfordernisse für die Auskleidung des rund 2,5 km langen Druckstollens genauer beurteilen zu können, wurden in je einer Probestrecke von 80 und 88 m Länge Abpreßversuche vor und nach Einbau einer 20 bis 30 cm starken Betonverkleidung durchgeführt[1]. Der lichte Durchmesser beträgt 2,80 m, der größte Betriebsdruck beim Wasserschloß rund 4 atü. Mit dem Vortrieb wurde im Herbst 1926 begonnen, die Inbetriebnahme erfolgte im Frühjahr 1930.

Für die Begrenzung der Probestrecken fanden kegelförmige, mehrteilige Abschlüsse aus Kesselblech Verwendung, die sich auf 3 m lange, bewehrte Betonringe abstützten. Das benötigte Druckwasser wurde durch Pumpen zugeführt.

Die Abpreßversuche hatten folgendes Ergebnis: Bei einem Druck von 3 atü betrug der Wasserverlust, bezogen auf 1000 m² Felsleibungsfläche in dem unverkleideten Stollen 8,5 l/s und nach erfolgter Verkleidung 3,7 l/s.

Gestützt auf diese Feststellungen in Verbindung mit der geologischen Beurteilung der übrigen Strecken wurden sodann die Profiltypen wie folgt festgelegt: Einfache Betonauskleidung 20 bis 30 cm stark 1330 lfd. m; Betonauskleidung mit armierter Gunitmanschette 440 lfd. m; doppelt bewehrte Betonverkleidung 25 cm stark 600 lfd. m. Die Übergangsstrecke ab Wasserschloß wurde gepanzert.

Die Schlußabpressung des ganzen Stollens erfolgte nach Fertigstellung der Auskleidung zwischen der geschlossenen Einlaufschütze und den Sperrklappen am Ende des Panzerstollens. Bei einem durchschnittlichen Innendruck von 3,2 atü betrug dabei der Wasserverlust in der ganzen Druckstollenanlage einschließlich Wasserschloß 13 l/s entsprechend 0,5 l/s je 1000 m² Felsfläche.

5,12. In Hochdruckstollen (über 6 atü)

5,121. Lucendro

Die von der Motor-Columbus A. G. im Auftrage der Aare-Tessin A. G. durchgeführten Deformationsmessungen im Druckstollen des Lucendrowerkes[2] sind für die Fachwelt deshalb von besonderem Interesse, weil dabei, der betrieblichen Belastung entsprechend, Drücke bis 10 atü angewandt wurden. Der über 4,8 km lange Stollen durchfährt drei Gebirgsformationen, und zwar: massigen Fibbiagneis (2750 m), geschieferten Paragneis (1000 m) und ziemlich gebräche Tremolaserie (1092 m). Im Bereiche der ersteren unterschneidet die Geländeoberfläche auf eine Länge von etwa 1,8 km z. T. ziemlich erheblich das Stauziel. Das Schluckvermögen beträgt 6 m³/s, der größte dynamische Druck beim Wasserschloß 106,80 m.

---

[1] Vgl. „Der Bau des Druckstollens für das Kraftwerk Vermunt" von beh. aut. Ziviling. HERMANN WALTER in „Zeitschrift des Österreichischen Ingenieur- und Architektenvereines" 1931, H, 25/26.

[2] Vgl. „Die Dehnungsmessungen im Druckstollen des Kraftwerkes Lucendro" von Dipl.-Ing. OTTO FREY-BAER in „Schweizerische Bauzeitung" 1947, Nr. 41.

Die Deformationsmessungen erfolgten in vier Querschnitten. Bei den ersten drei konnte die Verformung der unverkleideten Ausbruchleibung im Fibbiagneis (Querschnitt I und Ia) sowie im Paragneis (Querschnitt II), beim vierten (Querschnitt III) jedoch nur jene der fertigen Auskleidung in der Tremolaserie festgestellt werden. Für diese Versuche wurde ein von Dr. A. HUGGENBERGER, Werkstätte für physikalische Instrumente Zürich gebautes Meßgerät verwendet. Dieses arbeitet mit vier Gebermeßuhren, die an den Enden eines mit einer Spannsäule verbundenen, unter 45° geneigten Trägerkreuzes befestigt sind und die radialen Verschiebungen der Leibung auf elektrischem Wege mittels Gummikabel zu dem außerhalb der Probestrecke bereitgestellten Empfangsgerät übertragen.

In der benützten Quelle ist nur über die Meßergebnisse in den Querschnitten Ia, II und III berichtet. Zusammengefaßt ergeben sich daraus folgende Werte: Im Querschnitt Ia (roher Felsstollen im Fibbiagneis, Durchschnitt 2,40 m, gemessen am 3. und 4. April 1944) betrugen die Mittel der Durchmesseränderungen nach der Aufpressung bis 10 atü: Bei der ersten Belastung 0,375 mm, bei der ersten Entlastung 0,360 mm; bei der zweiten Belastung 0,355 mm, bei der zweiten Entlastung 0,445 mm. Der bleibende Anteil war hier sehr gering. Der Durchmesser senkrecht zur Schichtung zeigt eine Dehnung von etwa 0,46 mm, der zweite, gleichlaufend zur Schichtung gerichtete, nur eine solche von 0,3 und 0,24 mm. Bei der Füllung konnte vorgängig eine scheinbare Durchmesserdehnung infolge des Temperaturabfalles von 0,14 bis 0,18 mm festgestellt werden. Für den Elastizitätsmodul des Gebirges wurden aus den Deformationsmessungen die Grenzwerte $E_G = 63\,000$ bis $79\,000$ kg/cm² abgeleitet.

Im Querschnitt II (roher Felsstollen im Paragneis, Durchmesser 2,40 m, gemessen am 7. und 8. Mai 1944) betrugen die Mittel der Durchmesseränderungen nach Aufpressung mit 10 atü: Bei der ersten Belastung 0,240 mm, bei der ersten Entlastung 0,075 mm; bei der zweiten Belastung 0,075 mm, bei der zweiten Entlastung 0,070 mm. Die letzten drei Deformationen spielten bereits im elastischen Bereich.

Der eine, fast senkrecht zur Schichtung stehende Durchmesser zeigte bei der ersten Belastung eine Dehnung von 0,335 mm, der andere dagegen eine solche von nur 0,16 mm. Wie sich aus der zweiten Aufpressung ergab, entfielen hievon 0,29 bzw. 0,05 mm auf bleibende Eindrückungen. Der Anteil der letzteren war im Querschnitt II auffallend groß. Für das Gebirge wurde aus den Meßwerten ein Verformungsmodul von 120 000 kg/cm² und ein Elastizitätsmodul von 390 000 kg/cm² abgeleitet.

Im Querschnitt III (ausgekleideter Stollen in der Tremolaserie, Durchmesser 2,00 m, Beton 30 cm mit armierter, 7 cm starker Gunitmanschette, Eisen Durchmesser 26 mm im Abstand von 8 cm, gemessen in der Zeit vom 7. bis 24. Mai 1946) ergab sich beim Innendruck von 10 atü im Mittel aus beiden Durchmessern eine Ausweitung der Leibung um 0,327 mm. Nach Erreichen und Haltung des Höchstdruckes von 10 atü zeigte der in Richtung der Schichtung liegende Durchmesser gegenüber dem zweiten eine allmählich zunehmende Verlängerung. Vor der 2½ Wochen später erfolgten Entlastung betrug dieser Unterschied bereits 0,20 mm. Etwa 20 Stunden nach Auflastung des Druckes von 10 atü konnte ein erheblicher Abbau der anfänglichen Dehnungen beobachtet werden, woraus zu schließen war, daß Druckwasser hinter die Auskleidung gelangte. Später wurde auch festgestellt, daß die letztere wenige Meter oberhalb des Meßquerschnittes einen Haarriß aufwies.

Die gemessenen Deformationen führten zur Schlußfolgerung, daß der Verformungsmodul des Gebirges außerordentlich niedrig war und die Beanspruchung des Betons bereits im Bereich seiner Bruchfestigkeit liegen müsse, so daß die Bildung von Haarrissen zu erwarten sei. Auf die aus diesen Versuchen gewonnene Erkenntnis, daß sich die Zugbeanspruchung im Beton durch die Armierung nur unbedeutend herabsetzen lasse, wurde schon bei der Besprechung der bewehrten Torkretmanschetten hingewiesen[1].

Über die Ursachen der nach Inbetriebnahme des Stollens aufgetretenen beträchtlichen Wasserverluste und die zu ihrer Behebung getroffenen Maßnahmen liegen noch keine Veröffentlichungen vor.

5,122. Rossens — Hauterive

Der rund 6 km lange Druckstollen des im Jahre 1948 angelaufenen Kraftwerkes Rossens — Hauterive der „Entreprises Electriques Fribourgeoises" (Schweiz) war für die damalige Zeit wegen des großen Durchmessers von 5 m und des hohen Innendruckes von maximal 10 atü eine bemerkenswerte Bauaufgabe. Das Gebirge besteht aus horizontal gebankter Molasse. Der Druckstollen, der in der ersten Hälfte fast horizontal verläuft und im weiteren Bereich mit 1.84% fällt, geht im Anschluß an das vor dem Stollenende angeordnete Wasserschloß nach Verzweigung in zwei Stränge unmittelbar in die Verteilrohre über. Der maximale Druck, der im horizontalen Teil rund 5 atü beträgt, steigt dann bis zum Stollenende auf 10 atü an.

Im Zusammenhang mit den Projektsarbeiten für die Panzerung der Übergangsstrecke und zur Abklärung einer geeigneten Stollenauskleidung wurde bergseits der erst später ausgeführten Stollengabelung für die Verteilrohranschlüsse eine 8 m lange Versuchskammer mit einem Ausbruchdurchmesser von 5,50 m zwecks Vornahme von Wasserdruckproben bis 16 atü in Verbindung mit Deformations- und Wasserverlustmessungen angelegt. Für die Registrierung der Durchmesseränderungen kam ein von der Firma Gebrüder Sulzer Aktiengesellschaft, Winterthur, gebauter Apparat zum Einsatz, der die Bewegungen der Fühlarme vermittels Federbälge und Verbindungsleitungen auf hydraulischem Wege in den außerhalb der Kammer angebrachten Schaurohren sichtbar macht.[2] Die Messungen erfolgten in einem Querschnitt mit vier Durchmessern (vertikal, horizontal und unter 45° geneigt).

Einem einschlägigen Bericht sind über diese Versuche folgende Einzelheiten zu entnehmen[3]:

Eine erste Versuchsreihe wurde bei nacktem Fels ausgeführt. Die Wasserverluste stiegen dabei fast linear mit dem Druck. Bei einem Dauerversuch zeigte sich eine allmähliche Senkung der letzteren auf einen dem Beharrungszustand entsprechenden Grenzwert. Der Elastizitätsmodul beträgt ungefähr 60 000 kg/cm² in horizontaler und 40 000 kg/cm² in vertikaler Richtung. Diese Werte vermindern sich etwas mit wachsendem Druck.

Eine zweite Versuchsreihe wurde nach Einbau einer 25 cm starken Betonauskleidung, von der die Hälfte mit einem engmaschigen Stahlgitter bewehrt war, vorgenommen. Zum Zwecke der Abdichtung des Gebirges erfolgten Hochdruckinjektionen mit 15 atü in 3 m tiefe Bohrlöcher; weiters wurde die Kontaktfläche zwischen Beton und Fels mit 7 atü verpreßt.

---

[1] Vgl. Abschnitt 4,242.

[2] Vgl. „Vorrichtungen zur Messung von Stollenausweitungen und zur Bestimmung der Fels-Elastizität" von Dr. W. Müller in „Technische Rundschau Sulzer" 1947, Nr. 3/4, S. 17 ff.

[3] Vgl. „Das Speicherwerk Rossens-Hauterive (Frbg.)" in „Schweizer Baublatt" 1946, Nr. 41, S. 56 ff.

Wie schon bei der Besprechung der Stahlbetonauskleidung erwähnt ist[1], sei der Beton — und zwar auch in der bewehrten Zone — bei Erreichen einer Zugspannung von 40 kg/cm² plötzlich gerissen. Die Versuche führten zum Schluß, daß in einem so verformbaren Fels wie Molasse und bei einem Innendruck von mehreren Atmosphären die Auskleidung weder eine Entlastung des Gebirges, noch eine Verbesserung der Dichtung bewirken könne und daß auch die Einpressungen die Verluste nicht nennenswert zu vermindern vermögen.

Eine letzte Versuchsreihe wurde nach Auftrag eines 1 mm starken Bitumenfilms auf die Betonleibung durchgeführt. Die Ergebnisse waren nicht befriedigend. Die Wasserverluste hätten nicht merklich nachgelassen.

Mit Rücksicht auf die verhältnismäßig geringe Wasserdurchlässigkeit des Molassegebirges begnügte man sich trotz der Rißgefahr mit einer gewöhnlichen Betonauskleidung. Bei der im April 1950 vorgenommenen ersten Revision zeigte der Stollen — abgesehen von unbedeutenden Rissen — einen befriedigenden Zustand.[2]

5,123. Marmorera

Bemerkenswerte Aufschlüsse über das elastische Verhalten verschiedener Gebirgsarten im nackten und ausgekleideten Zustand erbrachten die in den Jahren 1951 und 1953 im Druckstollen des Juliawerkes Marmorera der Stadt Zürich durchgeführten Dehnungsmessungen.[3] Dabei erfolgte die Aufpressung bis zu 10,8 atü.

Der 9,4 km lange Stollen durchfährt zunächst auf eine Länge von 2,45 km die sogenannte Platadecke (Grünschiefer, Serpentin und Radiolarit), im weiteren Verlauf bis zum Wasserschloß dagegen Gesteine des oberen Flysch (Kalkschiefer, kalkige Sandsteine, grobe Sandsteine, sandige Kalkschiefer und schwarze Tonschiefer).

Der Betriebsdruck steigt von 6,5 atü beim Einlauf auf 10 atü beim Wasserschloß. Der Stollen ist durchwegs ausgekleidet (Durchmesser 2,55 m); im Bereiche schlechter Gebirgsbeschaffenheit wurde das einfache Betonprofil durch eine 7 cm dicke, armierte Gunitmanschette (Durchmesser 2,41 m) verstärkt.

Für die Deformationsmessungen, die jeweils in zwei Querschnitten der Versuchsstrecke mittels zweier zueinander senkrecht angeordneter Durchmesserstangen erfolgte, diente eine ähnliche Meßapparatur der Firma Dr. A. Huggenberger, wie sie bereits beim Druckstollen des Lucendrowerkes Verwendung fand (Übertragung der Längenänderungen vermittels elektrischer Geber und Kabel zum Ablesegerät).

Die Abpressung der Felsröhre wurde in einem Querstollen eines Fensters in standfestem, schieferigem Sandkalk sowie in der unteren Wasserschloßkammer in schwarzem Tonschiefer mit horizontaler Schichtung durchgeführt (Länge der Versuchsstrecken 7,50 m, Fels zwecks Abdichtung mit Zementmörtel verputzt). Im ersten Fall war das Meßkreuz unter 45° Neigung gegen die Vertikale, im zweiten Fall mit einem lotrechten und einem waagrechten Durchmesser eingebaut.

---

[1] Vgl. Abschnitt 4,241.

[2] Vgl. „L'Aménagement hydroélectrique de Rossens-Hauterive après deux ans d'expérience" von J. F. BRUTTIN. ingénieur, in „Bulletin technique de la Suisse Romande" 1951, Nr. 6.

[3] Vgl. „Dehnungsmessungen im Druckstollen des Juliawerkes Marmorera" von Dipl-. Ing. R. VONPLON in „Schweizerische Bauzeitung" 1955, H. 32, S. 483ff.

Im Fensterstollen (Durchmesser der Versuchskammer 2,486 m) betrugen die Längenänderungen ΔD bei 10,8 atü Druck als Mittel der beiden Durchmesser:

Versuchsstadium	Im Querschnitt		Im Mittel
	I	II	
Beim ersten Druckanstieg	0,137 mm	0,155 mm	0,146 mm
bei der ersten Entlastung	0,088 mm	0,120 mm	0,104 mm
beim zweiten Druckanstieg	0,088 mm	0,127 mm	0,108 mm
bei der zweiten Entlastung	0,087 mm	0,115 mm	0,101 mm

Unter den üblichen, der Gleichung (23) zugrundeliegenden idealisierten Voraussetzungen wurde dem Gebirge mit $m = 6$ für $\Delta D = 0,146$ mm ein Verformungsmodul $= 215\,000$ kg/cm² und für $\Delta D = 0,101$ mm ein Elastizitätsmodul $= 310\,000$ kg/cm² zugeordnet.

Im Wasserschloß (Durchmesser der Versuchskammer 3,77 m) ergaben die Messungen für ΔD:

Versuchsstadium	Druck atü	Im Meßquerschnitt I		Im Meßquerschnitt II	
		waagrecht	senkrecht	waagrecht	senkrecht
Beim ersten Druckanstieg	10.8	0,136 mm	0,702 mm	0.148 mm	0,468 mm
bei der ersten Entlastung		0,168 mm	0,700 mm	0,160 mm	0,683 mm
beim zweiten Druckanstieg	10.5	0,144 mm	0,692 mm	0,153 mm	0,665 mm
bei der zweiten Entlastung		0,152 mm	0,701 mm	0,153 mm	0,752 mm

Der senkrechten Richtung wurde dem Mittelwert von $\Delta D = 0,70$ mm entsprechend ein Verformungsmodul $= 48\,000$ kg/cm²[1] und der waagrechten Richtung für $\Delta D = 0,15$ mm ein Elastizitätsmodul von $310\,000$ kg/cm² zugeordnet.

Im ausgekleideten Stollen konnten folgende Versuche vorgenommen werden:

Eine Abpressung erfolgte bei km 0,530 in stark gebrächem Serpentin. Die Auskleidung bestand dort aus 35 cm starkem Beton (infolge Zeitnot war es nicht möglich, die vorgesehene Gunitmanschette mit verschiedenen Bewehrungsstärken einzubauen). Durch beidseitige Verpfropfung wurde eine 15 m lange Versuchsstrecke geschaffen. Bei der Abpressung konnte mit einer Wasserzufuhr von 2 l/s nur ein Druck von 4,5 atü erreicht werden. Die Durchmesseränderungen betrugen im Querschnitt I: senkrecht 0,59 mm, waagrecht 0,11 mm; im Querschnitt II: senkrecht 0,51 mm, waagrecht 0 mm. Nach der Entleerung zeigte sich, daß alle Arbeitsfugen (diese waren im Sohlen- und Gewölbebereich vorhanden) klafften.

27 Monate später wurden anläßlich der im Jahre 1953 vorgenommenen Probeabpressungen des ausgekleideten Stollens in den gleichen Meßquerschnitten nach erfolgtem Einbau einer 7 cm starken, armierten Torkretmanschette (Durchmesser 20 mm alle 8 cm) folgende Durchmesserverlängerungen gemessen: Im Querschnitt I senkrecht 0,075 mm, waagrecht 0,05 mm; im Querschnitt II senk-

---

[1] Eine Nachrechnung ergibt für $D = 3,77$ m und $\Delta D = 0,70$ mm bei $p = 10,5$ atü hiefür den Wert 66.000 kg/cm² (Anm. des Verfassers).

recht 0,10 mm, waagrecht 0 mm. Man hat diese Änderung gegenüber dem ersten Versuch mit einer entlastenden Wirkung durch Bergdruck erklärt.

Ein zweiter Versuch wurde im Zuge der Probeabpressung des Stollens im Jahre 1953 bei km 5,371 in standfestem, vorwiegend trockenem Sandkalk mit Tonschiefer in einer betonierten Strecke ohne Gunit (Betonstärke 25 cm, Durchmesser 2,55 m) durchgeführt. Die gemittelten Durchmesseränderungen betrugen hier bei 8,4 atü Druck beim ersten Druckanstieg 0,053 mm, nach der ersten Entlastung 0,072 mm, beim zweiten Druckanstieg 0,076 mm, nach der zweiten Entlastung 0,084 mm. In dieser Versuchsstrecke konnten keine Risse festgestellt werden.

Eine dritte Abpressung wurde bei Kilometer 5,429 in einer Gunitstrecke vorgenommen (Armierung: Durchmesser 16 mm alle 10 cm). Der Fels zeigte hier Klüftung in der Längsrichtung. Im übrigen sind die geologischen Verhältnisse gleich wie bei Kilometer 5,371. Die Messungen ergaben hier bei 8,4 atü folgende gemittelte Durchmesseränderungen: Beim ersten Druckanstieg 0,066 mm, bei der ersten Entlastung 0,087 mm; beim zweiten Druckanstieg 0,092 mm, bei der zweiten Entlastung 0,094 mm.

Schließlich wurden im Jahre 1953 im Wasserschloß die im Jahre 1951 benützten Querschnitte wiederholt gemessen. Die Auskleidung besteht hier aus 30 cm Beton und einer 7 cm starken Gunitmanschette (Armierung: Durchmesser 16 mm alle 7 cm) mit einem Durchmesser von 3,00 m.

Bei diesem Versuch betrugen die Durchmesseränderungen $\varDelta D$ nach Aufpressung bis 8,8 atü

Versuchsstadium	Im Meßquerschnitt I		Im Meßquerschnitt II	
	waagrecht	senkrecht	waagrecht	senkrecht
Beim ersten Druckanstieg	0,08 mm	0,33 mm	0,12 mm	0,415 mm
bei der ersten Entlastung	0,112 mm	0,477 mm	0,09 mm	0,415 mm
beim zweiten Druckanstieg	0,086 mm	0,545 mm	0,08 mm	0,478 mm
bei der zweiten Entlastung	0,18 mm	0,464 mm	0,253 mm	0,468 mm

Die Verkürzung der Durchmesser nach der zweiten Entlastung über das Dehnmaß bei der ersten Belastung ließ darauf schließen, daß der Gunit gerissen sei und bei der Entleerung durch das im Gebirge gespeicherte Wasser ein äußerer Überdruck zustande kam.

5,2. Mit vorgespannten Auskleidungen

5,21. System WAYSS & FREYTAG

Die Ergebnisse der im Jahre 1950 in der nach dem System Wayss & Freytag ausgekleideten Strecke des Druckstollens der Hauptstufe Kaprun der Tauernkraftwerke Aktiengesellschaft vorgenommenen Deformationsmessungen wurden bereits im Zusammenhang mit der Besprechung dieses Vorspannverfahrens mitgeteilt[1]. Über die Ausführung des Versuches kann man dem dort erwähnten Aufsatz[2] im übrigen noch folgende Einzelheiten entnehmen.

---

[1] Vgl. Abschnitt 4,331.

[2] Vgl. „Druckstollen, Wasserschloß und Schrägstollen der Kraftwerksanlage Kaprun-Hauptstufe" von Dipl.-Ing. FRITZ-GSCHAIDER in „Die Hauptstufe Glockner Kaprun", Festschrift der Tauernkraftwerke A.G., 1957.

Für den beidseitigen Abschluß der 12 m langen Versuchsstrecke dienten zwei zerlegbare Stahlschilde von der Größe des lichten Stollenquerschnittes (Durchmesser 3,20 m), die zwecks Aufnahme des Achsialzuges durch 32 UNP 20 zusammengehalten wurden. Die ursprünglich vorgesehene Schaffung von 25 m langen Abpreßzonen durch Verbindung der Schilde mittels Drahtseilen konnte wegen der großen Seildehnung, an der die Dichtung scheiterte, nicht verwirklicht werden. Die letztere erfolgte durch einen geschlossenen Vierkantgummiring 6 × 6 cm, der durch einen endlosen Schlauch von zirka 2½″ mit 10 atü Druck gegen eine genau geschliffene Putzmanschette gepreßt wurde. Die Montage der 20 t schweren Versuchseinrichtung einschließlich der Vorbereitung erforderte geraume Zeit. Für die Messung der Umfangsänderung diente ein über 43 Rollen geführtes und mit einem Potentiometer verbundenes Stahlband. Weiters konnten die Durchmesseränderungen an zwei zueinander senkrechten und unter 45° geneigten Stahlbändern mittels aufgeklebter Dehnungsmeßstreifen (STRAIN GAUGES) verfolgt werden. Die Meßkabel waren gesammelt in einer Stopfbüchse durch den Schild geführt.

Die Aufpressung erfolgte mittels einer Pumpe stufenweise an drei aufeinanderfolgenden Tagen jeweils mit einer achtstündigen Druckhaltung auf 4½, 9 und 12 atü. An einem weiteren Tag blieben 12 atü durch 24 Stunden aufgelastet. Dabei ergab sich durch die Stollenwandung ein Verlust von 0,052 l/s oder 0,4 l/s auf 1000 m² Leibungsfläche.

Vergleichsweise wird noch erwähnt, daß der Wasserverlust im ganzen Stollen anläßlich der Deformationsmessungen im Panzerstollen vor den Sperrklappen bei einer 48 stündigen Haltung des Spiegels in den Beileitungsschächten 3 m über dem Stauziel nur 17,1 l/s entsprechend durchschnittlich 0,2 l/s auf 1000 m² benetzter Fläche betrug. Die dabei in zwei Querschnitten des gepanzerten Schrägstollens (Durchmesser 3 m, Wandstärke der Rohre 14 bis 22 mm) jeweils in drei Richtungen gemessenen Durchmesseränderungen streuten im einen Profil zwischen 0,513 und 0,918 mm, im zweiten zwischen 0,422 und 2,524 mm.

5,22. Kernring-Auskleidung

Während die bisher beschriebenen einschlägigen Bemühungen zur Aufklärung der maßgebenden Zusammenhänge hauptsächlich den Zweck verfolgten, über die elastischen Eigenschaften des durchörterten Gebirges und über die Erfolgsaussichten der jeweils in Erwägung gestandenen oder bereits gewählten Bauweisen Aufschluß zu erhalten, wird nachstehend noch über Versuche und Erprobungen aus neuerer Zeit berichtet, die ausschließlich das System der *Kernring-Auskleidung* und dessen Eignung für den Bau von Druckstollen unter schwierigen Verhältnissen zum Gegenstand hatten. Man kann daraus ersehen, daß dieses inzwischen vielseitig angewandte Vorspannverfahren[1] hinsichtlich seiner Bewährung bereits einer strengeren Prüfung unterzogen wurde, als dies bei allen anderen Auskleidungsmethoden der Fall gewesen ist.

5,221. Muleritsch

Den ersten systematischen Großversuch mit der *Kernring-Auskleidung* konnte der Verfasser in Zusammenarbeit mit der Bauunternehmung Ing. Karl Jäger, Schruns, und mit namhafter Unterstützung seitens der Vorarlberger Illwerke Aktiengesellschaft in den Jahren 1947 bis 1949 durch Ausführung und Erprobung des Versuchsstollens in Muleritsch verwirklichen. Über dessen An-

---

[1] Vgl. Abschnitt 4,342.

lage und die Ergebnisse der vorgenommenen Messungen wurde die Fachwelt bereits ausführlich unterrichtet[1].

Ein Längsschnitt dieser, von einem Kraftwerksbetrieb vollkommen unabhängigen Versuchsanlage in der endgültigen baulichen Ausgestaltung ist in Abb. 120 dargestellt.

Einige Angaben über die angestellten Vorversuche, die Lage, die allgemeine Anordnung, die Gebirgsbeschaffenheit sowie über den Befund nach der Abpressung der Felsröhre wurden im Zusammenhang mit anderen einschlägigen Besprechungen bereits vorweggenommen[2], so daß im weiteren nur mehr über die sonstigen Einzelheiten und Ergebnisse zu berichten ist.

Wie aus den schon gemachten Angaben über die Gesteinsverhältnisse hervorgeht, waren in Muleritsch die angestrebten Voraussetzungen für eine Erprobung in schlechtem Gebirge und für eine vergleichsweise Beurteilung in gutem Fels gegeben.

Die Bereitstellung des Wassers zur Stollenfüllung und Druckhaltung wurde durch eine eigens für diesen Zweck angelegte 900 m lange, von einem Bach gespeiste 3″-Leitung mit rund 230 m Fallhöhe und einem Schluckvermögen von etwas 10 l/s bewerkstelligt.

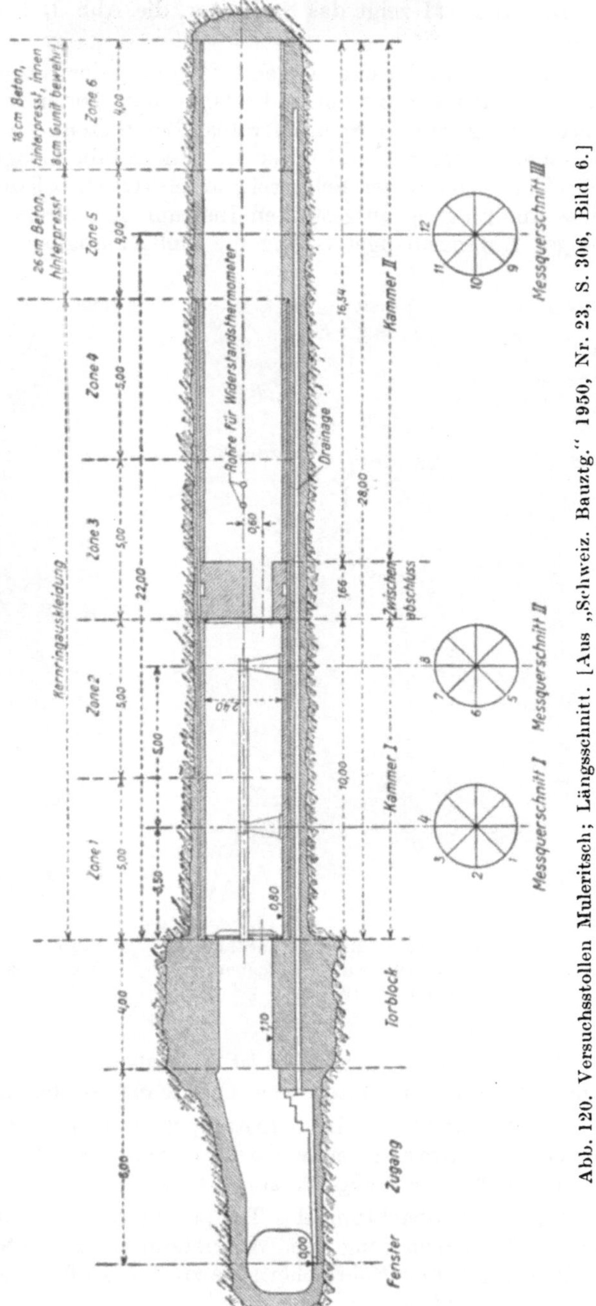

Abb. 120. Versuchsstollen Muleritsch; Längsschnitt. [Aus „Schweiz. Bauztg." 1950, Nr. 23, S. 306, Bild 6.]

---

[1] Vgl. die Veröffentlichungen des Verfassers a) „Neuartige Auskleidung von Druckstollen für Wasserkraftwerke" in „Österreichische Wasserwirtschaft" 1950, H. 1/2; b) „Wasserdichte Druckstollen und Druckschächte mit Kernring-Auskleidung" in „Schweizerische Bauzeitung" 1950, Nr. 23 und 24.

[2] Vgl. a) Abschnitt 2,32; b) Abschnitt 4,342,1.

Die Abb. 121 zeigt das Stollentor, die Abb. 122 den Torblock von der Luftseite.

Die Deformationsmessungen erfolgten in der Kammer I in zwei Querschnitten in Abständen von 3,50 m und 8,50 m vom Tor mittels eines nach Angaben des Verfassers gebauten Spezialgerätes. Bei diesem werden in vier Durchmessern (lotrecht, waagrecht und unter 45° geneigt) die Längenänderungen in einem mit dem Tor verbundenen Schaurohr an elektrisch beleuchteten Meßuhren mit Hilfe eines am Eingang aufgestellten Instrumentes direkt abgelesen. Nach Behebung einiger Anfangsmängel betrug die Meßgenauigkeit 1/1000 mm.

Abb. 121. Versuchsstollen Muleritsch; Stahltor für 20 atü Betriebsdruck. (Aufgenommen am 11. 8. 1947.)

Abb. 122. Versuchsstollen Muleritsch; Torblock von der Luftseite. (Aufgenommen am 31. 3. 1948).

Aus den Abb. 123 und 124 ist die Aufstellung des Gerätes im Stollen und die Anordnung der Meßuhren eines Querschnittes ersichtlich.

Weiters wurde in einem dritten, 22 m vom Tor entfernten Querschnitt das seinerzeit in Amsteg verwendete und von der ETH Zürich dem Verfasser leihweise überlassene Meßgerät eingebaut.

Für die Beobachtung des Temperaturverlaufes im Gebirge diente eine elektrische Meßeinrichtung mit Widerstandsthermometern, die in senkrecht zum Stollen angelegten Bohrlöchern bis zu 6 m Tiefe, entsprechend verteilt, in Preßmörtel gebettet waren.

Mit dem Vortrieb des Versuchsstollens konnte am 1. Februar 1947 begonnen werden. Die Messungen in der rohen Felsröhre verzögerten sich bis 18. März 1948, weil inzwischen der ganze Fensterstollen wegen Einsturzgefahr durch eine Betonverkleidung gesichert werden mußte und die Beschaffung der Meßapparate in der ersten Nachkriegszeit außerordentlich schwierig und zeitraubend war.

Bei der Abpressung des Felsstollens, die — wie schon berichtet — in der Zeit vom 18. bis 22. März bis zu einem Druck von 13,6 atü erfolgte, wurden die in der Zahlentafel 8 zusammengestellten Durchmesseränderungen gemessen. (Im Meßquerschnitt I konnte die Felsverformung wegen der in der Zone 1 schon vorhandenen Gebirgsverkleidung nicht mehr erfaßt werden.)

Abb. 123. Versuchsstollen Muleritsch; Deformationsmeßgerät in Kammer I. (Aufgenommen am 31. 3. 1948.)

Abb. 124. Versuchsstollen Muleritsch; Deformationsmeßgerät mit Meßuhren im Schaurohr. (Aufgenommen am 19. 11. 1947.)

Zahlentafel 8. *Versuchsstollen Muleritsch*; Durchmesseränderungen im unverkleideten Felsstollen

Druck im Stollen	Endwerte der gemessenen Durchmesser-Verlängerungen (+) bzw. Verkürzungen (−) im unverkleideten Felsstollen in $^1/_{100}$ mm									
	Meßquerschnitt II					Meßquerschnitt III				
	Durchmesser Nr.				Mittel	Durchmesser Nr.				Mittel
atü	5	6	7	8		9	10	11	12	.
13,6	+ 238	+ 136	+ 2	+ 41	+ 104	+ 16	+ 32	− [2]	− [2]	−
0,0[1]	+ 29	+ 13	− 45	− 16	− 5	(− 7)[3]	− [4]	− [4]	− [4]	−

[1] Sieben Tage nach der letzten Entlastung.
[2] Schreibstift hat keine Spur gezeichnet.
[3] Nach dem 3. Versuch mit 13,6 atü.
[4] Nicht registriert.

Im Meßquerschnitt II zeigte der Durchmesser 5 senkrecht zur Schichtung die größte Verlängerung mit 2,38 mm, wovon nur 0,29 mm bleibender Art waren. In dem in die Schichtung weisenden Durchmesser 7 ergab sich nur eine Verlängerung von 0,02 mm, hingegen bei der Entlastung gegenüber dem Ausgangszustand eine Verkürzung von 0,45 mm.

Nach dieser Abpressung und Entfernung der Meßeinrichtungen erfolgte sodann der weitere Ausbau des Versuchsstollens mit 2,40 m Durchmesser, und
zwar in den ersten 20 Metern (Zonen 1 bis 4) mit *Kernring-Auskleidung* (Gebirgsverkleidung, 8 bis 20 cm; Hinterpreßring $2\frac{1}{2}$ cm; Kernring aus vorfabrizierten
Formsteinen gemauert, 15 cm), dann im Bereich des guten Gesteins auf 4 m
Länge mit 26 cm starker Betonverkleidung (Zone 5), in den restlichen 4 m
(Zone 6), jedoch mit kombinierter Auskleidung aus 18 cm Beton und einer
8 cm starker armierten Gunitmanschette (Rundeisen-Durchmesser 20 mm mit

Abb. 125. Versuchsstollen Muleritsch; Ausrüstung der Zone 4 mit Druckprüfmanometern und Meßgeräten. (Aufgenommen
am 22. 7. 1948.)

6 cm Abstand). Vor Einbau der letzteren
wurde in den Zonen 5 und 6 die Kontaktfläche zwischen Beton und Fels sorgfältig
mit 6 atü Druck injiziert.

Die Zone 4 war für die Messung des
Druckverlaufes im Hinterpreßring und
der Kernringverformung im Zuge der
Vorspannung ausersehen und zu diesem
Zweck mit 9 Manometern sowie zwei unter
45° geneigten Meßgestängen mit Meßuhrenanzeige ausgerüstet. Eine Aufnahme
in diesem Stadium gibt die Abb. 125.

Bei der am 22. Juli 1948 durchgeführten Hinterpressung konnte zunächst
9 Minuten nach Zuschalten der Zementpumpe (es war hier nur eine Maschine
eingesetzt) ein Spanndruck von über
14 atü erreicht werden, den auch vier der
angesetzten Manometer anzeigten, während die übrigen fünf wegen Verstopfung
der Anschlüsse schon bei 5 bis 10 atü versagten. Nach Anstieg des Pumpendruckes
auf über 20 atü, fiel plötzlich infolge eines
Blitzschlages in das süddeutsche Verbundnetz die Stromversorgung auf längere Zeit
aus. Nach Behebung der Störung hatte
aber die Fortsetzung der Hinterpressung
nur mehr teilweisen Erfolg, weil beim

Aussetzen der Pumpe infolge Ausquetschen des noch vorhandenen Überschußwassers schon eine Verfestigung der Verpreßmasse eintrat. Dabei ging aber
auch ein erheblicher Teil der in diesem Zeitpunkt noch nicht stabilisierten Vorspannung verloren.

Dieses Mißgeschick im Zuge eines mit beträchtlichem Kostenaufwand vorbereiteten Versuches verursachte aber in bezug auf die Ergebnisse eigentlich
keine Lücke, weil die Spannwirkung der Hinterpressung bereits beim Probering
in Rodund[1] (Durchmesser ebenfalls 2,40 m) im Rahmen der angestellten Vorversuche am 1. Oktober 1947 nachgewiesen war. Die dabei durchgeführten gleichartigen Messungen hatten folgendes Ergebnis:

Beim Aufpumpen konnte der Druckanstieg hinter dem Kernring gleichlaufend mit jenem an den Pumpen bis 13 atü verfolgt werden. Nur zwei von den

---

[1] Vgl. Abschnitt 4,342,1.

angesetzten Manometern gaben nach einer bei 6 atü infolge ungenügender Bereitstellung von Zementbrei eingetretenen Pumppause bei Fortsetzung des Einpreßvorganges keine Anzeige mehr. Bei der Hinterpressung des Proberinges mußte der Pumpendruck infolge Nachgeben der hölzernen Abdämmung an den Stirnseiten des 1 m langen Hinterpreßringes mit 13 atü begrenzt werden. Die Meßuhren zeigten aber schon in diesem Druckbereich beträchtliche Verformungen des Kernringes an. Während der eine Durchmesser nach einer anfänglichen Verkürzung um 1,3 mm infolge elliptischer Verformung des Kernringes wieder der Ausgangslänge zustrebte, stellte sich beim zweiten, ab Eintritt der Rückläufigkeit der Deformation beim anderen, eine beschleunigte Zusammendrückung, die maximal 4,48 mm erreichte, ein. Nach Beendigung der Hinterpressung verharrte der erste Durchmesser bei einer Verkürzung von 0,14 mm, der zweite bei einer solchen von 3,52 mm; diesen Werten entspricht ein Mittel von 1,83 mm gegenüber der Ausgangslänge. Von der registrierten maximalen Deformation bei der Kulmination des Spanndruckes (im Mittel 2,24 mm), sind bei dieser ersten Hinterpressung über 80% erhalten geblieben.

Aus Gleichung (31) errechnet sich für einen Pumpendruck von 13 atü mit $E_b = 250\,000$ kg/cm² eine Durchmesserverkürzung von 1,43 mm. Nachdem der Maximalwert des Mittels beider gemessenen Werte jedoch 2,24 mm betrug, dürfte davon ein Teil infolge Nachgiebigkeit des Fugenmörtels bleibender Art gewesen sein.

Diese Meßergebnisse waren bereits ein überzeugender Nachweis dafür, daß mit der verfahrensgemäßen Kernringhinterpressung die angestrebte Vorspannung tatsächlich erzielt wird.

Vergleichsweise wurden in Muleritsch bei der Hinterpressung der Zone 4 am 22. Juli 1948 bis zum Blitzschlag die aus der Zahlentafel 9 ersichtlichen Durchmesseränderungen registriert.

Die gegenüber den Messungen am Probering geringeren Deformationswerte finden ihre Erklärung in der besseren Qualität und dem höheren E-Modul sowie der achsialen Einspannung der Steine. Trotz des vorzeitigen Ausfalles der Pumpe und der noch nicht beendeten Verdichtung des Preßmörtels blieben von der maximalen Durchmesserverkürzung (1,31 mm) 0,71 mm oder 54% und vom größten Mittelwert beider Durchmesser (0,83 mm) 27 mm oder rund $^1/_3$ erhalten.

Zahlentafel 9. *Versuchsstollen Muleritsch*
Durchmesseränderungen bei der Hinterpressung der Zone 4 am 22. Juli 1948

Uhrzeit	Hydraulischer Spanndruck in atü	ΔD in $^1/_{100}$ mm		
		bei D_1	bei D_2	Mittel
12.53	0	0	0	0
12.56	10	— 60	— 77	— 68
13.02 ½	17	— 131	— 35	— 83
13.10 [1]	0	— 71	+ 17	— 27

[1] Nach Wegnahme des Pumpendruckes.

Die Zonen 3, 2 und 1 wurden sodann am 27. Juli 1948 hinterpreßt. Anschließend erfolgte in der Zone 3 beiderseits eines belassenen Steinringes der Ausbruch der benachbarten zwei Ringe sowie von Fenstern durch den freigelegten Hinterpreßring und die Gebirgsverkleidung bis in den Fels. Diese Kontrollmaßnahmen zeigten eine einwandfreie Beschaffenheit der Verpreßmasse sowie eine vollkommene Verkittung der Kontaktfuge zwischen Beton und Gebirge, deren Haftvermögen so groß war, daß beim Herausarbeiten der Betonstücke jeweils das benachbarte Gestein mitgerissen wurde.

Hierauf erfolgte an der Stelle der entfernten Steinringe zwecks Unterteilung des Versuchsstollens in zwei Kammern der Einbau eines Zwischenabschlusses. Schließlich wurden die Ringfugen an letzterem und am Torblock mittels Stahlringen und eingestemmtem Gummi gedichtet, die Meßgeräte wiederholt montiert und alle sonstigen Vorkehrungen für die Vornahme eines Dauerversuches getroffen.

Sodann folgte am 28. September 1948 die Füllung der Kammer II und deren Belastung mit 4 atü. Der Zwischenabschluß blieb dabei praktisch dicht. Hierauf wurde auch die bis dahin leere Kammer I gefüllt und im ganzen Stollen der erste Druckversuch mit einer Aufpressung bis über 10 atü durchgeführt.

Bei der nachfolgenden Entleerung und Besichtigung zeigte sich in der Kammer I zwei Meter hinter dem Tor ein Ringriß, der vom achsialen Schub auf den Torblock (bei 10 atü bereits 450 t) verursacht wurde. Dadurch ergab sich ein Wasserverlust von 110 l/min (davon 17 l/min in der Kammer II). Die übrige Stollenröhre war trotz der gemessenen Deformation von maximal 1,15 mm im Durchmesser 5, abgesehen von einigen kaum wahrnehmbaren Rißspuren in einer Längsfuge, vollkommen intakt. Wie nach Beendigung der Dauerversuche durch Bohrungen und Aufstemmungen eindeutig klargestellt wurde, handelte es sich dabei aber um ganz belanglose Risse, die wenige Millimeter hinter der Oberfläche am Grunde des Fugenausstriches beim Übergang in die gestopfte Mörtelbettung endeten. Diese Risse waren also nur eine harmlose Begleiterscheinung der Ausführungsart in Mauerwerk und keine schädlichen, durch die Auskleidung gehenden Zugrisse. (Wie die späteren Erfahrungen lehrten, können im Bereiche der Innenleibung auch Fugenklaffungen infolge exzentrischer Verlagerung der Drucklinie auftreten, die gleichfalls vollkommen unschädlich sind, weil dadurch die Wasserundurchlässigkeit keine Einbuße erfährt.)

Nach Durchführung von technischen Verbesserungen am Meßuhrengerät und einer Nachdichtung der Torfuge wurde der Stollen am 27. Oktober wieder in Betrieb genommen und zunächst bis 6. November unter Druck gehalten. Dann mußte das ETH-Gerät, dessen Entlehnungsfrist abgelaufen war, ausgebaut werden. Gleichzeitig erfolgte eine weitere Verbesserung am Meßuhrengerät und eine Dichtung des Ringrisses mit Rundgummi. Die folgende Unterdrucksetzung ergab bei 4½ atü einen Gesamtverlust von 13 l/min (davon 4 bis 5 l/min in der Kammer I). Bei gleichem Druck betrug er im Zuge der ersten Belastung 7 l/min (davon ebenfalls 4 bis 5 l/min in der Kammer I) gegenüber 2,2 bis 2,8 l/s im Felsstollen. Vom Gesamtverlust blieben nach erfolgter Auskleidung bei 4½ atü nur mehr rund 5% übrig. Bei der weiteren Drucksteigerung nahmen die Verluste allerdings wieder sprunghaft zu, woraus zu erkennen war, daß sich der Ringriß erneut öffnete. Bei 10 atü betrugen die Verluste dann in der Kammer I 55% und im ganzen Stollen 63% gegenüber dem Zustand vor Einbau der Dichtung. Eine bessere Wirkung der letzteren konnte wegen der ungünstigen Gebirgsverhältnisse beim Torblock leider nicht erzielt werden, so daß die dadurch verursachten Wasserverluste in Kauf genommen werden mußten.

Die Fortsetzung der Versuche erfolgte am 18. Dezember 1948. Der Stollen wurde dann von diesem Tag an bis 12. April 1949, also fast vier Monate lang. einer Dauerbelastung mit 9 bis 11 atü ausgesetzt. In dieser Zeit besorgte ein eigens hiefür bestellter Beobachter täglich in der Regel mehrmalig die Ablesung aller Instrumente und die Wartung der Einrichtungen.

Der Versuchsstollen Muleritsch ermöglichte jederzeit die Vornahme beliebiger Druckänderungen, die unmittelbare Verfolgung des Deformationsspieles in der Kammer I, des Temperaturverlaufes im Zuge der Abkühlung durch kaltes Stollenwasser sowie des Wasserflusses in jede der beiden Kammern.

Nach fünf Druckversuchen anläßlich der ersten Füllung erfolgten im Rahmen der Dauerbeobachtungen noch weitere sieben, meist Tag und Nacht in Anspruch nehmende Reihenmessungen, bei denen der Stollen jeweils in verschiedenen Variationen entspannt und dann wieder belastet wurde. Dazwischen erfolgten zwei kurzzeitige Entleerungen der Kammer I, um interessierten Fachleuten des In- und Auslandes eine Besichtigung des Zustandes der Auskleidung zu ermöglichen.

Bis zum 8. Jänner 1949 blieben die beiden Kammern unter gesonderter Druckhaltung. Nachher wurden sie durch Öffnung eines Schiebers verbunden, um einen Beharrungszustand zu erzielen.

Der Einzeldruckversuch III bezweckte u. a. eine schwere Belastungsprobe der Auskleidung. Nach Aufpressen beider Kammern bis 11,5 atü wurde in der Kammer II eine rasche Drucksteigerung bis 16 atü vorgenommen. Dabei fiel der Druck in der Kammer I auf 10,2 atü. Auf die Druckdifferenz von 5,8 atü am Zwischenblock reagierten fünf von den sechs bei diesem Versuch arbeitenden Meßuhren mit einem raschen Rücklauf im Sinne einer Durchmesserverkürzung. Daraus konnte man schließen, daß der Überdruck in der Kammer II, hinter der Kontaktfuge des Widerlagers vordringend, den Bereich der Kammer I beeinflußte und dort eine Aufspaltung zwischen Fels und Gebirgsverkleidung verursachte, wie sie sich z. B. nach der Aufpressung des unverkleideten Stollens im Gewölbebeton der Zone 1 zeigte (auf Abb. 123 deutlich sichtbar). Dadurch ergaben sich beträchtliche Biegungsbeanspruchungen im Bereiche des Gewölbes.

Aus der Zahlentafel 10 sind die Durchmesserveränderungen bei diesem Druckversuch zu entnehmen.

Die stärkste Reaktion zeigten die lotrechten Durchmesser 4 und 8. Trotz dieser ungewöhnlichen Stoßbelastung war — wie sich aus den Endwerten der Zahlentafel 10 ergibt — das Deformationsspiel im wesentlichen elastischer Art. Die *Kernring-Auskleidung* zeigte sich somit auch einer solchen, in einem Betriebsstollen übrigens gar nie auftretenden Beanspruchung durchaus gewachsen. (Bei den nach Abschluß der Versuche vorgenommenen Kontrollbohrungen konnte lediglich an einer Stelle in einer Längsfuge der Zone 2 nächst des Scheitels ein bis höchstens 2½ cm Tiefe reichender Riß festgestellt werden, der nach außen keine Fortsetzung hatte und somit offensichtlich eine Folgeerscheinung der aufgetretenen Biegungsmomente war.)

Zahlentafel 10. *Versuchsstollen Muleritsch*. Durchmesseränderungen bei Versuch III

Druck in atü		Verformung in $^1/_{100}$ mm									
in Kammer I	in Kammer II	im Meßquerschnitt I					im Meßquerschnitt II				
		D_1	D_2	$D_3{}^1$	D_4	Mittel	$D_5{}^1$	D_6	D_7	D_8	Mittel
0	0	+ 5	− 3	—	+ 3	+ 2	—	0	− 1	− 2	0
11,5	11,5	+ 82	+ 62	—	+ 44	+ 63	—	+ 125	+ 21	+ 91	+ 79
10,2	16,0	− 2	+ 25	—	− 38	− 5	—	+ 20	+ 37	− 78	− 7
0	0	+ 2	− 12	—	+ 8	− 1	—	0	0	+ 19	+ 6

[1] Wegen Hemmung keine Anzeige.

In der Zone 5 mit einfacher Betonverkleidung war letztere in den Arbeitsfugen und im Gewölbe trotz der guten Beschaffenheit des Gebirges durchgehend
gerissen, während der Torkret der Zone 6 rissefrei blieb. Eine Nachrechnung auf
Grund der Deformationsmessungen mit dem ETH-Gerät ergab bei Annahme von
$E_b = 250\,000$ kg/cm² eine maximale Zugbeanspruchung $\sigma = 20$ kg/cm². Dieser
hat der Torkret der Zone 6, nicht aber der Beton der Zone 5 widerstanden.

In der Kammer I war die Beanspruchung der Auskleidung wegen der starken
Nachgiebigkeit des Gebirges wesentlich größer. Der maximalen, im Felsstollen gemessenen Durchmesserverlängerung von 2,38 mm entspricht z. B. nach Gleichung
(23) mit $D = 2,70$ m und m = 6 ein Verformungsmodul $E_G = 18\,000$ kg/cm².
Diese Schwäche der Hülle in den Zonen 1 und 2 zeigte sich im Deformationsspiel
ihrer Innenleibung. Bei dem größten der Kammer I aufgelasteten Druck (14.2
atü bei Versuch IX am 18. Dezember 1948) ergaben sich die in der Zahlentafel
11 zusammengestellten Durchmesserverlängerungen. Daraus errechnet sich die
mittlere Entspannung $\Delta\,\sigma$

Für E_b	$\Delta\,\sigma$ im Meßquerschnitt	
	I	II
250.000 kg/cm²	101 kg/cm²	81 kg/cm²
300.000 kg/cm²	121 kg/cm²	98 kg/cm²

Zahlentafel 11. *Versuchsstollen Muleritsch*. Durchmesseränderungen bei Versuch IX

Meßquerschnitt	Verformung ΔD in $^1/_{100}$ mm						$\Delta D : D$ 10^{-2}mm/m
I	D_1	D_2	D_3	D_4	Summe	Mittel	43
	118	184	68	42	412	103	
II	D_5	D_6	D_7	D_8	Summe	Mittel	35
	76	143	72	42	333	83	

In der Kammer I wurde sonach die Auskleidung etwa 4 bis 6 mal so stark beansprucht als in der Zone 5, ohne daß dabei eine schädliche Rißbildung eintrat.
Eine andere nicht vorgespannte Auskleidung ohne oder mit Gunitring hätte
einer solchen Belastung auf keinen Fall standgehalten.

Im Verlaufe der Einzelversuche und Dauerbelastung zeigte die *Kernring-
Auskleidung* im wesentlichen elastisches Verhalten. Die fortschreitende Abkühlung durch kaltes Wasser während des Dauerversuches im Winter 1948/49
bewirkte allerdings eine nicht unbeträchtliche Zunahme der Durchmesserlängen.
Der dabei gemessene Temperaturverlauf im Gebirge ist aus der Zahlentafel 12
ersichtlich. Leider konnte der Verfasser den Versuch nicht so lange weiterführen,
bis es möglich gewesen wäre, durch wärmeres Wasser die Gebirgstemperatur
wieder allmählich zu erhöhen und die dabei auftretenden Durchmesseränderungen zu verfolgen. Es konnte lediglich noch festgestellt werden, daß
die Durchmesserausweitungen mit ausklingendem Wärmeabfluß aus dem
Gebirge zum Stillstand kamen.

Zahlentafel 12. *Versuchsstollen Muleritsch.* Abkühlungsverlauf im Gebirge

Datum	Temperatur des Zulaufwassers in °	Gebirgstemperaturen in (Anzeige der Widerstandsthermometer)						Zustand der Stollenröhre
		T_1	T_2	T_3	T_4	T_5	T_6	
13. September 48	—	7,4	8,5	8,7	9,1	9,4	9,2	Leer
27. September 48	—	6,9	8,2	8,5	8,5	8,7	9,6	Leer
6. November 48	5,8	7,0	7,6	7,8	7,5	7,3	7,6	Unter Druck
25. Dezember 48	1,6	5,6	5,4	5,7	4,5	2,6	2,0	Unter Druck
22. Januar 49 ..	2,2	3,0	2,4	2,6	2,0	1,5	2,4	Unter Druck
11. Februar 49 .	1,0	2,3	2,0	2,5	1,5	1,5	1,9	Unter Druck
1. März 49	1,4	2,0	1,6	2,3	1,4	1,3	2,0	Unter Druck
26. April 49	—	2,6	2,2	3,0	2,6	2,8	4,3	Leer
Δt max.		5,4	6,9	6,4	7,7	8,1	7,3	

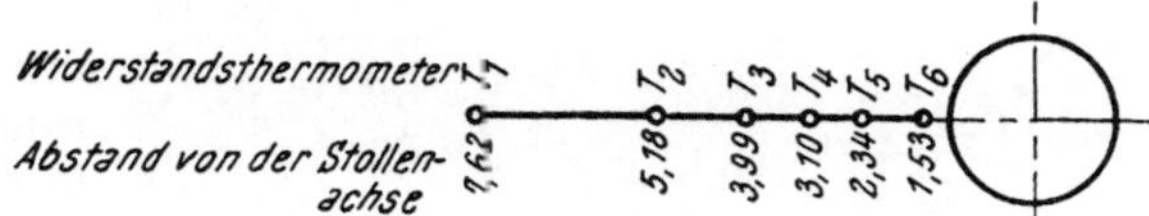

Die Versuche wurden schließlich im April 1949 eingestellt, nachdem der Nachweis erbracht war, daß der Anwendung der *Kernring-Auskleidung* keine ausführungstechnischen Schwierigkeiten entgegenstehen und daß sie auch in schlechtem Gebirge ihre Aufgabe erfüllt. Prof. Dr. Ing. O. K. Fröhlich kam als Experte des damaligen Bundesministeriums für Energiewirtschaft und Elektrifizierung im Rahmen der vom Verfasser erbetenen Überwachung zum Ergebnis, daß die Vorspannung während der Versuchsdauer nur um 11,6% nachgelassen hat und daß ihre Verringerung im Dauerbetrieb kaum über 25% hinausgehen dürfte.

Die Erprobung des Verfahrens war sonach erfolgreich verlaufen und damit der Versuchszweck erreicht.

5,222. Schluchsee, dritter Ausbau

Im Zeitpunkt der Beendigung der Versuche in Muleritsch waren die Entscheidungen über die Auskleidung des Druckstollens der dritten Stufe des Schluchseewerkes im Bereiche der Trias spruchreif. Die Bauherrschaft beurteilte zwar die *Kernring-Auskleidung* von vornherein als zweckmäßigste Lösung, doch mangelte damals noch jede Erfahrung in der Beherrschung großer Durchmesser (im vorliegenden Fall 6,00 m bei 13,6 atü Innendruck). Man entschloß sich daher im Jahre 1949 zunächst im Druckstollen vor dem Ende des Urgesteins eine Versuchsstrecke einzubauen.

Diese setzte sich aus vier Zonen zu 5 m Länge mit betoniertem Kernring (Beton 30 cm, Abstandsplatten 5 cm, Hinterpreßring 3 cm), einer 2 m langen Dämmstrecke aus Beton und einer anschließenden fünften 5 m langen Zone mit gemauertem Kernring (Formsteine 20 cm, Hinterpreßring 2,5 cm) zusammen. Als Abschluß an den beidseitigen Enden gegenüber der vorläufig nur durch ein

Gewölbe gesicherten Stollenröhre dienten 2 m lange Dämmstrecken. In der Zone 3 wurde vor Einbau des Kernringes eine schlaffe Rundstahlbewehrung eingelegt. Die Gebirgsverkleidung hatte in der unteren Hälfte eine planmäßige Mindeststärke von 40 cm und im Gewölbe eine solche von 60 cm. Die aufgetretenen Firstverbrüche erforderten aber im Gewölbebereich zusätzlichen Füllbeton bis zu 2 m Mächtigkeit.

Diese Versuchsstrecke sollte eine Erprobung der Baudurchführung und einen Nachweis des Spanneffektes der Kernringhinterpressung ermöglichen. Hiefür waren zwei, im Scheitel aufgehängte Meßringe, zahlreiche Dehnungsmesser System Maihak (Frequenzapparate), die mittels Tasthebelschneiden an die innere Leibung gepreßt wurden und Druckprüfmanometer bereitgestellt. Die ersteren dienten zur Befestigung von je 8 Meßuhren zwecks Beobachtung der Längenänderungen in vier Durchmessern. Zwecks Ausschaltung von Wärmeeinflüssen wurde ein auf konstanter Temperatur gehaltener Wasserfluß durch die Rohrkonstruktion der Ringe aufrechterhalten.

Auf Abb. 126 ist ein Teil dieser Meßgeräte zu sehen.

Bei der am 19. Jänner 1950 in der gemauerten Zone 5 begonnenen und am 21. Jänner in den übrigen Zonen 1 bis 4 fortgesetzten Kernringhinterpressung machten sich verschiedene Mängel der Bauausführung so nachteilig bemerkbar, daß der Pumpvorgang vor Erreichen des vorgesehenen Enddruckes abgebrochen werden mußte. Unter anderem trat in der bewehrten Zone bei einem Druck von etwa 9 atü wegen einer durch Verdrückung der Schalung verursachten starken Schwächung der Ringstärke ein Gewölbebruch ein.

Abb. 126. Schluchseewerk, dritter Ausbau; Versuchsstrecke, ausgerüstet mit Meßgeräten. (Aufgenommen am 17. 3. 1950.)

Nachdem aber kein Zweifel bestand, daß der teilweise Mißerfolg in dieser ersten Probestrecke nicht durch Verfahrensmängel, sondern durch leicht vermeidbare Ausführungsfehler verursacht war, entschloß sich die Bauunternehmung durch Wiederholung des Versuches im Bereich der Zonen 2 und 3 den Nachweis für den planmäßigen Verlauf der Kernringhinterpressung und den dabei erzielbaren Vorspanneffekt zu erbringen. Zu diesem Zwecke wurde der Kernring in den erwähnten zwei Zonen abgebrochen und erneut eingebaut, wobei man die Neubaustrecke nunmehr in drei Zonen von 4,30, 2,65 und 2,55 m Länge unterteilte. Die Ausführung erfolgte mit betoniertem Kernring ohne Armierung, weil diese Lösung für den vorliegenden Fall am wirtschaftlichsten schien. Dabei wurden gleichzeitig zwei Ausführungsarten der Zonenabgrenzung erprobt, von denen sich die eine als gut brauchbar erwies.

Die am 19. März 1950 durchgeführte Kernringhinterpressung in diesen drei Zonen hat durch die maßgebende Mitwirkung der Ingenieure der Bauherrschaft und Bauleitung zu einem vollen Erfolg geführt. Die Anzeigen der in einem Querschnitt eingebauten Meßuhren, die auf jeden Pumpentakt reagierten und die zunehmende Vorspannung bis zum Erreichen des vorgesehenen Enddruckes (17 atü) deutlich erkennen ließen, waren so überzeugend, daß sich die Schluchseewerk A. G. nunmehr endgültig zur Anwendung der *Kernring-Auskleidung* in der 480 m langen Triasstrecke entschloß[1].

In Abb. 127 ist der typische Verlauf der Kernringdeformation während der Hinterpressung und in den folgenden zwei Monaten dargestellt, wie er sich

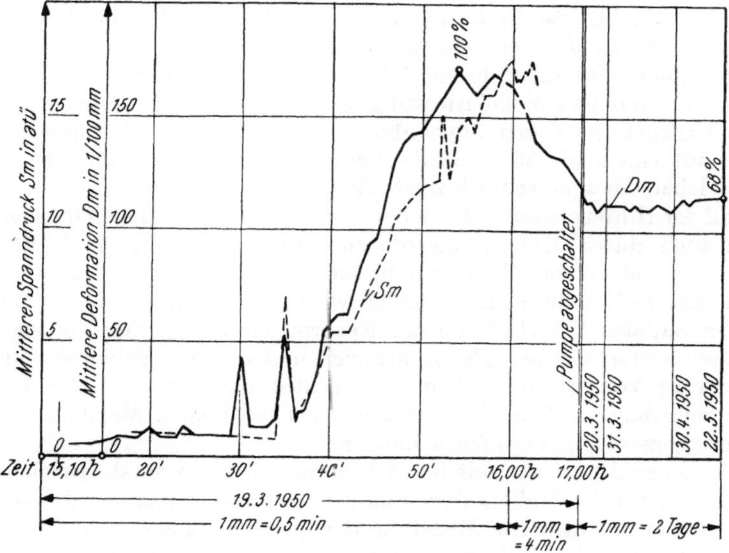

Abb. 127. Schluchseewerk, dritter Ausbau; Verlauf der Kernringdeformation in der Versuchsstrecke.

in dieser Versuchsstrecke an dem mit Meßuhren ausgerüsteten Querschnitt ergab. Daraus ist ersichtlich, daß in diesem Falle 68% der maximalen mittleren Durchmesserverkürzung und damit der erreichten Vorspannung gehalten wurden.

Die in zwei Querschnitten an der inneren Leibung mit Maihak-Gebern vorgenommenen tangentialen Deformationsmessungen zeigten 80 Minuten nach dem Ende der Hinterpressung einen Rückgang der Verkürzung um 40%. 24 Stunden später stellte sich jedoch eine merkliche Zunahme der letzteren ein, die bis 11. April 1950 (Ende der Ablesung), also nach 23 Tagen wieder 90% des maximalen Ausgangswertes erreichte. Nachdem jedoch der Deformationsverlauf an der Innenleibung durch verschiedene Umstände, wie z. B. durch Schwinden und Quellen oder durch Verformungen im Bereiche der Oberfläche infolge Temperaturänderungen, durch exzentrische Verlagerung der Drucklinie u. dgl. stark beeinflußt wird, sind die MAIHAK-Messungen mit den direkten Beobachtungen der Durchmesseränderungen nicht ohne weiteres vergleichbar. Die ersteren können

---

[1] Vgl. Abschnitt 4,342,62.

nämlich Deformationen anzeigen, die sich auf die Vorspannung des Kernringes praktisch überhaupt nicht auswirken.

Im Zuge des Ausbaues der 480 m langen Kernringstrecke wurden zwei benachbarte Zonen in je einem Querschnitt mit einbetonierten MAIHAK-Gebern ausgerüstet, um das Deformationsspiel der Auskleidung sowie den Temperaturverlauf auch während des Betriebes verfolgen zu können. Leider versagte unter dem Einfluß der Nässe in kurzer Zeit der größte Teil der Geber. Immerhin konnte bei zwei Abschaltungen der Turbinen an zwei Instrumenten das elastische Verhalten der *Kernring-Auskleidung* gleichlaufend mit den Schwingungen im Wasserschloß eindeutig verfolgt werden.

5,223. Roßhaupten

Im Druckstollen des Lechspeicherwerkes Roßhaupten[1] wurde eine MAIHAK-Meßanlage als ständige Beobachtungseinrichtung für die Deformationsvorgänge in der *Kernring-Auskleidung* eingebaut, um die Vorspannung im Zuge der Hinterpressung und deren Verlauf während des Betriebes kontrollieren zu können. Die Geber dieser elektrischen Meßeinrichtung waren in je einem Querschnitt dreier nebeneinanderliegender Zonen angeordnet und mittels Kabel durch lotrechte Bohrlöcher mit einem als Meßzentrale dienenden Häuschen verbunden.

Einen solchen Meßquerschnitt zeigt die Abb. 128.

Während der Hinterpressung wurden die Kernringdeformationen in einer Reihe von Zonen auch durch Umfangsmessungen mittels eines über 11 Stützpunkte geführten Invardrahtes mit Meßuhrenablesung an dessen Enden erfaßt. Weitere Kontrollen mittels Meßuhreneinrichtungen erstreckten sich auf die Feststellung der relativen radialen Verschiebung der Kernringleibung an den Zonengrenzen.

Über diese systematischen Beobachtungen und deren Ergebnisse wurde die Fachwelt bereits von berufener Seite ausführlich unterrichtet[2]. Der Verfasser beschränkt sich daher auf die Wiedergabe der wesentlichen Meßdaten und die Schlußfolgerungen dieser Veröffentlichungen.

Der Pumpenenddruck war mit 8 atü begrenzt. Der maximale Betriebsdruck beträgt, bezogen auf die Stollensohle, statisch 3,8 atü und mit den dynamischen Drucksteigerungen 5,3 atü. Die Mittelung der größten tangentialen Verkürzung im Kernring der zwei mit tangentialen Gebern ausgerüsteten Meßquerschnitte ergab $17,05 \cdot 10^{-5}$; bei einem E-Modul des Kernringes von $370\,000\ \mathrm{kg/cm^2}$ entspricht dieser Wert einer Druckspannung von $63\ \mathrm{kg/cm^2}$. Die letztere fiel jedoch nach Anzeige der Geber noch während der Hinterpressung auf 55% des Höchstwertes ab, um sich dann wieder allmählich zu erholen.

Die Erwärmung im Sommer 1952 (die Hinterpressung der Kernringstrecke erfolgte in der Zeit vom 19. bis 22. Februar und vom 10. bis 19. März 1950) verursachte eine Zunahme der Druckvorspannung. Diese blieb nach Inbetriebnahme des Bauwerkes als Umlaufstollen erhalten und bewegte sich um 80% bezogen auf den Spitzenwert am Vorspanntag, um schließlich auf 96% (entsprechend $60\ \mathrm{kg/cm^2}$) anzusteigen. Der von der Bauherrschaft erwartete Schwund der Vorspannung infolge Kriechen konnte nicht festgestellt werden. (Man rechnete damit, daß dieser nach einem Jahr 30% ausmachen würde.)

---

[1] Vgl. Abschnitt 4,342,63.

[2] Vgl. a) „Messungen am Hauptstollen des Lechspeichers Roßhaupten", Bericht, herausgegeben im Selbstverlag der Bayerischen Wasserkraftwerke A. G. 1953, erstattet von Dr.-Ing. JOSEF FROHNHOLZER. 75 S.; b) „Maihak-Dauermessungen zum Verfahren der Kernringauskleidung beim Hauptstollen Roßhaupten" vom gleichen Verfasser in „Die Bautechnik" 1955, S. 368 bis 376.

Die mechanischen Umfangsmessungen ließen Bewegungen der Innenleibung des Kernringes bis zum Erreichen des Pumpenenddruckes von 8 atü erkennen. Auch nach längerem Halten des letzteren folgten keine weiteren Bewegungen mehr.

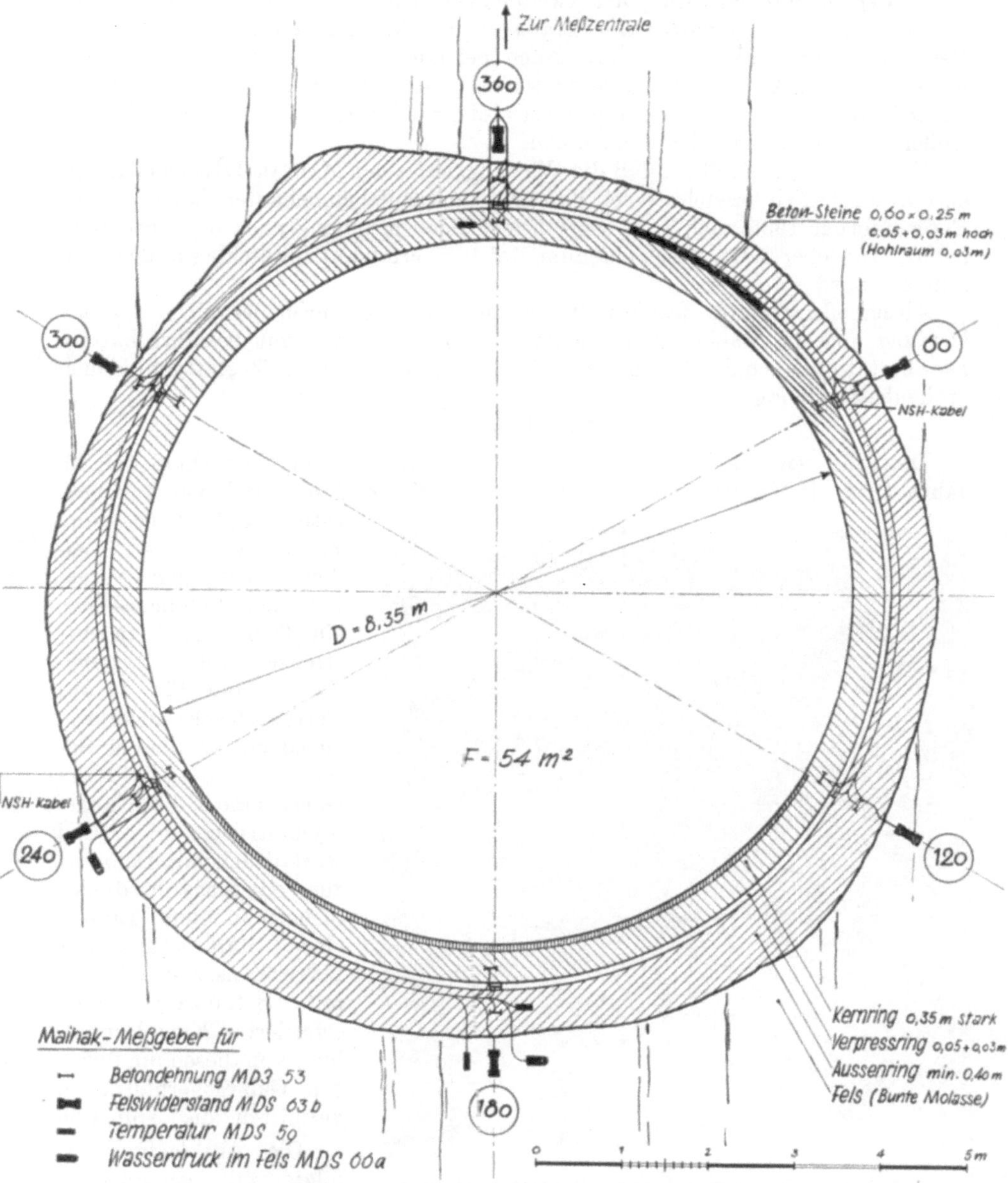

Abb. 128. Lechspeicherwerk Roßhaupten; Meßquerschnitt der Maihak-Anlage.
[Aus Bericht der Bayerischen Wasserkraftwerke A. G. 1953, S. 36, Tafel 2.]

Die am 10. August 1954 vorgenommene erstmalige Füllung und Unterdrucksetzung sowie die nachfolgende Entlastung und Wiederbelastung konnten meßtechnisch klar erfaßt werden. Eine Abkühlung um 5,2° bewirkte eine Verringerung der Vorspannung um 21%, also je Grad um 4%, während die spätere Temperatursteigerung je Grad eine Zunahme der Vorspannung um 7% verursachte.

In der Schlußbemerkung der zweiten Veröffentlichung heißt es u. a., daß das Verfahren der *Kernring-Auskleidung* beim Hauptstollen Roßhaupten allen Beanspruchungen gewachsen war. Auch bei einem Wegfall des Außendruckes in einem völlig klüftefreien Gebirge wären in der Druckvorspannung noch genügende Reserven vorhanden, um selbst plötzliche Drucksteigerungen aus Druckstößen zugspannungsfrei aufzunehmen.

Es wird ferner erwähnt, daß die Wirkungsweise der MAIHAK-Dauermeßanlage als einwandfrei zu bezeichnen sei. Von ursprünglich 80 eingebauten Gebern waren Ende Februar 1955 nach z. T. vierjähriger Beanspruchung noch 61 Geber meßbereit. (15 Geber fielen durch einen im Mai 1953 erfolgten Blitzschlag in die Meßzentrale aus.)

Abschließend wurde festgestellt, daß sich das Verfahren der *Kernring-Auskleidung* und die Dauermeßanlage im vorliegenden Falle gut bewährt hätten. Dies bestätigte auch der Befund anläßlich der im September 1956 stattgefundenen Stollenbesichtigung.

5,224. Roselend

Die Électricité de France, Direction Alpes II, Chambéry, entschloß sich im Jahre 1954 als Vorarbeit für das Kraftwerk Roselend im rund 550 m langen

östlichen Ast eines vom Fenster Chornais in beiden Richtungen vorgetriebenen Sondierstollens eine 60 m lange Versuchsstrecke mit *Kernring-Auskleidung* für 15 atü Betriebsdruck ausführen zu lassen. In diesem Bereich war in z. T. festem Gneis eine 19 m lange, mylonitisierte, nasse und stark drückende Dolomitzone eingeschaltet, die als Sicherung den Einbau einer Stahlrüstung aus I-Breitflansch-Profil 180 mit Betonbretterverzug erforderte. Eine Vorstellung von diesen ungünstigen Gebirgsverhältnissen vermittelt die Abb. 129.

Abb. 129. Versuchsstollen Roselend; drückende Dolomitstrecke. (Aufgenommen am 28. 6. 1954.)

Die Auskleidung erfolgte mit gemauertem Kernring (Durchmesser 4,40 m; Steinstärke 25 cm; Hinterpreßring 2,5 cm; Mindeststärke der Gebirgsverkleidung 15 cm; Zonenlänge 6,00 m). Eine Aufnahme des Kernringeinbaues zeigt die Abb. 130.

In der Versuchsstrecke wurden von den zehn Zonen drei mit elektrischen Deformationseinrichtungen (Zonen 6,7 und 9) sowie weitere drei (Zonen 2,5 und 8) mit mechanischen Kontrollvorrichtungen ausgestattet. Die Zonen 5 bis 8 liegen in der erwähnten Triasstrecke. Für die elektrische Anzeige der Zustandsänderungen dienten in jeder der drei Meßzonen je vier in benachbarten Steinringen eingebaute Spezialapparaturen, deren Ablesegeräte in einer außerhalb der Versuchsstrecke gelegenen Nische untergebracht waren. Zum Einsatz kamen: zwecks Messung tangentialer Deformationen Frequenzgeber (Témoins sonores Télémac) und Widerstandsgeber (cailloux sensible nach BERTHIER), die in Kernringsteinen gebettet nach einem Sechseck über den Ring verteilt wurden; ferner zwecks Messung der Umfangs-, Sehnen-, und Durchmesseränderungen an der Innenleibung, ebenfalls in hexagonaler Anordnung, zwei Typen von Dehnungsmessern; bei der einen (Extensiomètre à potentiomètre) erfolgt die Ablesung mittels WHEATSTONESCHER Brücke, bei der anderen (Extensiomètre à corde vibrante) mittels Télémac-Brücke. Die erste arbeitet mit einem Invarband, die zweite mit einem Draht aus Chromnickelstahl. Während der Hinterpressung mußte auf die Durchmesserbeobachtung mit diesen Geräten verzichtet werden, um den Arbeitsraum freizuhalten.

Eine Vorstellung von solchen Meßeinrichtungen vermittelt die Abb. 131 und von einem Teil der Ablesegeräte die Abb. 132.

Die mechanischen Vorrichtungen, die nur im leeren Stollen ablesbar waren, bestanden aus Meß

Abb. 130. Versuchsstollen Roselend; Kernringeinbau.
(Aufgenommen am 25. 3. 1955.)

uhrengeräten, Spezialmeßstangen und Maximum-Minimumanzeigern. Schließlich diente je ein Manometer zur Druckkontrolle im Hinterpreßring der Zone 10 sowie zur Messung des Bergwasserdruckes in der Zone 6.

Die Temperaturanzeige erfolgte mittels Frequenzgeber, die ebenfalls in Kernringsteinen gebettet waren.

Die zur Kernringhinterpressung eingesetzten Einrichtungen für die Mörtelbereitung und pneumatische Zonenfüllung waren z. T. improvisiert und unzulänglich. Besonders nachteilig erwies sich, daß die Materialschläuche nicht vorschriftsgemäß in vollen Längen, sondern aus 3 m langen Stücken zusammengesetzt, bereitgestellt waren. Die dadurch bedingten Verengungen an den Schlauchverbindern verursachten der Reihe nach Verstopfungen und schädliche Unterbrechungen im Mörtelfluß mit sehr nachteiligen Auswirkungen auf das Versuchsergebnis. Das Füllen der meisten Zonen dauerte viel zu lange (2 bis 3 Stunden, statt programmgemäß etwa 1 bis $1\frac{1}{4}$ Stunden); der Fließwiderstand in diesen gestückelten Schläuchen war so groß, daß das Eindrücken des Mörtels z. T. entgegen dem verfahrensgemäßen Vorgang nicht durch die Sohlenlöcher erfolgen konnte und daher notgedrungen durch die Ulmen oder Firstlöcher fortgesetzt werden mußte; im Bereich der nassen Triasstrecke ergab sich dadurch zwangsläufig eine Auswaschung des Zementes, weil der Mörtel beim Ablauf nach unten zunächst das über der bereits gesetzten Füllmasse angestaute Wasser durchströmen mußte; dieser Vorgang hatte u. a. eine Verstopfung aller Sohlen- und Ulmenlöcher der Zone 7 zur Folge, so daß die hydraulische Spannwirkung des nachfolgenden Pumpvorganges auf den Bereich der Firste beschränkt blieb und den übrigen Teil des Kernringes nicht mehr erfaßte. Auch in der Zone 6 war der Ablauf der Hinterpressung unbefriedigend.

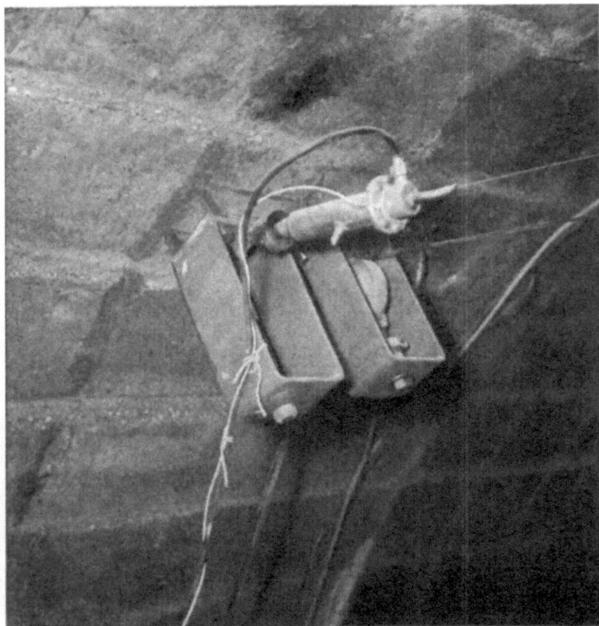

Abb. 131. Versuchsstollen Roselend; Umfangsmeßeinrichtung.
(Aufgenommen am 25. 5. 1955.)

Nachteilig wirkte sich ferner eine unzulängliche Vorflut und der Einbau einer Arbeitsbühne über der Stollensohle aus, weil dadurch die Manipulationen an den Sohlenlöchern wesentlich erschwert waren und in letztere als Zwischenglieder etwa 40 cm lange Rohre eingesetzt werden mußten, um die Einpreßhähne montieren und bedienen zu können. Dadurch ergab sich eine weitere schädliche Verengung des Fließquerschnittes und eine zusätzliche Schwierigkeit, die Sohlenlöcher vor Verstopfungen zu bewahren.

Die Einrichtung für die Zementeinpressung, umfassend zwei Pumpenpaare, System Häny, je eine maschinelle Mischanlage mit je einem Vorratsspeicher für den Zementbrei sowie die zugehörigen Schläuche und Armaturen erwies sich als ausreichend.

Die Deformationsmessungen bestätigten die unzulängliche Vorspannung in den Zonen 6 und 7 und ließen vermuten, daß der Spanndruck auch in anderen Zonen hinter dem erwarteten Soll zurückblieb, obwohl der Pumpenenddruck überall schließlich 25 atü betrug.

Die Abpressung des Versuchsstollens erfolgte in 3 Phasen: Vor Einbau der Auskleidung im April und Mai 1954, nach Einbau der Gebirgsverkleidung im Jänner 1955 und schließlich nach vollzogener Hinterpressung vom Juli bis September 1955. Dabei wurde der Stollen jeweils vor der Versuchsstrecke durch einen Stahlbetonabschluß abgeriegelt. Bei der zweiten Phase erfolgte auch eine Trennung des hinteren Blindstollens von der Kernringstrecke durch eine Stahlbetonmembrane, die eine gesonderte Verlustmessung in jedem der beiden Abschnitte ermöglichte.

Bei der Aufpressung stellte sich in der Triasstrecke Bergwasserdruck ein. Die

Ergebnisse der Druckversuche waren: 1. Phase: max. Druck 16,7 atü, Bergwasserdruck 8,1 atü, Verlust (abzüglich der Wasseraustritte beim Tor) 18,8 l/s;
2. Phase: max. Druck 15 atü, Bergwasserdruck 6,5 atü, Verlust 21,5 l/s; 3. Phase:
max. Druck 15 atü, Bergwasserdruck 12,7 atü, Verlust bis 10 atü 1,7 l/s, bei 15 atü
anfangs 18,5 l/s, dann im Zuge des Dauerversuches absinkend auf 2,4 l/s.

Bei der nachträglichen Beschau (der Verfasser hatte Gelegenheit, den Versuchsstollen im November 1955 zu besichtigen) ergab sich folgender Befund:

In der Zone 7 war der Kernring beidseitig längs einer Fuge auf halber Stollen-
höhe gerissen; desgleichen in der Zone 6, jedoch nur talseits in Fortsetzung des
Risses in der Zone 7; ferner in der Zone 8 bergseits ebenfalls in Fortsetzung des

Abb. 132. Versuchsstollen Roselend; Ablesegeräte. (Aufgenommen am 25. 5. 1955.)

Risses in der Zone 7, aber nur im Bereiche der ersten Steine im Anschluß an die
Zonengrenze und ebenso in der Zone 5 in Fortsetzung des Risses in der Zone 6.
(Diese Übergriffe der Risse aus den Zonen 6 und 7 auf einige Steinringe der
Nachbarzonen sind nur eine Folgeerscheinung der achsialen Pressung und des
Gleitwiderstandes in den Ringfugen.) Es haben sonach mit Ausnahme der schlecht
hinterpreßten Zonen 6 und 7 alle anderen Zonen einschließlich der ebenfalls fast
zur Gänze in der Triasstrecke gelegenen Zonen 5 und 8 dem Innendruck von
15 atü standgehalten.

Der unzulängliche Spanneffekt in den Zonen 6 und 7 machte die Beobachtungen an den hier eingebauten Deformationsmeßgeräten zum größten
Teil illusorisch. Hingegen ergaben die Ablesungen in der dritten Meßzone (9)
einige aufschlußreiche Resultate. Im Zuge der Hinterpressung zeigten hier die
Frequenzgeber u. a. Deformationen an, die größer als die dem Pumpendruck
entsprechenden Sollwerte waren. Die mit $E_b = 300\,000$ kg/cm² errechnete tangentiale Vorspannung und der entsprechende radiale Bettungsdruck p_2 betrugen
in der Zone 9: Bei Beendigung des Pumpvorganges $\sigma = 114$ kg/cm² und $p_2 =$
$= 11,5$ kg/cm²; 11½ Stunden später $\sigma = 70$ kg/cm² und $p_2 = 7$ kg/cm². Der
letztere Wert blieb dann bis zu der am 4. Juli 1955 beginnenden dritten Phase
der Druckproben praktisch unverändert. Bei der Belastung mit 15 atü Innen-

druck ging die Vorspannung um 33 kg/cm² zurück. Man errechnete weiters, daß die Umhüllung des Kernringes 75% des Innendruckes aufnahm und daß diesem Anteil ein Gebirgsmodul von 130 000 kg/cm² entspreche.

Obwohl der ungenügende Spanneffekt in den Zonen 6 und 7 in erster Linie durch die erwähnten Improvisationen verursacht war, hat sich die Bauherrschaft in diesem Falle in Ermangelung eines überzeugenden Nachweises des Abdichtungserfolges der *Kernring-Auskleidung* entschlossen, die schlechten Gebirgsstrecken zu panzern, um jegliches Risiko auszuschließen.

Dessenungeachtet verdankt der Verfasser den im Versuchsstollen Roselend bei der Kernringhinterpressung infolge der geschilderten Umstände aufgetretenen Schwierigkeiten wertvolle Erkenntnisse über die Erfordernisse, auch unter ungünstigen Voraussetzungen das gesteckte Ziel zu erreichen und nachteilige Auswirkungen verschiedener Einflüsse auf den Spanneffekt durch vorsorgliche Maßnahmen auszuschalten. Diese bestehen: Erstens in einer vollkommenen Trennung des Schlauchsystems für die Mörtelfüllung von jenem der Pumpen; zweitens in einer Änderung des Pumpvorganges und der hiefür dienenden Einrichtungen[1].

Die Trennung der Systeme wird dadurch erreicht, daß man jedem Injektionskessel je ein eigenes Loch in der Sohle, einen damit verbundenen Durchgangshahn und einen Materialschlauch zuordnet. Auf diese Weise läßt sich die pneumatische Füllung des Hinterpreßringes ganz unabhängig von den Manipulationen der Pumpenpartie rasch und störungsfrei bewältigen. Wenn man dabei im Sinne der Verfahrensbedingungen Hähne mit $^5/_4''$ freiem Durchgang und Schläuche mit dem gleichen Mindestdurchmesser verwendet, dann sind mit normalen Mischungen (in G. T. Zement : Sand : Wasser = etwa 40 : 40 : 20) Verstopfungen praktisch ausgeschlossen.

Die zweite Maßnahme ist darauf abgestellt, die nachteiligen Einflüsse der im Zuge des Aufpumpens der Zonen häufig auftretenden plötzlichen Druckminderungen zu eliminieren und die hydraulische Pressung an allen Anschlußöffnungen bis zur Beendigung des Pumpvorganges aktiv zu erhalten. Dabei ist folgendem Vorgang Rechnung zu tragen. Der zunehmende Spanndruck bewirkt verfahrensgemäß ein Aufreißen der Gebirgsverkleidung und allenfalls des Gebirges[2]. Die Folge davon ist ein Ausbruch des noch flüssigen Teiles der Verpreßmasse in die durch die Risse geöffneten Fließwege, verbunden mit einem Druckabfall an den Pumpen. Eine solche Entspannung tritt erfahrungsgemäß meist zwischen 8 und 12 atü auf. Es dauert dann eine Weile, bis sich der Druck wieder erholt und weitersteigt. Nachdem aber der Mörtel in diesem Stadium noch Überschußwasser enthält, bewirkt der Abfall des hydraulischen Druckes eine Rückbildung der bereits erzielten elastischen Deformation von Auskleidung und Gebirge und damit ein Zusammenpressen der im Hinterpreßraum befindlichen Mörtelmasse, bis diese in eine elastisch gespannte Bettung verwandelt ist. Inzwischen vollzieht sich der weitere Zementbreifluß bei der bisher üblichen kommunizierenden Schlauchverbindung nach dem Wege des geringsten Widerstandes (wohl meistens durch die Firstöffnungen); dabei entsteht die Gefahr, daß die übrigen Löcher auch beim Wiederanstieg des Druckes nicht mehr aufgerissen werden. Bei Eintritt dieses Falles wirkt aber der aktive Spanndruck im weiteren Verlauf der Hinterpressung nur mehr im Umkreis der bis zuletzt aktiven Öffnung.

---

[1] Vgl. Abschnitt 4,342,4. Dazu wird bemerkt, daß beim Versuchsstollen Roselend die Sohlenlöcher nach einer früheren Übung vermittels einer Hahnbatterie noch für den Anschluß beider Schlauchsysteme dienten. Im Abschnitt 4,342,4 ist hingegen schon die geänderte Anordnung für die Mörteleinpressung beschrieben.

[2] Vgl. Abschnitt 2,32.

Dieser nachteiligen Erscheinung kann dadurch begegnet werden, daß man auf jede Zone gleichzeitig vier Pumpen schaltet, von denen je eine mit den Öffnungen in der Sohle, in den beiden Ulmen und in der Firste verbunden wird.

In den Abb. 133 und 134 sind die Einzelheiten der Installationen für einen diesen Bedingungen entsprechenden Hinterpreßvorgang dargestellt.

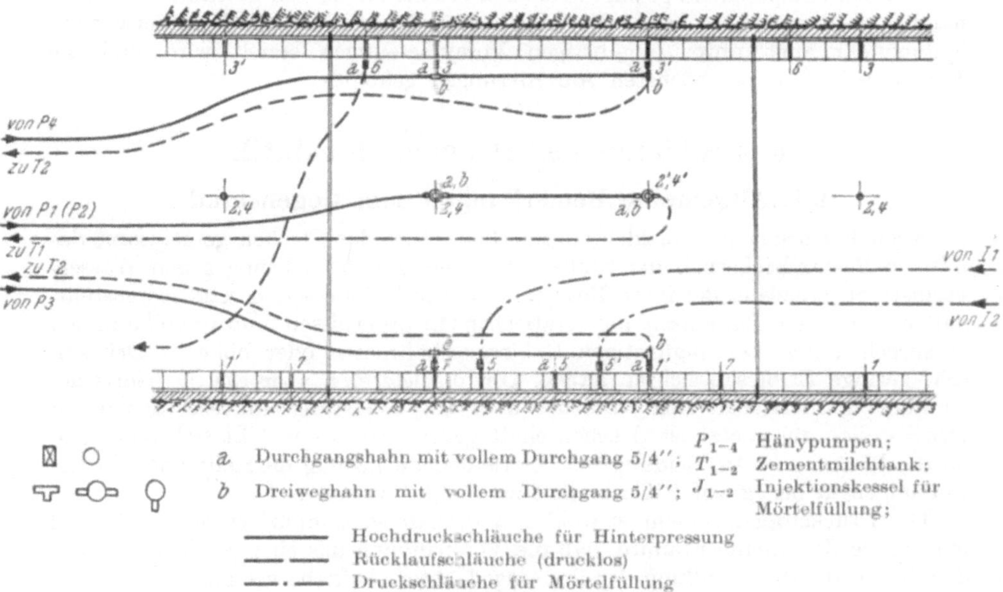

Abb. 133. Installationsschema für die neue Methode der Kernringhinterpressung; Schlauchführungen.

Die Kommandostelle für die Abwicklung der Kernringhinterpressung befindet sich auf dem vor den Pumpen eingereihten Schaltwagen, von wo aus die Betätigung der Hähne durch den sachkundigen Leiter der Arbeitsgruppe gelenkt wird.

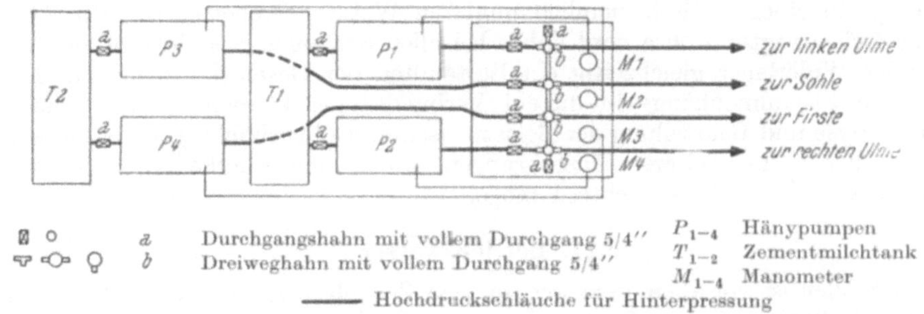

Abb. 134. Installationsschema für die neue Methode der Kernringhinterpressung; Pumpen- und Schaltwagen.

Diese neue Arbeitsmethode gewährleistet eine einwandfreie Füllung der Zonen, verhindert auch bei starkem Wasserandrang nennenswerte Zementauswaschungen und ermöglicht schließlich auf zuverlässige Weise die Aufrechterhaltung des aktiven Pumpenenddruckes im ganzen Umkreis des Kernringes, weil der Zementbreifluß bei einem Druckabfall in keinem Sektor unterbrochen wird. Bei der neuen

Schaltung sind die vier Pumpen nur durch den Hinterpreßring hydraulisch gekuppelt, so daß jede Maschine so lange im Takt verbleibt, bis in allen Sektoren der vorgesehene Enddruck erreicht und gehalten ist. In sehr schlechtem Gebirge sollen weiters die Zonenlängen auf drei bis vier Meter reduziert werden, damit die jeder Pumpe zugeordnete Fläche des Hinterpreßringes ein den erschwerenden Umständen entsprechend geringes Ausmaß erhält. Mit diesen geschilderten Maßnahmen können ausreichende Vorsorgen getroffen werden, daß der erwartete Spanneffekt auch unter ungünstigen Voraussetzungen erzielt wird und die *Kernring-Auskleidung* höchsten Anforderungen genügt.

6. Probleme der Druckstollenstatik

6,1. Allgemeine Bemerkungen zum Gegenstand

Allen beschriebenen Auskleidungsmethoden[1] ist das Streben gemeinsam, damit die Bestandsicherheit der Stollenröhre und ihre Abdichtung gegen Wasserverluste zu erzielen. Bei ihrer Besprechung wurde indessen bereits festgestellt, daß die meisten Bauweisen den statischen Erfordernissen nur unvollkommen entsprechen und bei ungünstigen Gebirgsverhältnissen oder höheren Drücken sehr geringe Erfolgsaussichten haben. Um die letzteren aber richtig beurteilen zu können, muß man sich zunächst über alle Belastungseinflüsse, denen ein Druckstollen ausgesetzt ist, Rechenschaft geben. Erst dann läßt sich aussagen, ob die betreffende Auskleidung eine befriedigende Lösung darstellt und die Erwartungen in bezug auf Rißsicherheit zu erfüllen vermag.

Das Druckstollenproblem ist wohl u. a. deshalb so kompliziert geworden, weil man lange Zeit nicht erkannte, daß die Vorspannung das einzige Mittel ist, um den Beton für die Erfüllung der ihm zugedachten Aufgabe geeignet zu machen und glaubte, mit anderen Maßnahmen den gleichen Zweck zu erreichen. Dabei mußte man aber die Voraussetzungen schon so weitgehend idealisieren, daß die damit erbrachten statischen Nachweise kaum mehr überzeugen konnten.

6,2. Belastungseinflüsse

Die Auskleidung stellt eine Schale dar, die in der Felsröhre — im allgemeinen allerdings in einer statisch ziemlich unklaren Weise — gebettet ist. Mit Ausnahme frei verlegter Rohre wird daher bei allen Systemen das Gebirge als umhüllendes Widerlager gleichzeitig ein Bestandteil der Gesamtkonstruktion. Die statischen Zusammenhänge in diesem Verbundkörper können aber erst nach einer Analyse und Beurteilung der Belastungseinflüsse überblickt werden. Diesem Zwecke dienen die weiteren Ausführungen, wobei eine Aufgliederung in fünf Gruppen die Übersicht erleichtern möge.

6,21. Betriebswasser

Der Stollen ist vor allem dem wechselnden Betriebsdruck als radiale Pressung auf die Stollenleibung ausgesetzt. In vielen Fällen werden alle anderen Belastungseinflüsse entweder überhaupt nicht beachtet oder — wegen der Schwierigkeit ihrer Erfassung — bewußt vernachlässigt.

Neben dem Innendruck bewirkt das Betriebswasser aber noch beachtliche indirekte Beanspruchungen der Stollenröhre infolge der Deformationen, die vom unablässigen Wärmeaustausch und von dem in Spalten eindringenden Verlustwasser verursacht werden.

---

[1] Vgl. Kapitel 4 „Auskleidungsmethoden und deren Beurteilung".

Jeder Temperaturwechsel verändert die Spannung in der Auskleidung, und zwar Abkühlung in Richtung Zug, Erwärmung in Richtung Druck. Kaltes Stollenwasser vermag im Winter die vorhandene Gesteinswärme bis tief in den Berg hinein abzusaugen und einen beträchtlichen Temperaturabfall gegenüber dem bei Ausführung der Auskleidung herrschenden Zustand zu verursachen[1]. Die Abkühlung wird umso größer sein, je wärmer das Gebirge vor der Inbetriebnahme war. Schon bei Hangstollen kann die Temperatur unter dem Einfluß des Betriebswassers um etwa 10°, bei Durchstichen jedoch wesentlich tiefer absinken. Dabei sind allerdings Gebirge und Auskleidung gesondert nach ihren Ausgangstemperaturen im Zeitpunkt des Einbaues der letzteren zu beurteilen.

Bei einem isotropen, zugfesten Rohr mit unendlicher Ausdehnung würde eine Temperaturänderung die Innenleibung nicht deformieren[2]; eine darauf abgestützte Auskleidungsschale müßte daher nur die in dieser selbst entstehenden Temperaturspannung gewachsen sein. Mit $\beta = 10^{-5}$, $E_b = 250\,000$ kg/cm², $m = 10$ und $\Delta t = 10°$ errechnet sich hiefür ein Wert von $\sigma = 27{,}8$ kg/cm² (Zug)[3]. Um z. B. die gleiche mittlere Spannung in einem frei liegenden Rohr (und dieser Zustand entspricht der Wirkung der Abkühlung) mit einem Durchmesser $D_1 = 2{,}60$ m und einer Wandstärke $d = 20$ cm zu erzeugen, müßte ein Innendruck von

$$p_1 = \frac{2\,d \cdot \sigma}{D_1} = 4{,}28 \text{ atü}$$

einwirken. Meistens wird jedoch $E_b > 250\,000$ kg/cm² sein. Dann erhöhen sich aber auch dementsprechend die Werte für σ und p_1.

Es ist ferner zu beachten, daß sich der Durchmesser der Felsleibung unter dem Einfluß der Abkühlung erweitert, sobald Klüfte und Risse den Zugverband im Gebirge unterbrechen. In diesem Falle erfährt die Auskleidung eine zusätzliche tangentiale Belastung in der Zugrichtung. Deren Größenordnung läßt sich aber auf rechnerischem Wege nicht ermitteln. Einen Aufschluß hierüber könnte man nur aus Dauerversuchen mit Deformations- und Temperaturmessungen erlangen.

Immerhin dürften diese Hinweise genügen, um zu erkennen, daß normaler Auskleidungsbeton allein schon durch kaltes Stollenwasser bis zur Zerreissung oder zumindestens bis nahe an die Grenze des Zugwiderstandsvermögens beansprucht wird.

Ein weiterer Einfluß des Betriebswassers stellt sich ein, wenn sich der Innendruck infolge gröberer Undichtheiten der Stollenwandung auf dahinterliegende Hohlräume fortzupflanzen vermag; es besteht dann die Möglichkeit, daß die schon eingehend erörterte Sprengwirkung des Druckwassers eine Firstspaltung (mit wahrscheinlicher Fortsetzung nach unten) verursacht, die den Spannungszustand in der Gebirgshülle und damit auch in der Auskleidung zwangsläufig von Grund auf verändert[4].

Der Wasserdruck wirkt auf die Spaltflächen wie auf eine Staumauer. Dabei kann sich die vom Innendruck verursachte Belastung des Gebirges gegenüber dem Zustand vor der Sprengung auf ein Vielfaches steigern. Der anfänglich auf die Stollenleibung beschränkte hydraulische Druck vermehrt sich nämlich infolge der Aufreißung um die in horizontaler Richtung, senkrecht zur Stollen-

---

[1] Vgl. Abschnitt 5,221, Zahlentafel 12.

[2] Vgl. Abschnitt 3,34, Abb 20.

[3] Vgl. Abschnitt 4,312,2.

[4] Vgl. Abschnitte 2,23 und 2,32.

achse wirkende Preßkraft auf die beidseitigen, den Spalt begrenzenden Felswände.

Es ist leicht einzusehen, daß eine Firstspaltung auf die Bettungsverhältnisse der Auskleidung nicht ohne Einfluß bleibt. Die Öffnung des Risses im Verschnitt mit der Felsleibung ist eine Folgeerscheinung des Zurückdrängens der Stauwände und damit auch der Ulmen durch den aktiven Wasserdruck. Diese Bewegungen vollziehen sich je nach Gebirgsbeschaffenheit mehr oder weniger in Form bleibender, im übrigen jedoch als elastische Deformationen. Der horizontale Durchmesser verlängert sich dabei etwa um die Öffnungsweite des Firstspaltes.

Eine saigere Schichtstellung parallel zur Stollenachse begünstigt die Aufreißung; sie hat weiters zur Folge, daß auf alle Fälle der horizontale Durchmesser die größte Verlängerung erfährt.

In stark komprimierbarem Fels können sich bei einer derartigen, in statischer Hinsicht ungünstigsten Gesteinsschichtung in Hochdruckstollen ohne weiteres Spaltöffnungen in der Größenordnung von 1 bis 2 cm ergeben.

Trotz dieser großen Deformationen verliert das Gebirge durch eine solche Gesteinssprengung nicht die Fähigkeit, dem Wasserdruck im Rahmen der damit erzielten Vorbelastung weiterhin elastisch zu widerstehen, soferne dabei die äußere Bestandsicherheit erhalten bleibt.

Die Auswirkung einer Firstspaltung darf allerdings, wie man aus obiger Darlegung ersieht, nicht mehr in der üblichen Weise nach den für das dickwandige Rohr mit unendlicher Ausdehnung geltenden Formeln beurteilt werden, weil man auf diesem Wege zu einer falschen Vorstellung über die Qualität und das elastische Verhalten des Gebirges gelangen müßte.

Bemerkt wird schließlich, daß ein Firstspalt auch zusätzliche thermische Auswirkungen zeitigt, wenn er ständig von Kaltwasser durchströmt wird. Die dabei eintretende Abkühlung der Gebirgsflanken verursacht nämlich eine Vergrößerung jener Öffnungsweite des Spaltes, die dem statischen Gleichgewicht bei der Ausgangstemperatur entspricht.

6,22 Zustandsänderungen in der Auskleidung

Zu dieser Gruppe von Belastungseinflüssen gehören das Schwinden und Schwellen sowie bei vorgespannten Auskleidungen das Kriechen. Besagte, bei Beton hinreichend bekannte stoffbedingte Erscheinungsarten von Zustandsänderungen[1] äußern sich in einer Verringerung oder Vergrößerung der Ausmaße des davon betroffenen Körpers, und zwar bei Schwinden und Schwellen dreidimensional, beim Kriechen jedoch nur in der Richtung der Dauerbelastung. Wenn die Bewegungen durch den Gebirgsumschluß behindert sind, werden in der Auskleidung, so wie bei thermischen Vorgängen, Zwangsspannungen geweckt. Die Änderung der tangentialen Spannung erfolgt dabei infolge Schwinden und Kriechen in der Zugrichtung (wie bei Abkühlung) und infolge Schwellen in der Druckrichtung (wie bei Erwärmung). Wenn das Schrumpfen der Auskleidung nicht durch das Haftvermögen oder durch eine Spannbettung behindert ist, dann öffnet sich die Kontaktfuge zwischen Gebirge und Auskleidung. Die Spannungsänderung in letzterer ist jedoch in diesem Falle unter der Einwirkung des Betriebsdruckes gleich groß, wie bei behinderter Deformation.

Diese indirekten Belastungseinflüsse lassen sich, soweit sie — wie das Schwinden und Kriechen — schädlich sind, verhältnismäßig leicht durch geeignete Maßnahmen bei der Bauausführung weitgehend ausschalten.

---

[1] Vgl. Abschnitt 1,61.

6,23 Gebirgsdruck und Bergschläge

Zu den Belastungseinflüssen auf die Auskleidung zählen u. a. auch Gebirgs-
druck- und Bergschlagerscheinungen[1]. Es sind dies aktive, auf der Erdschwere
oder auf anderen physikalischen Vorgängen beruhende Kraftentfaltungen, die
im Gebirge ihren Ausgang nehmen, sobald dessen inneres Gleichgewicht durch
die Aushöhlung gestört wird.

Auch in standfestem Gebirge herrscht ein Gebirgsdruck, und zwar in lot-
rechter Richtung auf jede gedachte Aufstandsfläche und waagrecht in allen
Richtungen als Zwang der behinderten Querdehnung. Wir wollen hier aber im
Sinne der üblichen Vorstellung unter Gebirgsdruck nur jene Kräfte verstehen,
die einer Abstützung durch Zimmerung oder durch die Auskleidung bedürfen,
um den Stollen vor dem Einsturz oder Verbruch zu bewahren.

Gebirgsdruck tritt auf, wenn der molekulare Zusammenhalt oder die Reibung
nicht mehr imstande sind, das Gewicht der unterhöhlten Massen den Widerlagern
zu überbürden. Stärkere Druckerscheinungen dieser Art werden sich daher vorwiegend in Störungszonen im Bereiche von Überschiebungen, in denen das Gestein durch tektonische Kräfte zerrieben und mylonitisiert ist, einstellen. Bergwasser kann dabei den Gleitdrang wesentlich erhöhen. So wurden z. B. beim Bau
des Ratkonya-Tunnels in nassem, lockerem blauen Tegel mit Glimmersand-
beimengung im Vortriebsstollen Drücke bis zu 60 t/m² festgestellt[2].

Gebirgsdruck kann aber auch die Auswirkung von Gesteinsblähungen sein,
die in aufgefahrenen Anhydritstrecken durch Wasserinfiltrationen ausgelöst
werden und die Auskleidung belasten. Zahlenmäßige Angaben über die Flächen-
pressung dieser physikalischen Erscheinung bei Behinderung der Ausdehnung
liegen dem Verfasser nicht vor.

Wie schon aus der Besprechung der Eigenschaften des Gebirges hervorgeht,
ergeben sich Bergschläge als Deformationsbruch jener Teile der Stollenleibung,
die nicht imstande sind, die sich vollziehende Zwangsverformung im Bereiche
der bloßgelegten Oberfläche mitzumachen.

Das Gewicht bedingt lotrechte und die behinderte Querdehnung waagrechte
Vorspannung im Gebirge. Nachdem der Ausbruch die Abstützung gegen das
Stolleninnere beseitigt, verformt sich die Stollenleibung unter dem Einfluß des
Querdehnungsdranges nach innen, und zwar an den Ulmen in horizontaler, in
der Firste und Sohle dagegen in vertikaler Richtung. An den vier Eckpunkten
des dem Ausbruchprofil umschriebenen Rechteckes können sich indessen die
Felswände infolge ihrer gegenseitigen Verspannung nicht frei deformieren. Diese
Behinderung der Ausdehnung weckt in den parallel zur Stollenachse durch die
Rechteckkanten gelegten Ebenen Schubspannungen, die eine Ablenkung der
natürlichen Vorbelastung gegen das Berginnere bewirken. Dadurch werden
scheibenförmige Gesteinskörper im Umkreis der Stollenröhre von den Vorspann-
kräften befreit. Andererseits belastet der Querdehnungsdrang diese Scheiben
auf Biegung, weil sie an den Enden eingespannt und dort an der Deformation
behindert sind. Der Scheibenrücken ist dabei zunächst noch mit dem dahinter
liegenden Fels zugfest verbunden und daher gezwungen, dessen Verformungen
mitzumachen.

Bei entsprechend großer Überlagerung kann der Querdehnungsdrang aber so
anwachsen, daß in der Haftfuge ein Zugbruch eintritt und die Scheiben ab-
geworfen werden.

---

[1] Vgl. Abschnitt 1,531.

[2] Vgl. L. v. WILLMANN: Tunnelbau — Handbuch der Ingenieurwissenschaften. Ta-
belle I. S. 210. Leipzig: 1920, W. Engelmann.

Die beschriebenen Vorgänge veranschaulicht die Abb. 135 an Hand eines Rechteckprofiles. (Dessen Ausmaße entsprechen dem Richtstollen des Simplontunnels.)

Die mit den Buchstaben A_1, B_1, A_2, B_2, A_3, B_3, A_4, B_4 bezeichnete Fuge begrenzt die bergschlaganfällige Schalenzone. Dahinter ist das Gebirge in bezug auf Schalenbruch bergschlagsicher. Hier besteht hingegen Schubbruchgefahr, wenn die Schubspannung bis zur Grenze des Gleitwiderstandes anwächst.

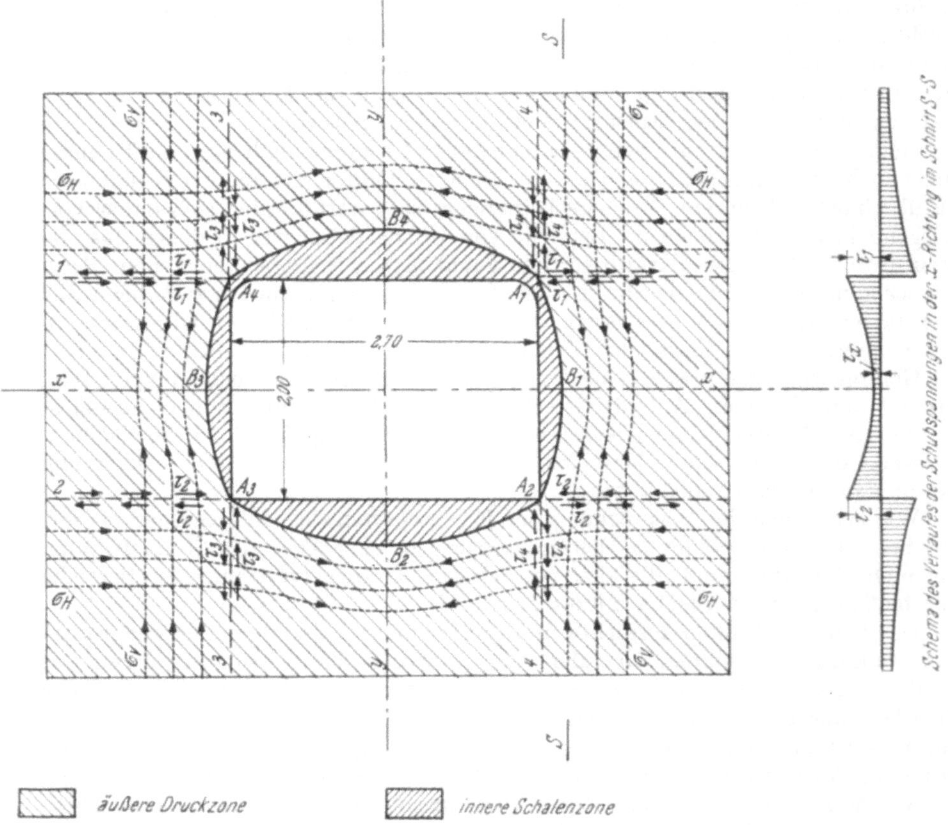

Abb. 135. Entstehungsursache der Bergschläge in schematischer Darstellung.

In gebrächem Gestein vollzieht sich der Schalenbruch in Form eines geräuschlosen Zerfalles. Eine häufig auftretende Erscheinung dieser Art ist z. B. das Abbröckeln der Ulmen (man spricht dann auch von Ulmendruck). In festem geschlossenen Gestein erfolgt hingegen der Bruch in Form von knallenden Bergschlägen. Ein Schubbruchbergschlag (diese Benennung wurde vom Verfasser geprägt) kann in gutem Gebirge infolge des plötzlichen Freiwerdens großer Energien Detonationen und erdbebenartige Erschütterungen auslösen. Die dynamische Stoßwirkung ist dabei imstande, dicke Widerlager in das Tunnelinnere zu verrücken.

Beide Bergschlagarten treten umso heftiger und für die Belegschaft gefahrvoller auf, je besser die Qualität des Gebirges ist. Zu ihrer Auslösung bedarf es dann einer entsprechend großen Überlagerung. Feste Gesteine vermögen im Zuge ihrer Verformung beträchtliche Energien elastisch zu speichern, bevor ein Bruch erfolgt.

Schalenbergschläge treten häufig Wochen oder Monate nach dem Ausbruch auf. In diesem Falle wird die Zugfestigkeit erst durch das Hinzutreten der Zugspannungen infolge einer Abkühlung des Gesteins durch längere Kaltlufteinwirkung erschöpft. Solche nachträgliche Zerreißungen können sich auch hinter der Auskleidung unter dem Einfluß von kaltem Betriebswasser ereignen, wo die Bettung keine radiale Vorspannung aufweist.

Bergschläge beeinträchtigen die Rißsicherheit einer Auskleidung sehr nachteilig, wenn sie vor deren Einbau in verhaltener Form ohne Abwurf des Gesteins auftreten, weil dann hinter der Leibung eine klaffende Fuge entsteht, die den Kraftschluß unterbricht. Solche Brucherscheinungen werden leicht übersehen, wenn der Fels schon vorher von den durch das Sprengen verursachten Lockerungen befreit und gründlich gesäubert war.

6,24. Bergwasserdruck

Wenn das Gebirge befähigt ist, in seinen Klüften und Spalten Wasser zu speichern, kann sich hinter der Auskleidung nach Ausschalten der Stollendrainage Bergwasserdruck anreichern. Im allgemeinen wird dabei jener Wasserhaushalt wieder hergestellt, der im Gebirge vor der Anzapfung durch den Stollen herrschte[1].

Dieser Staudruck entlastet die Auskleidung vom Innendruck nur nach Maßgabe einer Angriffsmöglichkeit in ihrer Kontaktfläche gegenüber dem Gebirge. Er verbleibt im gleichen Sinne als äußerer Überdruck, wenn der Stollen entspannt oder entleert wird. Dadurch können u. U. Schalen der Auskleidung eingedrückt werden.

Jede Veränderung des Bergwasserdruckes gegenüber dem Zustand bei Verpressung der Kontaktfläche beeinflußt ferner die elastische Gleichgewichtslage im Gebirge und damit auch die Bettungsverhältnisse der Auskleidung. Im allgemeinen ist indessen damit zu rechnen, daß sich ein natürlicher Bergwasserdruck auf die Sicherheit der letzteren nicht nachteilig auswirkt.

6,25. Sonstige Einflüsse

Das Eigengewicht der Auskleidung spielt im Vergleich zu den schon besprochenen Einflüssen eine so untergeordnete Rolle, daß es bei der Beurteilung der Sicherheit vernachlässigt werden kann.

Hingegen könnte das Gleichgewicht eine beträchtliche Störung erfahren, wenn durch Verlustwasser Fließwege ausgespült und erweitert werden oder die den Stollen umgebende Gebirgsmasse durch Lösung allmählich ihre elastischen Eigenschaften verändert. Solche Möglichkeiten erfordern — wenn sie in Betracht zu ziehen sind — zu ihrer Abwehr eine entsprechend wasserdichte Auskleidung.

Tektonische Kräfte, die Gebirgsdruck verursachen, sind als Erscheinungsform des letzteren, wie schon besprochen, zu berücksichtigen. Nachteilige Auswirkungen von Erdbeben haben sich im Alpenbereich bisher nicht ergeben, so daß auch keine Veranlassung besteht, ihnen besonderes Augenmerk zu schenken.

Schließlich sind noch alle verfahrensbedingten Belastungen der Auskleidung und des Gebirges zu berücksichtigen. Dazu gehören u. a. insbesondere die vorüber-

---

Vgl. Abschnitte 2,22 und 2,23.

gehenden und bleibenden Druckkräfte bei Injektionen sowie die mechanischen oder hydraulischen Spannkräfte bei den Vorspannsystemen. An weiteren Nebeneinflüssen sind z. B. Rüttelkräfte, bei Blechpanzern Schweißspannungen u. dgl. zu erwähnen, die u. U. ebenfalls nachteilige Auswirkungen auf die Sicherheit der Konstruktion haben können.

6,3. Mitwirkung des Gebirges

Neben den aktiven Belastungseinflüssen sind für die Beanspruchung der Auskleidung die Deformationen maßgebend, die sich im Gebirge vollziehen müssen, um das statische Gleichgewicht herzustellen. Dieses kommt aber auf alle Fälle zustande, solange die Hülle nicht von einem Zerfall bedroht ist, weil mit zunehmender Verformung auch der elastische Widerstand automatisch bis zur Größe der angreifenden Kräfte anwächst.

Eine Stollenauskleidung erfüllt jedoch nur dann ihren Zweck, wenn sie in der Lage ist, das Deformationsspiel im Rahmen der auftretenden Belastungsänderungen rissefrei mitzumachen. Wie schon aus der einschlägigen Beschreibung und Beurteilung der verschiedenen Systeme hervorgeht, entsprechen indessen die meisten Verfahren dieser Bedingung nur in unbefriedigender Weise, so daß die angestrebte Rißsicherheit damit nicht erzielbar ist[1]. Als Ursache hiefür haben wir neben der unzulänglichen Zugfestigkeit u. a. auch den Umstand erkannt, daß die Mitwirkung des Gebirges infolge mangelhafter Kraftschlüssigkeit oft erst dann eintritt, wenn das Widerstandsvermögen gegen Rißbildung bereits weitgehend überwunden oder ganz erschöpft ist.

Eine radikale Beseitigung dieser Schwäche wird durch die Hinterpressung bei der *Kernring-Auskleidung* erzielt[2]. Die planmäßige Anordnung des Hinterpreßringes ermöglichst den Ansatz eines auf die ganze äußere Leibung wirkenden hydraulischen Spanndruckes, der den nötigen Kraftschluß in zuverlässiger Weise erzwingt, gleichzeitig aber auch die Nachgiebigkeit bleibender Art im Rahmen eines radialen Dranges bis zur Höhe des Pumpenenddruckes überwindet.

Dieser letztere Effekt der erstmaligen Belastung wird durch alle bisherigen Deformationsmessungen bestätigt[3]. Die Ausschaltung der bleibenden Nachgiebigkeiten bedeutet aber eine erhebliche Verbesserung der Qualität des Gebirges in bezug auf sein elastisches Verhalten und sein späteres Widerstandsvermögen gegen den Innendruck.

Mit diesem verfahrensmäßigen Vorgang der Kernringhinterpressung hat man ein wirksames Mittel, alle durch Zufälligkeiten oder sonstige Umstände bedingte Bettungsmängel auszuschalten.

Durch die üblichen Injektionen der Kontaktfuge wird der Kraftschluß zwar ebenfalls wesentlich verbessert, doch trotz aller Sorgfalt schon wegen des beschränkten Wirkungsbereiches einer Injektionsöffnung und des Fehlens einer Längsbegrenzung in nicht annähernd gleich zuverlässiger Weise erreicht.

Erst wenn die elastische Mitwirkung des Gebirges durch geeignete Maßnahmen wirklich gewährleistet erscheint, sind die Voraussetzungen dafür gegeben, daß sie nach Maßgabe der Gesteinsqualität als sichere Bemessungsgrundlage in Rechnung gestellt wird.

---

[1] Vgl. Kapitel 4 „Auskleidungsmethoden und deren Beurteilung".

[2] Vgl. Abschnitt 4,342.

[3] Vgl. Kapitel 5 „Versuche und Erprobungen".

6,4. Statischer Effekt der Auskleidung

Im Interesse einer wirtschaftlichen Lösung ist anzustreben, daß man ohne Verwendung von Stahl mit dem billigen, aber spröden Stollenbaustoff Beton eine wasserdichte Auskleidung erzielt. Eine solche Lösung läuft darauf hinaus, das elastische Stützvermögen des Gebirges als Bestandteil der Gesamtkonstruktion zur Aufnahme aller nach außen strebenden Kräfte auszunützen und der Auskleidung nur allfälligen Außendruck und die Aufgabe einer dichtenden Schale zuzuweisen.

Diese Zielsetzung liegt aber allen Systemen, die eine zugfeste Ummantelung der Stollenröhre mit Stahl in Form eines Panzers oder einer Verbundkonstruktion mit Beton oder Torkret vorsehen, nicht zugrunde, weil dabei das Gebirge nur nach Maßgabe seines Kraftschlusses und seines elastischen Widerstandes im Rahmen des Deformationsspieles der Auskleidung zur Mitwirkung ausersehen ist. Deshalb stellen diese Verfahren Kompromißlösungen dar, bei denen man wohl eine Entlastung durch das Gebirge anstrebt, von dieser aber nur im Rahmen der Dehnung des Stahles innerhalb der zulässigen Beanspruchung Gebrauch zu machen vermag.

Bei der Bemessung solcher Auskleidungen beschränkt man sich üblicherweise auf die Berücksichtigung des Innendruckes und des Kriechens — wo letzteres eine Rolle spielt. Blechpanzer werden weiters meistens auch auf die Einbeulgefahr durch Bergwasserdruck untersucht. Erforderlichenfalls wählt man dann eine größere Wandstärke oder eine entsprechende Verankerung im Hinterfüllbeton. Hingegen werden die übrigen besprochenen Belastungseinflüsse und deren nachteilige Auswirkungen auf die Kraftschlüssigkeit in der Kontaktfläche gewöhnlich gar nicht in Rechnung gestellt. (Allfälliger Gebirgsdruck erfordert ohnedies schon eine vorhergehende Sicherung mittels Streckenbögen oder einer Stützverkleidung.)

Bei allen sonstigen einfachen oder kombinierten Auskleidungen muß das Gebirge indessen — abgesehen von der stets fragwürdigen Ringzugfestigkeit des Betons — in der Lage sein, den vollen Innendruck aufzunehmen. Dies ist aber immer dann der Fall, wenn dabei die Bestandsicherheit der Hülle trotz allfälliger Wasserinfiltrationen keine Einbuße erleidet[1].

Um jedoch auch die Wasserdichtheit der Auskleidung zu erzielen, bedarf es besonderer Maßnahmen, die gleichzeitig allen in Betracht kommenden Belastungseinflüssen sowie den ungünstigsten Voraussetzungen in bezug auf die Betonzugfestigkeit und das elastische Verhalten des Gebirges gerecht werden. Diese schwierige Aufgabe ist aber bei Hochdruckstollen in technisch einwandfreier und wirtschaftlicher Weise nur durch den Einbau einer *Kernring-Auskleidung* lösbar. Wie wir aus der einschlägigen Beschreibung bereits wissen[2], ermöglicht die beim Kernringverfahren sinnvolle Gliederung des Querschnittes eine hydraulische Vorspannung und damit eine Verschmelzung der Auskleidung mit dem umhüllenden Gebirge zu einer statischen Einheit, die befähigt ist, allen Belastungseinflüssen zu widerstehen, ohne daß sich dabei in der inneren Schale schädliche Risse einstellen. Der verfahrensgemäße Ansatz des Spanndruckes zwischen Kernring und seiner Umhüllung ist dabei der Schlüssel zum Erfolg und zur Erzielung aller angestrebten Effekte durch einen an sich einfachen, im wesentlichen automatisch ablaufenden Pumpvorgang.

---

[1] Vgl. Kapitel 2 „Gebirgsbruchgefahr".

[2] Vgl. Abschnitt 4,342.

Gegenstand des letzten Abschnittes war bereits die Erörterung der Qualitätsverbesserung des Gebirges durch den hydraulischen Spanndruck infolge Beseitigung der bleibenden Nachgiebigkeiten im Zuge der Kernringhinterpressung. Diese Deformationen können sich, im Gegensatz zu einer Erstbelastung einer gewöhnlichen Auskleidung, ganz unschädlich ausspielen, weil die Ausweitung des Hinterpreßraumes infolge des nachdrängenden Zementbreies keine Lücke hinterläßt. Durch den Spannvorgang erfährt das Gebirge somit gleichzeitig eine Vorbelastung bis zur Höhe des Pumpenenddruckes, der in der Regel mit dem $1\frac{1}{2}$ Wert des Betriebsdruckes angesetzt wird.

In statischer Hinsicht ergeben sich im übrigen in bezug auf die Belastungseinflüsse bei der *Kernring-Auskleidung* folgende Zusammenhänge:

Der Innendruck bewirkt einen teilweisen Abbau der gehaltenen Vorspannung im Kernring nach Maßgabe des elastischen Widerstandes des mitwirkenden Gebirges. Bei starrem Umschluß ($E_G = \infty$) würde das letztere den ganzen Innendruck übernehmen und die Vorspannung erhalten bleiben. In schlechtestem Gebirge ($E_G = 0$) wäre das Verhältnis dagegen umgekehrt.

Ein Beispiel für eine solche Bettung bildet ein im Wasser verlegtes und von diesem daher vorgespanntes Druckrohr. Die Deformation infolge Innendruck könnte keine Zunahme der äußeren Pressung verursachen, weil der äußere Wasserdruck unverändert bleibt. Die Vorspannung des Rohres würde daher um das volle Maß des Innendruckes abgebaut. Dieser Fall ist im Gebirge nur ein theoretischer Grenzfall, weil der Felswiderstand auch bei schlechtester Qualität mit zunehmender Deformation wächst. Wenn also der Pumpenenddruck auf die Erhaltung einer Vorspannung in der Höhe des maximalen Betriebsdruckes abgestellt ist, so verbleibt bei besserer Gebirgsqualität eine reichliche Sicherkeitsreserve. Diese genügt wohl im allgemeinen auch, um die Entspannung durch kaltes Stollenwasser zu kompensieren. Erforderlichenfalls kann aber größeren thermischen Einflüssen durch eine entsprechende Hinaufsetzung des Pumpenenddruckes Rechnung getragen werden.

Die *Kernring-Auskleidung* sichert ferner die Hülle weitgehend vor der Sprengwirkung des Betriebswassers. Wenn das Gebirge im Bereiche des Innendruckes auf eine solche Zerreißung anfällig ist, so muß sie sich schon bei der Hinterpressung einstellen. In diesem Zeitpunkt ist sie aber unschädlich, weil gleichzeitig eine Plombierung des aufgehenden Spaltes mit Preßzement erfolgt, der hier die Aufgabe der Spannbettung im Hinterpreßring unterstützt. Es ist leicht einzusehen, daß nach dieser Vorbehandlung des Gebirges eine nennenswerte Entspannung des Kernringes durch weitere Sprengwirkung unter dem Einfluß des Innendruckes nicht wahrscheinlich ist.

Den Zustandsänderungen der Auskleidung infolge Schwinden und Kriechen wird dadurch Rechnung getragen, daß man den Beton der Gebirgsverkleidung und des Kernringes vor der Hinterpressung genügend lange altern läßt. Die Kriechschonzeit soll im allgemeinen wenigstens 3 Monate betragen. Bei gemauertem Kernring kann man sie durch entsprechende Dispositionen bei der Steinfabrikation ohne weiteres beliebig verlängern. Auf diese Weise werden nachteilige Auswirkungen dieser Einflüsse praktisch vollständig ausgeschaltet.

Die Kernringhinterpressung ist schließlich das wirksamste Mittel zur endgültigen Stabilisierung des äußeren Gleichgewichtes bei Gebirgsdruck und Bergschlaggefahr. Durch den radialen Spanndruck, der hier als zusätzliche Belastung eingeschaltet wird, verlieren beide Erscheinungen vollständig ihren aktiven Einfluß auf die Auskleidung, so daß letztere dadurch nach vollzogener Hinterpressung auch nicht mehr gefährdet erscheint.

Allfällige Anreicherung von Bergwasserdruck im Umkreis einer *Kernring-Auskleidung* ist für diese belanglos, weil der Bettungsdruck dadurch nicht beeinflußt wird, solange der erstere nicht über den letzteren hinauswächst. Im übrigen bleibt ihm infolge der Auspressung aller Hohlräume praktisch auch keine Angriffsmöglichkeit in der Kontaktfläche zwischen Auskleidung und Gebirge.

Aus diesen Darlegungen geht hervor, daß die *Kernring-Auskleidung* den statischen Anforderungen entspricht. Hingegen bleibt die Rißsicherheit bei allen sonstigen Systemen ohne zugfeste Stahlummantelung schon bei geringen Betriebsdrücken äußerst fragwürdig, weil sie von der Ringzugfestigkeit des Auskleidungsbetons abhängt. Letztere ist aber auch wegen der häufig nicht vermeidbaren Arbeitsfugen eine ganz unzuverlässige Größe, der man von vornherein keine statische Funktion zumuten darf.

Über den besonderen statischen Effekt eines Blechpanzers in vorgespannter Hülle wurde schon bei der Besprechung dieses Spezialsystems berichtet[1].

7. Zusammenfassung des Inhaltes

Gegenstand dieses Buches ist eine umfassende Darlegung und Erörterung der den Druckstollenbau betreffenden Fragen, um den Leser über die einschlägigen Zusammenhänge eingehend zu unterrichten.

Nach einer kurzen Erläuterung der Bedeutung von Druckstollen und -schächten für den neuzeitlichen Wasserkraftausbau folgt zunächst eine Besprechung der für diese Bauaufgabe maßgebenden Grundlagen einschließlich der wichtigsten Eigenschaften der Gebirgshülle und Stollenbaustoffe.

Das nächste Kapitel gibt einen Einblick in die Statik des Gebirges, die Bruchgefahren und die Erfordernisse für die Erhaltung des äußeren Gleichgewichtes. Eine zutreffende Beurteilung der Bestandsicherheit ist eine unerläßliche Voraussetzung für die richtige Wahl des Auskleidungssystems und eine erfolgreiche Lösung der Bauaufgabe. Es sollte daher über die Stabilitätsbedingungen der Gesteinshülle Klarheit herrschen, bevor man die Stollentrasse festlegt oder gar über die Art der Auskleidung entscheidet. Die den Druckstollenbau bedrohenden Gebirgsbruchgefahren findet der Leser an Hand von eingetretenen Schadensereignissen eingehend erläutert. Letztere mögen gleichzeitig eine Warnung dafür sein, diese Gefahren zu übersehen oder zu bagatellisieren.

Sodann folgt bei Unterstellung idealisierter Voraussetzungen an Hand von einschlägigen Formeln der technischen Mechanik und Wärmelehre eine Einführung in die Ermittlung der statischen und thermischen Auswirkungen der wichtigsten Belastungseinflüsse (Innendruck, Schwinden und Schwellen, Abkühlung durch kaltes Stollenwasser) auf die Stollenhülle. Obzwar diese Formeln auf Gebirge in der vorherrschenden Beschaffenheit nur sehr beschränkt anwendbar sind, geben sie immerhin eine wertvolle Handhabe für die Beurteilung der maßgebenden Zusammenhänge und der unerläßlichen Erfordernisse einer statisch einwandfreien Konstruktion.

Ein weiteres umfangreiches Kapitel beinhaltet eine Beschreibung aller Auskleidungsmethoden einschließlich jener Vorschläge, von denen nach Wissen des Verfassers bisher noch kein Gebrauch gemacht wurde. Dabei erfolgte, dem Effekt der verschiedenen Bauweisen entsprechend, deren Unterscheidung in solche ohne und solche mit Vorspannung.

---

[1] Vgl. Abschnitt 4,35.

Die erste Gruppe umfaßt u. a. auch die kombinierten Auskleidungen mit Bewehrung sowie die Blechpanzer.

Der Beschreibung der zweiten Gruppe ist eine Einführung über den Vorspanneffekt und die theoretischen Spannmöglichkeiten vorangestellt. Nach einer Würdigung der ersten Konstruktionsideen auf diesem Gebiete folgt eine eingehende Besprechung der Verfahren, die Stahl als Spannmittel verwenden und jener, bei denen die Vorspannung durch Abstützung auf das Gebirge erzielt wird. Unter den letzteren ist die *Kernring-Auskleidung* als das bisher am häufigsten angewandte und wegen des Entfalles von Spannstahl bevorzugte Vorspannsystem entsprechend ausführlich geschildert.

Ein eigenes Kapitel ist sodann einschlägigen Versuchen und Erprobungen gewidmet, die eine Vorstellung von den vielseitigen Bemühungen geben, das elastische Verhalten der Gebirgshülle abzuklären und damit zur Lösung des Druckstollenproblems beizutragen.

Schließlich sind noch die Probleme der Druckstollenstatik in einer kurz gefaßten Übersicht erörtert, um dem Leser eine Beurteilung der für die Konstruktion und Bemessung der Auskleidung maßgebenden Belastungseinflüsse zu erleichtern.

8. Literaturverzeichnis

8,1. Bücher und Broschüren

1. BAIER, Obering. J.: Der Bau des Reisachwerkes und des Reisachstollens, enthalten in: Das Pumpspeicherwerk Reisach-Rabenleite, herausgegeben von Energieversorgung Ostbayern A. G.

2. Bericht der Druckstollenkommission über den Druckstollen des Kraftwerkes Amsteg, erstattet im Auftrage der Generaldirektion der S. B. B., November 1923.

3. FÖPPL, AUGUST: Vorlesungen über technische Mechanik, III. Band, Festigkeitslehre, 13. Aufl., München und Berlin: R. Oldenburg, 1943.

4. GSCHAIDER FRITZ: Druckstollen, Wasserschloß und Schrägstollen der Kraftwerksanlage Kaprun — Hauptstufe, enthalten in der Festschrift „Die Hauptstufe Glockner Kaprun" der Tauernkraftwerke A. G. vom September 1951.

5. FROHNHOLZER, Dr.-Ing. JOSEF: Messungen am Hauptstollen des Lechspeichers Roßhaupten, Bericht, herausgegeben im Selbstverlag der Bayerischen Wasserkraftwerke A. G., 1953.

6. GEILHOFER, Oberbaurat Ing. RAIMUND: Das Spullersee-Kraftwerk. Sonderabdruck aus den Schriften des Vereines für Geschichte des Bodensees und seiner Umgebung, 1925, 53. Heft, Aktiengesellschaft Oberbadische Verlagsanstalt in Konstanz.

7. HAUTUM, Dipl.-Ing. FRITZ: Überblick über die Bauwerke enthalten in: Das Pumpspeicherwerk Reisach-Rabenleite, herausgegeben von Energieversorgung Ostbayern A. G.

8. Hütte, I. Band, 1931.

9. Hütte, III. Band, 1943.

10. KASTNER, Dipl.-Ing. Dr. techn. HERMANN: Felshohlraumbauten für Wasserkraftwerke, Bericht 11 H/3, Fünfte Weltkraftkonferenz Wien 1956.

11. KIESER, Dipl.-Ing. Dr. techn. ALOIS: Die Kernring-Auskleidung im Druckstollen Kops-Vallüla der Vorarlberger Illwerke Aktiengesellschaft, H. 21 der „Schriftenreihe des Österreichischen Wasserwirtschaftsverbandes", Wien: Springer-Verlag. 1951 (siehe auch lfd. Nr. 70).

12. — Die Lösung der Druckstollenfrage, Dissertationsarbeit des Verfassers, 1946 (ist als Manuskript der Bibliothek der Technischen Hochschule in Graz einverleibt).

13. KLEINLOGEL, Prof. Dr. Ing. A., unter Mitarbeit von Dr. F. HUNDESHAGEN und Prof. OTTO GRAF, Stuttgart: Einflüsse auf Beton, Berlin: W. Ernst & Sohn, 1925.

14. LUCAS, G.: Der Tunnel, Band I, Der Entwurf des Tunnelbaues, Berlin: W. Ernst und Sohn, 1920.

15. — Der Tunnel, Band II, Bauvorgang bei Herstellung der Tunnel, Erhaltungs- und Wiederherstellungsarbeiten, Berlin: W. Ernst & Sohn, 1926.

16. RANDZIO, Dr. jur. Dr. ing. E.; Stollenbau. Berlin: W. Ernst & Sohn, 1927.

17. ROTTER, Dipl.-Ing. ERNST: Anwendung von Spritzbeton, H. 35 der „Schriftenreihe des Österreichischen Wasserwirtschaftsverbandes", Wien: Springer-Verlag, 1958.

18. SALIGER, Prof. Dr. Ing. RUDOLF: Der Eisenbeton, seine Berechnung und Gestaltung, 4. Aufl., Stuttgart, A. Kröner, 1920.

19. SCHMID, Dr. SC. techn. HANNS: Statische Probleme des Tunnel- und Druckstollenbaues, Berlin: J. Springer, 1926.

20. STINI, Ing. Dr. phil. JOSEF: Tunnelbaugeologie, Wien: Springer-Verlag, 1950.

21. Taschenbuch für Bauingenieure, Berlin: J. Springer, 1914.

22. Taschenbuch für Bauingenieure, Berlin: Springer-Verlag, 1955.

23. WALCH, Dr. Ing. O.: Die Auskleidung von Druckstollen und Druckschächten, Berlin: J. Springer, 1926.

24. WIEDEMANN, Dipl.-Ing. KARL: Ausführung von Stollenbauten in neuzeitlicher Technik, 6. Aufl., Berlin: W. Ernst & Sohn, 1952.

25. WILLMANN, L.: Tunnelbau, Handbuch der Ingenieurwissenschaften, Leipzig: W. Engelmann, 1920.

8,2. Zeitschriften

26. AMPFERER, OTTO: Geologische Bemerkungen zum Druckstollenproblem. Z. Österr. Ing.- u. Architekten-Ver., H. 42/43, 1923.

27. AMSTUTZ, Dipl.-Ing. E.: Das Einbeulen von Schacht- und Stollenpanzerungen. Schweiz. Bauztg. Nr. 9, 1950.

28. ANDREAE, Prof. Dr. C.: Gebirgsdruck und Tunnelbau. Schweiz. Bauztg. Nr. 8, 1956.

29. ASCHER, Baurat Ing. Dr. HANS: Das Stubachwerk der Österreichischen Bundesbahnen. Wasserkraft u. Wasserwirtschaft, H. 11, 1929.

30. BERGER, HERMANN: Die Triebwasserleitungen bei Hochdruck-Wasserkraftanlagen. Die Wasserwirtschaft, H. 5 und 6, 1958.

31. BINDSCHEDLER, Ing. R.: Druckstollenabdichtung im Löntschwerk der N. O. K. Schweiz. Bauztg. Bd. 102, Nr. 22, 1933.

32. BODENSEHER, Ing. ED.: Die Ausbesserung des durch Gipsquellen zerstörten Wasserstollens des Opponitzer Ybbskraftwerkes der Stadt Wien. Schweiz. Bauztg., Bd. 90, Nr. 18, 1927.

33. BRANDAU, KARL: Das Problem des Baues langer, tiefliegender Alpentunnels und die Erfahrungen beim Baue des Simplontunnels. Schweiz. Bauztg., Bd. LIII, Bd. LIV, 1909.

34. BRANDESTINI, Dipl.-Ing. A.: Die Verwendung des Prepakt-Verfahrens bei Druckschachtauskleidungen, Schweiz. Bauztg. Nr. 52, 1954.

35. BRUTTIN, J. F., Ingenieur: L'Aménagement hydroélectrique de Rossens-Hauterive après deux ans d'expérience. Bull. tech. Suisse Rom. Nr. 6, 1951.

36. BÜCHI, J., beratender Ingenieur: Zur Berechnung von Druckschächten. Schweiz. Bauztg., Bd. 77, Nr. 6, 7 und 8, 1921.

37. — Rauhigkeits-Koeffizienten von ausgeführten Kanälen, im besonderen von verkleideten und unverkleideten Stollen. Schweiz. Bauztg., Bd. 90, Nr. 13, 1927.

38. CALAME, JULES: Comparaison de quelques formules qui expriment l'écoulement de l'eau en régime uniforme dans les conduites de section circulaire. Schweiz. Bauztg., Bd. 101, Nr. 12, 1933.

39. CHWALLA, Prof. Dr. techn. ERNST: Neuere Österreichische Druckrohrleitungen und Druckschächte. Stahlbau Rdsch., H. 3, 1955.

40. Das Speicherwerk Rossens-Hauterive (Frbg.). Schweiz. Baubl. Nr. 41, 1946.

41. „Das Teigitschwerk" von der Steirischen Wasserkraft- und Elektrizitätsgesellschaft (Steweag), Graz. Wasserwirtschaft, Nr. 18, 1926.

42. EFFENBERGER, Ing. Dr.: Über das Druckstollenproblem, Entwicklung und gegenwärtiger Stand in Theorie und Praxis. Österr. Ing.- u. Architekten-Ver., H. 42/43, 1923.

43. FENZ, Dipl.-Ing. ROBERT: Der Druckschacht des Gerloswerkes. Österr. Wasserwirtschaft, H. 8/9, 1950.

44. Frey-Baer, Dipl.-Ing. Otto: Die Berechnung der Betonauskleidung von Druckstollen. Schweiz. Bauztg., Bd. 124, Nr. 14 u. 15, 1944.

45. — Die Dehnungsmessungen im Druckstollen des Kraftwerkes Lucendro. Schweiz. Bauztg. Nr. 41, 1947.

46. — Sicherung des Stollenvortriebes. Schweiz. Bauztg. Nr. 38, 1956.

47. Frohnholzer, Dr.-Ing. J.: Das erste Baujahr am Lechspeicher Roßhaupten. Bauwirtschaft Nr. 4/5, 1952.

48. — Meßtechnische Überwachung des Verfahrens der Kernringauskleidung für Druckstollen mit Maihak-Gebern. Bautechnik, H. 10, 1953.

49. — Der Speicher Roßhaupten als Hauptglied für den Rahmenplan des Lechs. Ein Bericht der Bayerischen Wasserkraftwerke A. G. München. Wasserwirtschaft Nr. 7 u. 8, 1953.

50. — Maihak-Dauermessungen zum Verfahren der Kernringauskleidung beim Hauptstollen Roßhaupten. Die Bautechnik, H. 11, November 1955.

51. Gehler, Dr. Dr. Ing. W.: Hypothesen und Grundlagen für das Schwinden und Kriechen des Betons. Bautechnik, 1938.

52. Haag, A.: Druckstollenbau. (Ein Beitrag). Bauingenieur, H. 23, 1922.

53. Haimerl, St.-Prof. Dipl.-Ing. L. A.: Rosshaupten Power Station. Water Power, December 1958, January 1959.

54. Hamann, Dipl.-Ing.: Eine neue Baumaßnahme bei Druckstollen und Druckschächten. Geol. u. Bauwes., H. 1, 1957.

55. Hautum, Dipl.-Ing. Fritz: Der Druckstollen des Pumpspeicherwerkes Reisach-Rabenleite an der Pfreim. Z. Ver. dtsch. Ing., Bd. 99, Nr. 5, 1957.

56. Henninger, Dr.-Ing. e. h. Otto und Josef Dorer: Das Schluchseewerk. Wasserwirtschaft Nr. 9 u. 10, 1951.

57. Hruschka, Ministerialrat Dr. Artur: Spullerseewerk. Elektrotech. Z. H. 39, 1933.

58. Hutter, A. u. A. Sulser: Beitrag zur Theorie und Konstruktion gepanzerter Druckschächte. Wasser- u. Energiewirtsch., H. 11 und 12, 1947.

59. Jaeger, Charles: Bestimmung der Rauhigkeitszahl für Druckleitungen. (Bericht über Versuche von Marchetti und Testa, Italien). Schweiz. Bauztg., Bd. 105, Nr. 14, 1935.

60. Janod, A., Ingénieur und P. Merin: La mesure des caractéristiques du rocher en place à l'aide du dilatomètre à vérin cylindrique. Travaux Nr. 237, 1954.

61. Jegher, Ing. W.: Das Kraftwerk Innertkirchen, die zweite Stufe der Oberhasliwerke. Schweiz. Bauztg., Bd. 120, Nr. 3—6, 1942.

62. Jüngling. Dr.-Ing. Oskar: Das Gerloswerk bei Zell am Ziller. Österr. Wasserwirtschaft, H. 8/9, 1950.

63. Kastner, Dr.-Ing. Hermann: Die Gefährdung von Stollenbauten durch sulfathältige Bergwässer. Österr. Bauzeitschr., H. 1/3, 1947.

64. — Nebenwirkungen in der Beanspruchung von Druckschachtauskleidungen. Österr. Bauzeitschr., H. 10/12, 1947.

65. — Zur Theorie des echten Gebirgsdruckes im Felshohlraumbau. Österr. Bauzeitschr., H. 6, 1952.

66. — Über die Anwendung der technischen Mechanik in der tektonischen Geologie. Geol. u. Bauwes., H. 2, 1953.

67. — Statik des Tunnelausbaues in druckhaftem Gebirge. Nachr. d. Österr. Betonvereines, Folge 6/7, 1954.

68. Kieser, Dipl.-Ing. Dr. techn. Alois: Neuartige Auskleidung von Druckstollen für Wasserkraftwerke. Österr. Wasserwirtschaft, H. 1/2, 1950.

69. — Wasserdichte Druckstollen und Druckschächte mit Kernring-Auskleidung. Schweiz. Bauztg. Nr. 23 u. 24, 1950.

70. — Die Kernring-Auskleidung im Druckstollen Kops-Vallüla der Vorarlberger Illwerke Aktiengesellschaft. Österr. Wasserwirtschaft, H. 10 u. 11, 1951 (siehe auch lfd. Nr. 11).

71. — Vorgespannter Beton für die Auskleidung von Stollen, Schächten und Tunnelbauten. Schweiz. Baubl. Nr. 62 u. 64, 1952.

72. — Die Anwendung des Vorspanneffektes im Stollen- und Tunnelbau durch die Kernring-Auskleidung. Z. Österr. Ing.- u. Architekten-Ver., H. 1/2, 1956.

73. Kobilinsky, H.: Der Durchstich Isère-Arc des Kraftwerkes Randens. Übersetzung eines Vortrages in „Schweiz. Bauztg. Nr. 52 u. 53, 1955.

74. KOCH: Untersuchungen über den Gefällsverlust in rohgesprengten Tunneln. Bauingenieur, H. 9, 1922.

75. KOCHER-PREISWERK, Ing. H. F.: Erfahrungen aus dem Druckstollenbau. Schweiz. Bauztg., Bd. 108, Nr. 8 u. 9, 1936.

76. KUJUNDZIC, M. B.: Pressions et mouvements des terrains, mesure des caractéristiques des roches en place. Ann. Inst. Batim., Nr. 125, 1958.

77. LARDY, Dr. PIERRE: Vorspannung durch expansiven Beton. Schweiz. Bauztg., Bd. 124, Nr. 8, 1944.

78. LETERRIER, G.: Le comportement du rocher dans les galeries blindées. Résultat des mesures effectuées à Randens, Montpezat, Brévières, Serre — Ponçon. Houille Blanche. Numéro spécial A, 1956.

79. LOOS, Prof. Dr.-Ing. W. und Dr.-Ing. BRETH: Kritische Betrachtung des Tunnel- und Stollenbaues und der Berechnung des Gebirgsdruckes. Bauingenieur, H. 5, 1949.

80. MAILLART, Ing. ROB.: Über Gebirgsdruck. Schweiz. Bauztg. Bd. 81, Nr. 14, 1923.

81. MESCHAN, Dr. techn. FRIEDRICH: Zusammenfaltbare Stahlschalung für den Möllstollen des Tauernkraftwerkes Glockner-Kaprun. Bauingenieur, H. 2, 1954.

82. MOOR, ROBERT, Konsult. Ingenieur: Die kombinierten Kraftwerke Klosters-Küblis und Davos-Klosters der Bündner Kraftwerke. Schweiz. Bauztg., Bd. 92, Nr. 22—25, 1928.

83. MÜHLHOFER, Ing. LUDWIG: Theoretische Betrachtungen zum Problem des Druckstollenbaues. Schweiz. Bauztg., Bd. 78, Nr. 21, 1921.

84. — Die Berechnung kreisförmiger Druckschachtprofile unter Zugrundelegung eines elastisch-nachgiebigen Gebirges. Z. Österr. Ing.- u. Architekten-Ver., H. 15, 1921.

85. — Neuerungen auf dem Gebiete des Druckstollenbaues. Bauingenieur, H. 20, 1922.

86. — Zur Druckstollenfrage. Wasserkraft, Nr. 8, 1923.

87. — Über die Inanspruchnahme von Druckstollen-Auskleidungen. Bauingenieur, H. 18, 1923.

88. — Das Achensee-Kraftwerk der Tiroler Wasserkraftwerke A. G. Wasserkraft u. Wasserwirtschaft, H. 19, 1928.

89. — Rauhigkeitsuntersuchungen in einem Stollen mit betonierter Sohle und unverkleideten Wänden. Wasserkraft u. Wasserwirtsch., H. 8, 1933.

90. MÜLLER, Dr. WA.: Vorrichtungen zur Messung von Stollenausweitungen und zur Bestimmung der Fels-Elastizität. Techn. Rdsch. Sulzer, Nr. 3/4, 1947.

91. NEUHAUSER, Dipl.-Ing. EDGAR: Die Ursache der Rohrbrüche im Druckschacht des Gerloskraftwerkes. Österr. Wasserwirtschaft, H. 8/9, 1950.

92. OLIVIER, D. MARTIN: Une nouvelle application du boulonnage des roches. Travaux, Nr. 237, 1954.

93. RABCEWIECZ, Prof. Dr. techn. L. v.: Die Ankerung im Tunnelbau ersetzt bisher gebräuchliche Einbaumethoden. Schweiz. Bauztg., Nr. 9, 1957.

94. Revestimiento de galerias con „hormigón pretensado" ALOIS KIESER, Ingeniero Civil. Inf. Constr., Madr., Nr. 64, 1954.

95. Revêtement en Béton précontraint d'après le procédé de l'ingénieur KIESER. Tech. mod. — constr. Nr. 12, 1953.

96. ROTHPLETZ, F.: Bergschläge im Simplontunnel. Schweiz. Bauztg., Bd. LXIV, 1914.

97. ROUSSELIER, M.: Le revêtement des galeries. Ann. Inst. Bât., Nr. 59, 1952.

98. SATTLER, Dipl.-Ing. W.: Über den Einfluß der Temperaturänderungen auf den Durchmesser eines Druckstollens. Schweiz. Bauztg., Bd. 82, Nr. 23, 1923.

99. SCHMID-SATTLER: Kontroverse Schmid Sattler. Schweiz. Bauztg., Bd. 83, Nr. 14, 1924.

100. SCHRAFL, Ing. A.: Kurzer Bericht über die Druckstollenversuche der SBB. Schweiz. Bauztg., Nr. 1 und 3, Bd. 83, 1924.

101. SÉMELAS, ALFREDO ARROYO: Hormigones inyectados y tratamiento por Vacio. La Asamblea General, Nr. 120.

102. STINI, JOSEF: „Die geologischen Grundlagen des Tunnelbaues. Überblick über den gegenwärtigen Stand einschlägiger Fragen, insbesondere den Gebirgsdruck betreffend" in „Fortschritte und Forschungen im Bauwesen", Reihe A, Heft 13, Berlin 1944.

103. — unter weitgehender Mitarbeit von Dr. H. PETZNY: Wassersprengungen und Sprengwasser. Geol. u. Bauwes., H. 2, 1956.

104. STRICKLER, Dr. A.: Beiträge zur Frage der Geschwindigkeitsformel und der Rauhigkeitszahlen für Ströme, Kanäle und geschlossene Leitungen. Mitt. Amt. Wasserwirtsch. H. 16, 1923.

105. — derselbe Titel (auszugsweise), Schweiz. Bauztg., Bd. 83, Nr. 23, 1924.

106. STUDER, Dipl.-Ing. HANS: Das Kraftwerk Amsteg der Schweizerischen Bundesbahnen. Schweiz. Bauztg., Bd. 86, Nr. 19—21 u. 23—26, 1925.

107. TÖLKE, Prof. Dr.-Ing. F.: Neue Mittel- und Hoch-Druck-Wasserkraftanlagen. Z. Ver. dtsch. Ing. Nr. 8, 1953.

108. — Messungen am Hauptstollen des Lechspeichers Roßhaupten. Z. dtsch. Ing., Bd. 96, 1954.

109. Vom Ritom-Kraftwerk der S. B. B. Schweiz. Bauztg., Bd. LXXVI, Nr. 13 u. 15, 1920.

110. VONPLON, Dipl.-Ing. R.: Dehnungsmessungen im Druckstollen des Juliawerkes Marmorera. Schweiz. Bauztg., Nr. 32, 1955.

111. WALCH, Dr.-Ing.: Über die Auskleidung von Druckstollen mit besonderer Berücksichtigung der Verwendung einer elastischen Dichtung. Bauingenieur, H. 4, 1925.

112. WALTER, beh. aut. Ziviling. HERMANN: Der Bau des Druckstollens für das Kraftwerk Vermunt. Z. Österr. Ing.- u. Architekten-Ver., H. 25/26, 1931.

113. ZIMMERMANN, R.: Leichtmetall-Schalungen für Stollen- und Tunnelbauten. Schweiz. Bauztg., Nr. 1, 1953.

8,3. Vorschriften und Normen

114. „Anleitung für den Entwurf, Bau und Betrieb von Talsperren" (Neubearbeitung 1933) zur III. Ausführungsanweisung zum Wassergesetze vom 7. April 1913 über das Verleihungs- und Ausgleichungsverfahren (Deutschland).

115. ÖNORM B 3302 „Baustoffe und maßgenormte Tragwerksteile, Richtlinien für Beton sowie Zuschlagstoffe von Beton und Zementmörtel", 3. geänderte Ausgabe vom 15. Oktober 1958.

116. ÖNORM B 4200, 3. Teil. „Betonbauwerke, Berechnung und Ausführung", 4. geänderte Ausgabe vom 23. 7. 1959.

117. ÖNORM B 4200, 2. Teil, „Berechnung und Ausführung der Stahlbetonbauwerke", 2. geänderte Ausgabe vom 4. Juni 1957.